统计分析系列

基于 Python 的概率论与数理统计实验

主 编 田 霞

副主编 徐瑞民

電子工業出版社

Publishing House of Electronics Industry

北京•BEIJING

内 容 简 介

本书主要介绍概率论与数理统计的实验内容。全书可分为三部分：第一部分是概率论部分的实验，包括抛硬币实验、掷骰子实验、蒲丰投针实验、全概率公式和贝叶斯公式、常见离散型分布、常见连续型分布、数学期望、中心极限定理等；第二部分是数理统计部分的实验，包括参数估计、假设检验、方差分析与回归分析等，其中部分内容采用随机模拟的方法进行模拟和求解；第三部分是综合性实验，包括极限分布之间关系的动态演示、密度函数和分布函数的工具箱的制作。本书将 Python 作为编程语言。

本书可作为高等理工科院校学生学习概率论与数理统计课程时的实验教材，也可作为高校教师、高校研究者的参考书。

图书在版编目（CIP）数据

基于 Python 的概率论与数理统计实验 / 田霞主编. —北京：电子工业出版社，2022.5

ISBN 978-7-121-43411-2

Ⅰ. ①基… Ⅱ. ①田… Ⅲ. ①概率论－实验－高等学校－教学参考资料②数理统计－实验－高等学校－教学参考资料 Ⅳ. ①O21-33

中国版本图书馆 CIP 数据核字（2022）第 077404 号

责任编辑：杜　军　　　　　特约编辑：田学清
印　　刷：北京虎彩文化传播有限公司
装　　订：北京虎彩文化传播有限公司
出版发行：电子工业出版社
　　　　　北京市海淀区万寿路 173 信箱　　　邮编：100036
开　　本：787×1092　1/16　印张：18.25　字数：479 千字
版　　次：2022 年 5 月第 1 版
印　　次：2025 年 2 月第 5 次印刷
定　　价：55.00 元

凡所购买电子工业出版社图书有缺损问题，请向购买书店调换。若书店售缺，请与本社发行部联系，联系及邮购电话：（010）88254888，88258888。

质量投诉请发邮件至 zlts@phei.com.cn，盗版侵权举报请发邮件至 dbqq@phei.com.cn。

本书咨询联系方式：dujun@phei.com.cn。

前 言

概率论与数理统计作为一门数学专业的专业基础课和其他专业的公共基础课，在教学过程中如果只注重理论教学，那么学生将会陷入大量公式计算的困境，特别是统计部分的方差分析若用手工计算则非常麻烦。为了提高学生学习的积极性，使其更好地理解理论知识，本书引入了概率论与数理统计实验。Python 作为免费开源的开发语言，其用户越来越多。本书将 Python 作为编程语言，来完成概率论与数理统计中的实验，选用版本是 Spyder 中的 Python 3.5。

本书共有 13 个实验，实验 1 到实验 8 为概率论部分的实验；实验 9 到实验 11 为数理统计部分的实验；实验 12 为概率论与数理统计部分的动画制作，演示了各对极限分布关系；实验 13 为对常见分布，如泊松分布、二项分布、几何分布、指数分布、正态分布和均匀分布的分布律（密度函数）和分布函数等进行的工具箱的制作，本实验制作的工具箱既可以拖动进度条展示各个常见分布的分布律（密度函数）和分布函数的图像的变化情况，也可以在界面中计算具体的分布律（密度函数）和分布函数值。本书大多实验均有拓展阅读部分，其内容主要包括与实验相关的数学家的简介和成果，与实验相关的其他概率论与数理统计课程的思政内容。实验部分的程序代码展示在书中，练习部分的程序代码可通过扫描二维码获得。

本书建议学时为 32 学时。概率论部分中的实验 1、实验 2、实验 3、实验 4、实验 7 五个实验主要介绍如何使用随机模拟的方法模拟抛硬币实验、掷骰子实验、古典概型、几何概型、全概率公式和贝叶斯公式、数学期望等；实验 5 和实验 6 主要是画出常见分布的分布律（密度函数）和分布函数的图像，并对其特点进行分析，并针对常见分布的应用给出了部分实验；实验 8 是关于中心极限定理的动态演示，用来验证中心极限定理。数理统计部分的实验 9 是参数估计部分，包括矩估计、极大似然估计、区间估计等内容；实验 10 是假设检验部分，包括参数假设检验和非参数假设检验；实验 11 包括单因素方差分析和一元线性回归分析。

程序代码一般会给出两种：一种是调用 Python 的统计包，另一种是使用公式自己手动编写的。尽管 Python 中包含许多标准的算法，但是如果需要解决的问题没有现成的工具可用，或者在遇到新问题时需要修改原有程序代码或编写新程序代码，那么就需要自己动手编写程序，所以学会编写程序是非常必要的。使用公式编程有利于学生更好地理解和掌握理论部分的内容。

本书实验内容由齐鲁工业大学的田霞完成；附录部分由齐鲁工业大学徐瑞民完成。

在此，感谢齐鲁工业大学数学与统计学院的几位院长，他们对本书的编写给予了大力支持。感谢齐鲁工业大学数学与统计学院的黄玉林教授对本书理论部分的内容给予的大量的指导。感谢齐鲁工业大学智能科学与技术专业2020级的王鹏、王令博两位同学，他们对本书内容进行了校对。感谢齐鲁工业大学人工智能专业2018级的桑聪聪和任光城、信息与计算科学专业2017级的耿凯莉和智能科学与技术专业2020级的刘欣博四位同学，他们对本书的部分实验内容的程序代码的编写做了许多工作。最后，感谢电子工业出版社的杜军编辑对本书的支持和帮助。本教材由齐鲁工业大学教材建设资金资助。

本书还提供电子课件、程序代码等资源，读者可通过华信教育资源网（www.hxedu.com.cn）免费下载。书中所有程序的源代码，可通过扫描书中对应二维码呈现。

田 霞

2022年3月

目录

阅读请扫二维码

实验 1

抛硬币实验的模拟

一、实验目的

1．通过抛硬币实验来验证频率具有稳定性。
2．学会使用 Python 作图。

二、实验要求

1．复习大数定律。
2．画图显示运行结果。

三、知识链接

随机实验具有如下三个特征。

（1）可以重复进行。

（2）实验的可能结果不止一个，事先知道所有的可能结果，但是每次实验前不知道会出现哪种结果。

（3）做大量实验时，实验结果具有统计规律性。

在相同条件下进行大量重复实验，随机事件的出现会呈现出一定的规律性。这种规律性是由事件自身决定的，是客观存在的。可以根据某事件在大量重复实验中出现的次数来度量该事件出现的可能性。

在相同条件下进行重复实验，若事件 A 在 n 次实验中出现了 k 次，则称 k 为这 n 次实验中事件 A 出现的频数，比值 $\frac{k}{n}$ 为事件 A 出现的频率，记为 $f(A)$，即 $f(A)=\frac{k}{n}$。

大量重复实验会呈现统计规律性。例如，抛硬币实验中正面向上事件频率的稳定值为 0.5。在相同条件下进行大量重复实验，某事件频率的稳定值称为概率。

伯努利大数定律： 设 n 是重伯努利实验中事件 A 发生的次数，p 是事件 A 在每次实验中发生的概率，则对任意的 $\varepsilon>0$，有

$$\lim_{n\to\infty} P\left\{\left|\frac{n_A}{n}-p\right|<\varepsilon\right\}=1 \quad 或 \quad n_A \lim_{n\to\infty} P\left\{\left|\frac{n_A}{n}-p\right|\geqslant\varepsilon\right\}=0。$$

伯努利大数定律表明，当重复实验次数 n 充分大时，事件 A 发生的频率 $\frac{n_A}{n}$ 依概率收敛于事件 A 发生的概率 P。

伯努利大数定律用严格的数学形式表达了频率的稳定性。在实际应用中，当实验次数很大时，便可以用事件发生的频率来近似代替事件的概率。

四、实验内容

利用 Python 编写程序，以产生一系列 0 和 1 的随机数，模拟抛硬币实验。验证抛一枚质地均匀的硬币，正面向上事件频率的稳定值为 0.5。

1．实验步骤

（1）生成 0 和 1 的随机数序列，将其放入列表 count，也可用函数表示。

（2）统计 0 和 1 出现的次数，将其放入 a 中。a[0]、a[1]分别表示 0 和 1 出现的次数。

（3）画图展示每次实验正面向上事件的频率。

2．程序代码

1）方法 1：使用 Counter 函数进行计数

```
from collections import Counter
import matplotlib.pyplot as plt
import random
times = 10000
#将每次随机出现的数字放入列表 count
count = []
for i in range(1, times+1):
    y = random.randint(0, 1)
    count.append(y)
#统计 0 和 1 出现的次数，计算频率，1 表示正面向上
#直接统计每个数字出现的次数，a[0]、a[1]分别表示 0 和 1 出现的次数
a = Counter(count)
f1=a[1]
print(f1/times)
#画图展示每次实验正面向上事件的频率
#储存正面向上事件的频率
f = []
indices=[]
#i 表示做实验的次数
for i in range(1,times+1):
    #做 i 次实验正面向上事件的次数
    heads = 0
    for j in range(i):
```

```
        if count[j]==1:
            heads+=1
    #计算频率
    f.append(heads/i)
    #第 i 次实验
    indices.append(i)
plt.plot(indices,f)
plt.show()
```

使用 Counter 函数进行计数程序运行结果如图 1-1 所示。

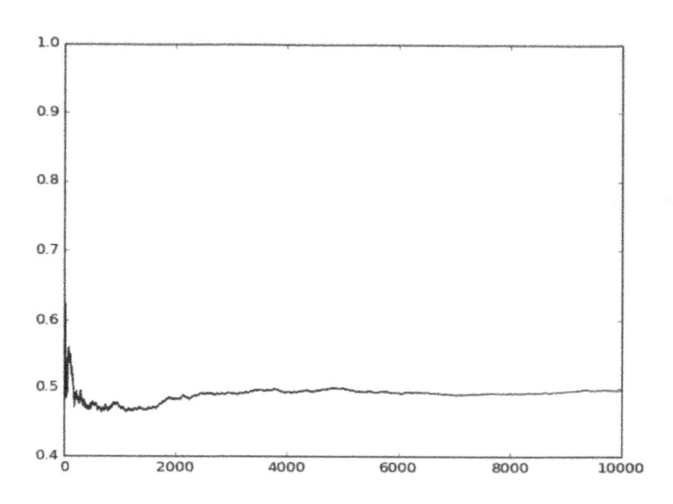

图 1-1　使用 Counter 函数进行计数程序运行结果

当实验重复 10 000 次时，将该程序运行 5 次得到的正面向上事件的平均频率为：0.5，0.4937，0.4931，0.5026，0.5065。

2）方法 2：不使用 Counter 函数进行计数

```
import matplotlib.pyplot as plt
import random
times = 10000
#将每次随机出现的数字放入列表 count
count = []
for i in range(1, times+1):
    y = random.randint(0, 1)
    count.append(y)
#统计 0 和 1 出现的次数，计算频率，1 表示正面向上
s1=0
s2= 0
for k in count:
    if k ==0:
        s1+= 1
    else:
        s2+=1
```

```
f1=s2
print(f1/times)
#画图展示每次实验正面向上事件的频率
#储存正面向上事件的频率
f = []
indices=[]
#i 表示做实验的次数
for i in range(1,times+1):
    #做 i 次实验正面向上事件的次数
    heads = 0
    for j in range(i):
        if count[j]==1:
            heads+=1
#计算频率
f.append(heads/i)
#第 i 次实验
indices.append(i)
plt.plot(indices,f)
plt.show()
```

不使用 Counter 函数进行计数程序运行结果如图 1-2 所示。

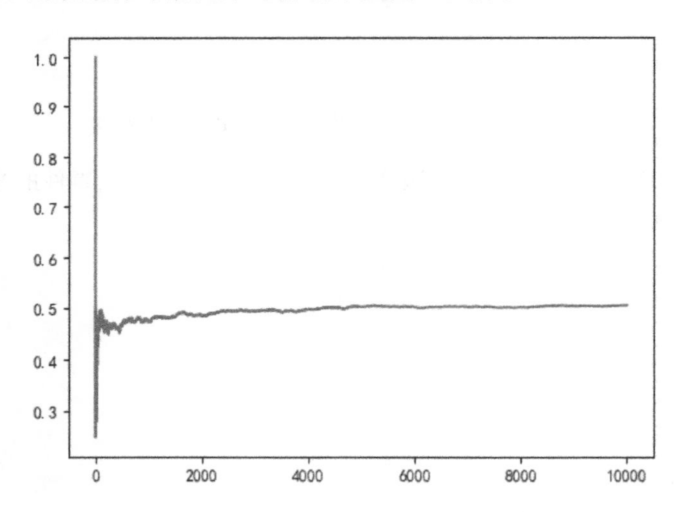

图 1-2　不使用 Counter 函数进行计数程序运行结果

当实验重复 10 000 次时，将该程序运行 5 次得到的正面向上的平均频率为：0.4996，0.5018，0.5013，0.4941，0.4917。

3）方法 3：自定义函数

```
import matplotlib.pyplot as plt
import random
#返回 0 或者 1
def r():
    s=random.randint(0,1)
```

```
    return s
times=5000
indices=[]
#储存正面向上事件的频率
f = []
for i in range(1,times+1):
    #做 i 次实验正面向上事件次数
    heads = 0
    for j in range(i):
        if r() == 1:
            heads+=1
    f.append(heads/i)
    indices.append(i)
print(heads/times)
plt.plot(indices,f)
plt.show()
```

使用自定义函数进行计数程序运行结果如图 1-3 所示。

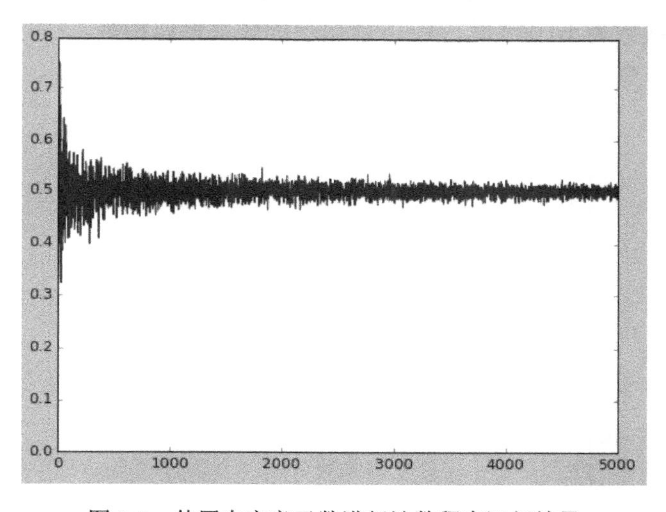

图 1-3　使用自定义函数进行计数程序运行结果

由于运行 10 000 次花费时间有点长，所以将程序中的实验次数改成 5000 次。该程序运行 5 次得到的运行结果为：0.5021，0.4988，0.5052，0.4946，0.5002。

结论：当实验次数足够大时，正面向上事件的频率稳定在 0.5 附近。

五、练习

练习　掷骰子实验的模拟

1. 实验目的

通过掷骰子实验来验证频率具有稳定性；学会使用 Python 作图；验证大数定律。

2. 实验内容

利用 Python 编写程序，以产生一系列 1～6 的随机数，模拟掷骰子实验。验证掷一颗质地均匀的骰子，6 个点出现的频率的稳定值均为 1/6。

3. 实验步骤

（1）生成 1～6 的随机数序列，将其放入列表 count 中，也可用函数表示。

（2）统计 1～6 出现的次数。

（3）画图展示 6 个点出现的频率的规律。

练习　程序代码

4. 运行结果

实验次数为 100 时，将该程序运行 1 次得到的 1～6 点出现的频率为：

```
0.11, 0.16,  0.15,  0.15,  0.28,  0.14
```

实验次数为 1000 时，将该程序运行 1 次得到的 1～6 点出现的频率为：

```
0.154, 0.158,  0.177,  0.175,  0.176 , 0.159
```

实验次数为 10 000 时，将该程序运行 1 次得到的 1～6 点出现的频率为：

```
0.1661, 0.1689, 0.1698, 0.1658, 0.1676, 0.1617。
```

结论：当抛掷次数为 10 000 时，1～6 点出现的频率近似相等。

掷骰子实验的运行结果如图 1-4 所示。

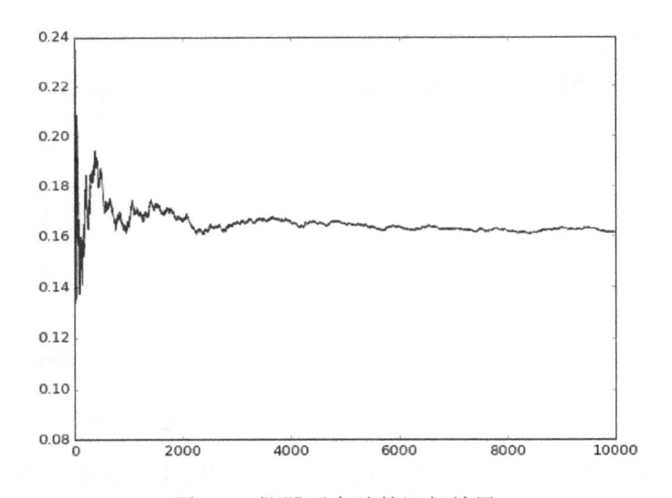

图 1-4　掷骰子实验的运行结果

六、拓展阅读

1. 抛硬币问题

历史上一些数学家做抛硬币实验的结果如表 1-1 所示。

表 1-1　历史上一些数学家做抛硬币实验的结果

实验者	抛次数	正面向上的次数	正面向上的频率
德・摩根	4092	2048	0.5005

续表

实验者	抛次数	正面向上的次数	正面向上的频率
蒲丰	4040	2048	0.5069
皮尔逊	12 000	6019	0.5016
	24 000	12 012	0.5005
罗曼诺夫斯基	80 640	39 699	0.4923

抛硬币实验告诉我们，做事情只要有足够的耐心和恒心，就会有收获。生活中有一些事情是无法预料其结果的，如抛硬币和掷骰子实验，但是只要坚持做实验，就会发现该类事情是有规律可循的。

频率的稳定值是概率。如果不知道某件事发生的概率，可以用其频率近似值来代替。

抛硬币实验中蕴藏着偶然性和必然性，偶然性在于抛一次硬币的结果具有偶然性，其结果可能是正面向上也可能是反面向上；但是随着实验次数的增加，正面向上出现的频率会趋于 0.5。

2．大数定律

瑞士数学家雅各布·伯努利在 1713 年出版的著作《推测术》中建立了概率论中的第一个极限定理——大数定律，这个大数定律使概率论成为数学的一个分支。大数定律建立了有限随机现象到无限连续事件的桥梁，使得牛顿和莱布尼兹建立的分析数学可以应用于概率论。在哲学意义上，大数定律第一次用数学公式描述了事件的必然性和偶然性的辩证关系。曾经有人指出："如果大数定律不成立，那么我们所有的科学实验或者科学发展都是空谈，因为我们无论进行多少次实验，都不会得到任何与真理相关的信息，现代科学的发展完全是建立在大数定律是正确的前提下的。"（该部分引自《统计学的两大救星：一个是赌博游戏，另一个你肯定想不到》，作者：社会爱智者 521，发布时间：2020-07-12。）

实验 2

古典概型之掷骰子问题、彩票问题

实验 2.1　利用古典概型解决扩展的掷骰子实验问题

一、实验目的

利用古典概型解决扩展的掷骰子实验问题。

二、实验要求

1．掌握古典概型的计算方法。
2．掌握利用对立事件求概率的方法。

三、实验题目

将一枚质地均匀的骰子掷 4 次，至少出现一次 6 点的概率是多少？

四、实验内容

1．理论分析

直接计算在掷 4 次骰子的实验中至少出现一次 6 点的概率有些麻烦，可以从对立事件下手。至少出现一次 6 点事件的对立事件为没有出现过 6 点，即 4 次掷骰子的实验掷出的点数都是 1～5，共 5^4 种可能。将一枚质地均匀的骰子掷 4 次，每次出现的点数有 6 种可能，共 6^4 种可能。由古典概型可知，在掷 4 次骰子的实验中至少出现一次 6 点的概率为 $1-\frac{5^4}{6^4}=0.5177$。

2．实验步骤

（1）首先模拟掷 4 次骰子实验出现的点数。由于每次掷骰子实验出现的点数均为 1～6 这 6 个数中的一个，所以可以用 1～6 这 6 个随机数进行模拟。在模拟时注意产生随机数的两种方法为 random.randint() 和 np.random.randint()，这两种方法有些不同。若想使用函数 random.randint()，则需要提前导入 random 包，区间为[a,b]，包括两个端点，为闭区间。若想使用函数 np.random.randint()，则需要提前导入 import numpy as np，区间为[a,b)，只包括左端点，不包括右端点。

（2）k 表示是否出现过 6 点，令 k=0。k=0 表示没有出现过 6 点，k=1 表示出现过 6 点。第一次出现 6 点时，令 k=1。再出现 6 点，无须更改 k 值。

（3）再将这样的实验进行 N 次。将这 N 次实验中至少出现过 6 点的次数记录下来，这就是 6 点出现的频数，将该值与手算的理论值比较即可。

3．程序代码

```
import numpy as np
#掷一枚骰子 n 次
def onedice(n):
    k=0
    for i in range(1,n+1):
        #模拟掷一次骰子的结果，即出现 1 到 6
        dot=np.random.randint(1, 7)
        if dot==6:
            k=1
    return k
#实验次数，将掷 4 次骰子实验模拟 10 000 次
N=10000
#s1 表示是否出现 6 点
s1=0
for i in range(1,N+1):
    s1+=onedice(4)
f1=s1/N
#模拟得到的频率结果
print(f1)
#手算的理论值
print(1-(5/6)**4)
```

4．运行结果

```
0.5148
0.5177469135802468
```

```
0.5178
0.5177469135802468
```

```
0.5198
0.5177469135802468
```

```
0.5141
0.5177469135802468
```

```
0.5184
0.5177469135802468
```

实验次数为 10 000 时，将该程序运行 5 次的运行结果为 0.5148，0.5178，0.5198，0.5141，0.5184，理论结果为 0.517 746 913 580 246 8。模拟的频率结果和手算的理论值相差不多。

五、练习

练习 2.1　其他掷骰子问题 1

将两枚质地均匀的骰子掷 25 次，至少出现一次双 6 点的概率为多少？

1. 理论分析

直接计算至少出现一次双 6 点的概率有些麻烦，从对立事件入手。至少出现一次双 6 点事件的对立事件为没有出现过双 6 点，两枚骰子掷出的点数共有 36 种可能，掷了 25 次，共计 36^{25} 种可能。没有出现过双 6 点有 35 种可能，掷了 25 次，共计 35^{25} 种可能。由古典概型可知，至少出现一次双 6 点的概率为 $1-\frac{35^{25}}{36^{25}}=0.4914$。

2. 实验思路

利用 Python 编写程序，以产生两个一系列 1～6 的随机数，模拟掷两枚骰子实验，验证出现双 6 点的频率的稳定值为 0.4914。

3. 实验步骤

（1）生成两个 1～6 的随机数序列。
（2）统计同时出现两个 6 的次数。

练习 2.1　程序代码

4. 运行结果

实验次数为 10 000 时，将该程序运行 5 次得到的运行结果为：

```
0.4972，0.4974，0.4959，0.4943，0.4974
```

练习 2.2　其他掷骰子问题 2

将一枚质地均匀的骰子掷 4 次，求 4 次投掷过程中出现的点数之和的平均值。

1. 理论分析

求掷 4 次骰子出现的点数之和的平均值。设 X_i 表示第 i 次掷得的点数（$i=1,2,3,4$），则掷 4 次骰子出现的点数和为 $X=X_1+X_2+X_3+X_4$。第 i 次掷得的点数为 m 的概率为 $P\{X_i=m\}=\frac{1}{6}$，$m=1,2,3,4,5,6$，$E(X_i)=\frac{1}{6}(1+2+\cdots+6)=\frac{7}{2}$，所以 $E(X)=E(X_1+\cdots+X_4)=4\times\frac{7}{2}=14$，即 4 次掷骰子出现的点数之和的平均值为 14。

2. 实验思路

利用 Python 编写程序，以产生 4 个 1～6 的随机数，把 4 个数相加，模拟掷 4 次骰子实验得到的点数之和，再将该实验重复 N 次，计算平均数。验证 N 次实验的点数之和的平均值为 14。

3. 实验步骤

练习 2.2　程序代码

（1）生成 1～6 的随机数序列。
（2）统计 4 次投掷出现的点数之和。
（3）将该实验重复 N 次，计算总的点数和，再除以 N。

4. 运行结果

实验次数为 10 000 时，将该程序运行 5 次得到的运行结果为：

```
14.0297, 14.0777, 13.9663, 14.0164, 14.0213
```

六、拓展阅读

将一枚质地均匀的骰子掷 4 次至少出现一次 6 点与将两枚质地均匀的骰子掷 24 次至少出现一次双 6 点，这两个事件哪一个事件出现的概率更大？这个问题是概率论发展史上比较有名的问题，是由 1654 年法国的德梅尔向帕斯卡提出的。

除此之外，德梅尔还向帕斯卡提出了著名的赌徒分赌本问题，该问题引入了期望的概念。帕斯卡和费马通信探讨这些问题，荷兰的物理学家惠更斯也加入了他们的讨论。1657 年，帕斯卡针对这些问题出版了专著《论掷骰子游戏中的计算》。这本书被认为是与概率论有关的最早的论著。

实验 2.2　彩票问题

一、实验目的

利用古典概型求解彩票问题。

二、实验要求

1. 掌握古典概型的计算方法。
2. 掌握利用对立事件求概率的方法。

三、理论分析

以体彩 31 选 7 为例来分析中奖的概率。

从 1～31 这 31 个数中任选 7 个，组成一注彩票号码。开奖时，给出 7 个基本号码和 1 个特殊号码。

一等奖：单注投注号码与中奖号码中 7 个基本号码全部相符。

二等奖：单注投注号码与中奖号码中任 6 个基本号码和特殊号码相符。

三等奖：单注投注号码与中奖号码中任 6 个基本号码相符。

四等奖：单注投注号码与中奖号码中任 5 个基本号码和特殊号码相符。

五等奖：单注投注号码与中奖号码中任 5 个基本号码相符，或者单注投注号码与中奖号码中任 4 个基本号码和特殊号码相符。

六等奖：单注投注号码与中奖号码中任 4 个基本号码相符，或者单注投注号码与中奖号码中任 3 个基本号码与特殊号码相符。

分析：该事件属于不放回模型。从 31 个数字中随机取 7 个数字，不放回，共有 C_{31}^7 种可能。六个等级的中奖概率的分母都是该值。

一等奖：选中 7 个基本号码，只有一种可能，所以中一等奖的概率为

$$\frac{1}{C_{31}^7}=\frac{1}{2629575}\approx 3.8\times 10^{-7}$$

二等奖：选中 6 个基本号码，即从 7 个基本号码中任取 6 个，共有 C_7^6 种可能，从 1 个特殊号码中选择 1 个，只有一种可能，所以分子为 $C_7^6C_1^1$，故中二等奖的概率为

$$\frac{C_7^6C_1^1}{C_{31}^7}=\frac{7}{2629575}\approx 2.66\times 10^{-6}$$

三等奖：选中 6 个基本号码，即从 7 个基本号码中任取 6 个，共有 C_7^6 种可能；另一个数字来自除 7 个基本号码和 1 个特殊号码外的其他 23 个数字，从这 23 个数字中选择一个数字，共有 23 种可能，分子为 $C_7^6C_{23}^1$，故中三等奖的概率为

$$\frac{C_7^6C_{23}^1}{C_{31}^7}=\frac{161}{2629575}\approx 6.12\times 10^{-5}$$

四等奖：选中 5 个基本号码，即从 7 个基本号码中任取 5 个，共有 C_7^5 种可能，从 1 个特殊号码中选择 1 个，只有一种可能，最后一个号码来自除 7 个基本号码和 1 个特殊号码外的其他 23 个数字，从这 23 个数字中选择一个数字，共有 23 种可能，分子为 $C_7^5C_1^1C_{23}^1$，故中四等奖的概率为

$$\frac{C_7^5C_1^1C_{23}^1}{C_{31}^7}=\frac{483}{2629575}\approx 1.84\times 10^{-4}$$

五等奖：一种情况为选中 5 个基本号码，即从 7 个基本号码中任取 5 个，共有 C_7^5 种可能，剩下的 2 个号码来自除 7 个基本号码和 1 个特殊号码外的其他 23 个数字，从这 23 个数字中选择 2 个数字，共有 C_{23}^2 种可能，分子为 $C_7^5C_{23}^2$。

另一种情况为选中 4 个基本号码，即从 7 个基本号码中任取 4 个，共有 C_7^4 种可能，从 1 个特殊号码中选择 1 个，只有一种可能，剩下的 2 个号码来自除 7 个基本号码和 1 个特殊号码外的其他 23 个数字，从这 23 个数字中选择 2 个数字，共有 C_{23}^2 种可能，分子为 $C_7^4C_1^1C_{23}^2$。

两种情况合并，中五等奖的概率为

$$\frac{C_7^5 C_{23}^2}{C_{31}^7}+\frac{C_7^4 C_1^1 C_{23}^2}{C_{31}^7}=\frac{14674}{2629575}\approx 5.58\times 10^{-3}$$

六等奖：一种情况为选中 4 个基本号码，即从 7 个基本号码中任取 4 个，共有 C_7^4 种可能，剩下的 3 个号码来自除 7 个基本号码和 1 个特殊号码外的其他 23 个数字，从这 23 个数字中选择 3 个数字，共有 C_{23}^3 种可能，分子为 $C_7^4 C_{23}^3$。

另一种情况为选中 3 个基本号码，即从 7 个基本号码中任取 3 个，共有 C_7^3 种可能，从 1 个特殊号码中选择 1 个，只有一种可能，剩下的 3 个号码来自除 7 个基本号码和 1 个特殊号码外的其他 23 个数字，从这 23 个数字中选择 3 个数字，共有 C_{23}^3 种可能，分子为 $C_7^3 C_1^1 C_{23}^3$。

两种情况合并，中六等奖的概率为 $\frac{C_7^4 C_{23}^3}{C_{31}^7}+\frac{C_7^3 C_1^1 C_{23}^3}{C_{31}^7}=\frac{1213970}{2629575}\approx 4.7\times 10^{-2}$。

从上面的计算可以看出，中一等奖的概率最小，中六等奖的概率最大。

四、实验内容

1. 实验步骤

（1）先定义阶乘函数。

（2）再定义组合数函数。

（3）按照公式计算六个奖项的概率。

2. 程序代码

```
#计算阶乘，定义阶乘函数为factorial
def factorial(n):
    s=1
    for i in range(1,n+1):
        s=s*i
    return s
#计算组合数
def combinateC(n,m):
    c=factorial(n)/(factorial(m)*factorial(n-m))
    return c
#计算
m=7
n=31
c=combinateC(n,m)
#计算中奖的概率
p1=1/c
p2=7/c
p3=combinateC(7,6)*combinateC(23,1)/c
p4=combinateC(7,5)*combinateC(23,1)/c
p5=(combinateC(7,5)*combinateC(23,2)+combinateC(7,4)*combinateC(23,2))/c
p6=(combinateC(7,4)*combinateC(23,3)+combinateC(7,3)*combinateC(23,3))/c
print(p1,p2,p3,p4,p5,p6)
```

3. 运行结果

六个奖项的中奖概率分别为：

```
3.802895905231834e-07，2.6620271336622838e-06
6.122662407423253e-05，0.0001836798722226976
0.0053879429185324625，0.047144500537159045
```

五、练习

练习 2.3　生日问题 1

某班级共有学生 40 人，至少有 2 人生日在同一天的概率是多少？假设一年有 365 天。

1. 理论分析

设事件 A 为“至少有 2 人的生日在同一天”，直接求事件 A 的概率难度比较大，因为可能有 2 人生日在同一天，也可能有 3 人生日在同一天，也可能有更多的人生日在同一天，因此考虑事件 A 的对立事件，即没有人生日在同一天。先考虑分母，每个人都有 365 种生日可以选择，所以 40 个人共有 365^{40} 种可能。再考虑分子，没有人生日在同一天，则 40 个人需要选择 40 天作为生日，这 40 天来自一年的 365 天，即从 365 天中挑出 40 天，有 C_{365}^{40} 种挑选方法，选好 40 天生日后，40 人再从中挑选自己的生日，有 40!种选法，所以分子为 $C_{365}^{40}40!$，由概率的计算公式可知，没有人生日在同一天的概率为 $\dfrac{C_{365}^{40}40!}{365^{40}}$，因此至少有 2 人生日在同一天的概率为 $P(A)=1-\dfrac{C_{365}^{40}40!}{365^{40}}$=0.89，说明 40 人中至少有 2 人生日在同一天的概率为 0.89。

2. 实验步骤

（1）先定义阶乘函数。

（2）再定义组合数函数。

（3）按照理论分析中的概率计算公式计算概率。

练习 2.3　程序代码

3. 运行结果

```
0.891231809817949
```

至少有 2 人生日在同一天的概率为 0.891 231 809 817 949。

练习 2.4　生日问题 2

某公司共有员工 400 人，至少有 1 人生日是五月一号的概率是多少？

1. 理论分析

设事件 B 为“至少有 1 人的生日是五月一号”，直接求事件 B 的概率难度比较大，因为可能有 2 人生日是五月一号，也可能有 3 人生日是五月一号，也可能有更多的人生日是五月一号，因此，考虑事件 B 的对立事件 $\overline{B}$，即没有人生日是五月一号。先求分母，每个人的生日都有 365 种选择，400 人的生日就有 365^{400} 种选择。再考虑分子，400 人的生日都不是五月一号，那么每个人有 364 种选择，共有 364^{400} 种选择。因此，事件 B 的概率为 $P(B)=1-\dfrac{364^{400}}{365^{400}}=0.67$。

2．实验步骤

练习 2.4　程序代码

（1）先定义阶乘函数。
（2）再定义组合数函数。
（3）按照理论分析中的概率计算公式计算概率。

3．运行结果

```
0.6662604492260717
```

至少有 1 人生日是五月一号的概率为 0.666 260 449 226 071 7。

练习 2.5　生日问题 3

某班级有同学 8 人，至少有 2 人生日是同月的概率是多少？

1．理论分析

一年有 12 个月，每个人生日在哪一个月有 12 种选择，8 个人共有 12^8 种选择。至少有 2 人生日在同一个月的对立事件为每人的生日各不同月，即 8 个人需要 8 个月作为生日，有 $C_{12}^{8}8!$ 种选择，所以至少有 2 人生日在同一月的概率为 $1-\dfrac{C_{12}^{8}8!}{12^8}=0.95$。

2．实验步骤

练习 2.5　程序代码

（1）先定义阶乘函数。
（2）再定义组合数函数。
（3）最后按照理论分析中的概率计算公式计算概率。

3．运行结果

```
0.9535831404320988
```

至少有 2 人生日是同月的概率为 0.953 583 140 432 098 8。

练习 2.6　生日问题 4

某班级有同学 8 人，至少有 2 人在生日在同一周的概率是多少？假设一年有 52 周。

1．理论分析

一年有 52 周，每人生日在哪周有 52 种选择，8 人共有 52^8 种选择。至少有 2 人生日在同一周的对立事件为每人的生日各在不同周，即 8 人的生日需要选择在 8 周，有 $C_{52}^{8}8!$ 种选择，所以至少有 2 人生日在同一周的概率为 $1-\dfrac{C_{52}^{8}8!}{52^8}=0.43$。

2．实验步骤

练习 2.6　程序代码

（1）先定义阶乘函数。
（2）再定义组合数函数。

（3）最后按照理论分析中的概率计算公式计算概率。

3. 运行结果

```
0.4324262572686578
```

至少有 2 人生日在同一周的概率为 0.432 426 257 268 657 8。

六、拓展阅读

彩票已经成为一项大众性事业，而彩票在各国有着自己的特色。一条好的彩票广告可以起到宣传公益和增加销量的双重作用。

国外的彩票广告内容风格迥异。

（1）英国的全国乐透彩票有一句非常有名的广告语：你可能就是那个幸运儿。

（2）加拿大 Lotto Max 广告语：汽车算什么，一艘游艇才是有钱人的象征。这艘 5 美元的游艇让你心动了吗？一张彩票，无限可能。

（3）加拿大不列颠哥伦比亚省彩票广告语：彩虹的尽头 2700 万加元。这条广告的创意来自谚语"彩虹的尽头藏着上帝留下的财富"。在彩虹的尽头是 2700 万加元，也是上天赐予的宝藏。

（4）纽约彩票广告语：彩票让你拥有无限可能。

（5）哥斯达黎加彩票广告语：亲爱的，你可以在不经意间错过天上掉馅饼，但请不要再错过彩票了！

国内的彩票广告更侧重公益性。

（1）多买少买多少买点，早中晚中早晚能中。

（2）小投入大回报，中了，为自己喝彩，不中，为社会添彩。

（3）2 元一注双色球，幸运中奖 1000 万元。

（4）购买赈灾彩票刮刮乐，支援灾区重建家园。

购买彩票后中大奖的概率为多大呢?上面的实验告诉我们，这个概率是极其低的。因此，可以把买彩票当成一项爱好，但是不能把买彩票当成一份事业。买彩票时要放平心态，中奖是一件幸运的事；如果没有中奖，那么就支持了国家的福利事业，为社会做了一份贡献。

实验 3

使用随机模拟法求几何概型

一、实验目的

利用几何概型估计圆周率的值。

二、实验要求

1．掌握几何概型的计算方法。
2．掌握蒲丰投针的理论计算方法。

三、理论分析

几何概型中的非常著名的例子就是蒲丰投针问题。1777 年，法国科学家蒲丰（Buffon）提出了投针问题。投针问题的解决方法是一个颇为奇妙的方法，先设计一个随机实验，使一个事件的概率与某个常数相关，并通过重复实验得到频率，再利用频率估计概率，即可求得未知常数的近似解。实验次数越多，求得的近似解越精确。

下面利用蒲丰投针问题随机模拟计算圆周率的值。

在一个平面上，画无数条平行线，平行线间的距离为 d，把一个长为 l（$l<d$）的针扔在画有平行线的平面上，通过观察与平行线相交的针出现的频率，可以模拟计算圆周率的数值。具体操作如下：将针的中点与最近一根平行线的距离记为 x，将针与线的夹角记为 ϕ，显然 $0 \leqslant \phi \leqslant \frac{\pi}{2}$，针与平行线相交的充要条件是 $x \leqslant \frac{d}{2}\sin\phi$。因此 X 轴、正弦曲线、$x=\frac{\pi}{2}$ 曲线围成的图形与矩形面积的比可作为针与平行线相交的概率，经计算得 $P=\frac{\int_0^{\frac{\pi}{2}}\frac{l}{2}\sin\phi \mathrm{d}\phi}{\frac{d}{2}\cdot\frac{\pi}{2}}=\frac{2l}{d\pi}$，所以 $\pi=\frac{2l}{dP}$（概率可用频率近似代替）。

根据大数定律，当实验次数很大时，平行线与针相交的概率可以近似用与平行线相交的针的频率表示，进而得到圆周率的近似值。

四、实验内容

在一个平面上画无数条距离为 0.83 的平行线，把一个长为 l（l<0.83）的针扔在画有平行线的平面上，通过观察与平行线相交的针的数量，计算其频率，来模拟计算圆周率的数值。

1．实验步骤

1）方法 1

令针的中点到平行线的距离 x 服从[0,d/2]的均匀分布，若 $x \leqslant \frac{d}{2}\sin\phi$，则说明针与平行线相交。计算与平行线相交的针的个数，从而计算频率，用其近似代替概率。

2）方法 2

针的中点的横坐标用 cx 表示，纵坐标用 cy 表示，且 cx 和 cy 的取值范围均为[0,d/2]，针与平行线的夹角的范围为[0, π]。令针的两端到最近的平行线的距离分别为 $y_1 = \text{cy} + \frac{d}{2}\sin\phi$，$y_2 = \text{cy} - \frac{d}{2}\sin\phi$，则当 $y_1 > d$ 或 $y_2 < 0$ 时，认为针与平行线相交。计算与平行线相交的针的个数，从而计算其频率，用频率代替概率。

2．程序代码

上述两种方法的不同之处在于如何认定针与平行线相交。

1）方法 1：

```
import math
from scipy import stats
#两条平行线间的距离
d = 1
#针长
l = 0.83
#计数器用来统计与平行线相交的针的个数
counter = 0
#投针次数
N = 100000
#针的中点到平行线的距离，在此设其服从区间[0,d/2]的均匀分布
x = stats.uniform.rvs(0, d/2, size=N)
#针与平行线的夹角，在此设其服从区间[0,π/2]的均匀分布
phi = stats.uniform.rvs(0, math.pi/2, size=N)
for i in range(1, N):
    #满足此条件表示投出的针与平行线相交
    if x[i-1] < a * math.sin(phi[i-1]) / 2:
        counter = counter+1
#计算针与平行线相交的频率
fren = counter/N
```

```
#计算π的近似值
pi_hat = 2*a/(d*fren)
print(pi_hat)
```

2）方法 2：

```
import math
import random
pai=3.1415926535
#两条平行线间的距离
d = 1
#针长
l = 0.83
#投针次数
N = 500000
#计数器用来统计与平行线相交的针的个数
number=0
#cx 表示针的中点的横坐标，cy 表示针的中点的纵坐标
for i in range(1, N+1):
    #针的中点的横坐标范围为[0,d/2)
    cx=0.5*d*random.random()
    #针的中点的纵坐标范围为[0,d/2)
    cy=0.5*d*random.random()
    #针与平行线的夹角为[0,π)
    phi=pai*random.random()
    #针的一端到最近的平行线的距离
    y1=cy+0.5*l*math.sin(phi)
    #针的另一端到最近的平行线的距离
    y2=cy-0.5*l*math.sin(phi)
    #满足此条件表示针与平行线相交
    if y1 >d or y2 < 0:
      number+=1
#计算针与平行线相交的理论概率值
probility=2*l/(pai*d)
#计算投出的针与平行线相交的频率
frequency = number/N
#计算π的近似值
pai_hat = 2*l/(d*frequency)
print(probility,frequency,pai_hat)
```

3. 运行结果

1）方法 1 运行结果

实验次数为 100 000 时，运行两次程序得到的圆周率值为：

```
3.1413216259177954
3.1429274665353955
```

2）方法 2 运行结果

试验次数为 100 000 时，运行 5 次程序得到的运行结果为：

```
0.5283944110801951  0.5278666666666667  3.144733518565294
```

```
0.5283944110801951  0.5284              3.141559424678274
```

```
0.5283944110801951  0.5285333333333333  3.1407669021190716
```

```
0.5283944110801951  0.5274666666666666  3.147118301314459
```

```
0.5283944110801951  0.5282666666666667  3.1423523472993438
```

由上述运行结果可知，第一次运行程序得到的概率为 0.528 394 411 080 195 1，频率为 0.527 866 666 666 666 7，圆周率为 3.144 733 518 565 294。

第二次运行程序得到的概率为 0.528 394 411 080 195 1，频率为 0.5284，圆周率为 3.141 559 424 678 274。

第三次运行程序得到的概率为 0.528 394 411 080 195 1，频率为 0.528 533 333 333 333 3，圆周率为 3.140 766 902 119 071 6。

第四次运行程序得到的概率为 0.528 394 411 080 195 1，频率为 0.527 466 666 666 666 6，圆周率为 3.147 118 301 314 459。

第五次运行程序得到的概率为 0.528 394 411 080 195 1，频率为 0.528 266 666 666 666 7，圆周率为 3.142 352 347 299 343 8。

五、练习

练习 3.1　使用随机投点法计算圆周率

假设有一个中心在原点的边长为 2 的正方形，画出它的内切圆，即圆的半径为 1，圆心在原点。向正方形中随机投点，观察点落入圆内的频率，依此计算圆周率。

1．理论分析

在使用随机投点法计算圆周率时，只需要统计落在圆内的点和落在正方形内的点的个数，两者的商为点落在圆内的频率。再根据几何概型，计算点落在圆内的概率。大量重复进行该实验，根据大数定律，得到的频率值近似等于概率。

根据几何概型有 $P=\frac{S_{圆}}{S_{正方形}}=\frac{\pi}{4}$，所以 $\pi=4P$，依此计算圆周率。

2．实验步骤

练习 3.1　程序代码

（1）生成两个系列的[−1,1]的随机数。

（2）若点在圆内，则把点标为蓝色；否则把点标为绿色（本书为黑白印刷，无法显示颜色）。

（3）统计蓝色点的个数，计算频率，从而计算圆周率。

3．运行结果

为了画图，将实验次数 N 选为 1000。如果不画图，那么可以将 N 设置得更大，这样算得的圆周率的精度会更高。将实验重复进行 500 000 次时，连续运行 3 次程序得到的运行结果为：

```
3.143944
```

```
3.14812
```

```
3.141456
```

使用随机投点法计算圆周率结果图如图 3-1 所示。

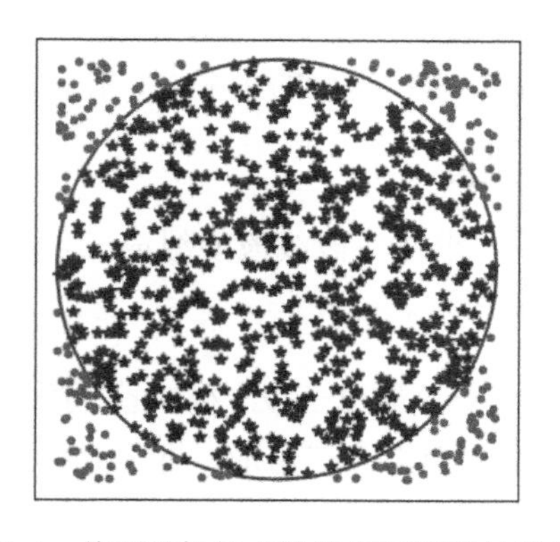

图 3-1（彩图）

图 3-1　使用随机投点法计算圆周率结果图

练习 3.2　车辆相遇问题

甲、乙两辆物流车驶向一个门前不能同时停两辆车的驿站，它们在一昼夜内到达的时间是可能的，若甲车的卸货时间为一小时，乙车的卸货时间为两小时，求两辆车中任何一辆车都不需要等候的概率。

1. 理论分析

设 x、y 分别为甲、乙两物流车到达驿站的时间，一昼夜共计 24 小时，则样本空间 $\Omega=\{(x,y)|0\leqslant x\leqslant 24,0\leqslant y\leqslant 24\}$，其面积为 24^2，记事件 A 为不需要等候，若甲先到，则乙必须 1 小时后再到，即 $y-x>1$；若乙先到，则甲必须 2 小时后再到，即 $x-y>2$。于是，$A=\{(x,y)|y-x>1或x-y>2\}$，其面积 $S_A=\frac{1}{2}\times 23^2+\frac{1}{2}\times 22^2$，从而 $P(A)=\frac{S_A}{S_\Omega}=\frac{23^2+22^2}{2\times 24^2}=$ 0.879。

2. 实验步骤

（1）产生 2 个 1～24 的随机数，若 $y-x>1$ 或者 $x-y>2$，则计数加 1。

（2）将实验重复进行 N 次，计算总的计数，再除以总的实验次数，得到满足条件的频率值，将总的实验次数 N 设得足够大，即可用频率近似代替概率。

练习 3.2　程序代码

3. 运行结果

实验重复 10 000 时，将该程序运行 5 次得到的运行结果如下：

```
0.8774  0.8793402777777778
```

```
0.8759  0.8793402777777778
```

```
0.8786  0.8793402777777778
```

```
0.8776  0.8793402777777778
```

```
0.877   0.8793402777777778
```

由上述运行结果可知，第一次运行程序得到的频率为 0.8774，概率为 0.879 340 277 777 777 8；第二次运行程序得到的频率为 0.8759，概率为 0.879 340 277 777 777 8；第三次运行程序得到的频率为 0.8786，概率为 0.879 340 277 777 777 8；第四次运行程序得到的频率为 0.8776，概率为 0.879 340 277 777 777 8；第五次运行程序得到的频率为 0.877，概率为 0.879 340 277 777 777 8。

练习 3.3　构成三角形的线段

将长度为 2 的线段分成三段，求这三段线段能组成三角形的概率。

1. 理论分析

设三段线段的长度分别为 x、y 及 $2-x-y$，样本空间为 $\Omega=\{(x,y)|0\leqslant x\leqslant 2, 0\leqslant y\leqslant 2, x+y<2\}$，其面积为 2，记事件 A 为构成三角形，即 $A=\{(x,y)|y+x>1且0<x<1, 0<y<1\}$，其面积 $S_A=\dfrac{1}{2}$，从而 $P(A)=\dfrac{S_A}{S_\Omega}=\dfrac{0.5}{2}=0.25$。

2. 实验步骤

练习 3.3　程序代码

（1）画出坐标系，x 的取值范围为[0,2]，y 的取值范围为[0,2]。

（2）画出三角形 1：$x+y<2$，$0<x<1$，$0<y<1$；画出三角形 2：$x+y<1$，$0<x<1$，$0<y<1$。

（3）产生两个在[0,2]上服从均匀分布的随机数系列 x、y，如果点落入区域 $1<x+y<2$，$0<x<1$，$0<y<1$ 内，计数 count1，此区域内的点涂上红色；如果点落入区域 $1<x+y<2$，$1<x<2$，$1<y<2$ 内，计数 count2，此区域内的点涂上蓝色；如果点落入区域 $x+y<1$，$0<x<1$，$0<y<1$ 内，计数 count3，此区域内的点涂上绿色。

3. 运行结果

```
0.25867635189669086
```

实验重复 5000 次时，将该程序运行 1 次得到的运行结果为 0.258 676 351 896 690 86，该值与理论值 0.25 非常接近。运行程序得到的图形如图 3-2 所示。

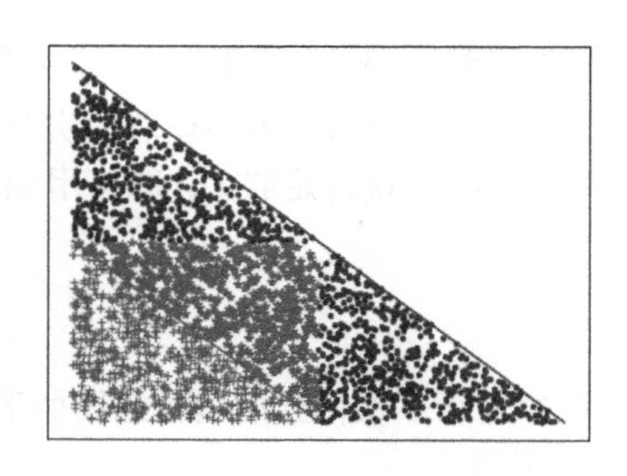

图 3-2　运行程序得到的图形

图 3-2（彩图）

六、拓展阅读

1. 圆周率的计算

圆周率是圆的周长与直径的比值，一般用希腊字母 π 表示。下面介绍圆周率具体值的演化过程。约公元前 1 世纪的《周髀算经》（证明了勾股定理）中就有“径一而周三”的记载，即直径为 1 的圆的周长为 3，即 π=3。汉朝时，张衡推算出圆周率等于 $\sqrt{10}$（约为 3.162）。南北朝时期，祖冲之推算出圆周率介于 3.141 592 6～3.141 592 7。魏晋时期，著名数学家刘徽用“割圆术”计算圆周率，得出 3.141 024 的圆周率近似值。

蒲丰，法国数学家、自然科学家，以投针与掷硬币实验闻名。1777 年，蒲丰在《或然性算术实验》一书中提出著名的投针问题，并提出了用实验的方法计算圆周率的近似值。

蒲丰证明了针与任意平行线相交的概率为 $2l/\pi d$，其中，d 为平行线的距离；l 为针的长度。利用这一公式，可以用概率方法求得圆周率的近似值。在一次实验中，蒲丰选取长度 $l=d/2$ 的针，进行 2212 次投针实验，其中针与平行线相交 704 次，求得圆周率的近似值为 2212/704=3.142。当实验中投掷的次数更多时，即可得到更精确的圆周率值。1850 年，一位叫沃尔夫（Wolf）的人在投掷 5000 多次后，得到圆周率的近似值为 3.1596。目前，宣称用这种方法得到最好结果的是意大利人拉兹瑞尼（Lazzerini）。1901 年，他重复蒲丰投针实验，投针 3408 次，求得圆周率的近似值为 3.141 592 9。

历史上一些学者关于圆周率的计算结果如表 3-1 所示。

表 3-1　历史上一些学者关于圆周率的计算结果

实验者	做实验的时间	针长/cm	投掷次数	相交次数	圆周率的近似值
Wolf	1850 年	0.8	5000	2532	3.1596
Smith	1855 年	0.6	3204	1218	3.1554
DeMorgan	1860 年	1.0	600	382	3.137
Fox	1884 年	0.75	1030	489	3.1595
Lazzerini	1901 年	0.83	3408	1808	3.141 592 9
Reina	1925 年	0.5419	2520	859	3.1795

蒲丰实验的重要性并非体现在求得比其他方法更精确的圆周率的值，而是在于它是第一个用几何形式表达概率问题的例子，开创了使用随机数处理确定性数学问题的先河。

2. 蒙特卡罗方法

类似于投针实验这种利用通过概率实验求得的概率估计一个常量的方法称为蒙特卡罗方法（Monte Carlo method）。蒙特卡罗方法是在第二次世界大战期间随着计算机的诞生而兴起和发展起来的。这种方法在应用物理、原子能、固体物理、化学、生态学、社会学及经济行为等领域得到广泛运用。蒙特卡罗方法是由 20 世纪 40 年代美国在第二次世界大战期间研制原子弹的“曼哈顿计划”的成员 S. M. 乌拉姆和 J. 冯・诺伊曼首先提出，并以驰名世界的赌城——Monte Carlo 来命名的。

超级计算机“深蓝”战胜国际象棋棋王用的是穷尽一切可能的暴力搜索法。国际象棋棋盘由横纵各 8 格、颜色一深一浅交错排列的 64 个小方格组成，所有可能的棋步约有 10^{40} 种，现在的计算机运算速度还是可以应付的。但是，对于围棋来说，其棋盘纵横各有 19 道，共有

361 个交叉点。对手落下一个棋子后，对应有 360 种可能，就此再向下测算结果呈指数级增长（搜索量达到了惊人的 10^{170}），现在的计算机根本不可能完成，因此之前围棋一直被认为是不可战胜的。

暴力搜索行不通，需另辟蹊径。有人想到了结合概率的算法，使用蒙特卡罗方法。2006 年，RémiCoulom 作为 Crazy Stone 的一个组成部分被引入蒙特卡罗树搜索法。该搜索法在蒙特卡罗方法上加了树状搜索，主要目的是给出一个状态来选择最佳的下一步。该搜索法面世后，有人预言，未来不久，计算机将在围棋上击败人类顶级选手。这一预言在 2016 年变成现实。

《自然》杂志曾公布了阿尔法狗运作的基本原理，分别如下：走棋网络（Policy Network），给定当前局面，预测和采样下一步走棋；快速走子（Fast Rollout），在适当牺牲走棋质量的条件下提高走棋速度；价值网络（Value Network），给定当前局面，估计双方胜率。蒙特卡罗树搜索法把以上三部分串联成一个完整的系统。该搜索法并没有穷尽所有走法，而是先完成数十步计算，余下的靠概率模拟算法（通过传统的局部特征匹配与线性回归两种方法来演算出胜负概率）来推算获胜可能，并据此做出选择。（本部分内容引自《新未来简史》，王骥，电子工业出版社，2018。）

实验 4

全概率公式和贝叶斯公式

一、实验目的

1. 使用全概率公式和贝叶斯公式解决问题。
2. 用随机模拟的方法求出问题的概率值。

二、实验要求

1. 写出全概率公式和贝叶斯公式。
2. 掌握使用随机模拟法求概率的方法。

三、知识链接

1. 条件概率

已知A,B为任意事件，且$P(A)>0$，则$P(B|A)=\dfrac{P(AB)}{P(A)}$。若$P(B)>0$，则$P(A|B)=\dfrac{P(AB)}{P(B)}$。

条件概率具有概率的所有性质，具体如下。

（1）（求逆公式）$P(\overline{B}\mid A)=1-P(B\mid A)$。

（2）（加法公式）$P(B\cup C\mid A)=P(B\mid A)+P(C\mid A)-P(BC\mid A)$。

（3）（减法公式）$P(B-C\mid A)=P(B\mid A)-P(BC\mid A)$。

（4）（单调性）$B\supset C\Rightarrow P(B\mid A)\geqslant P(C\mid A)$。

2. 乘法公式

若$P(A)>0$，$P(B)>0$，则$P(AB)=P(A)P(B|A)=P(B)P(A|B)$，这就是乘法公式。乘法公式可推广到多个事件。

$$P(ABC)=P(A)P(B|A)P(C|AB)$$

$$P(A_1A_2\cdots A_n)=P(A_1)P(A_2|A_1)P(A_3|A_1A_2)\cdots P(A_n|A_1A_2\cdots A_{n-1})$$

利用乘法公式可以将联合分布律链式展开，得到条件概率的链式法则。链式法则通常用于计算多个随机变量的联合概率，特别是在变量之间相互独立时（条件）非常有用。注意，在使用链式法则时，可以选择展开随机变量的顺序，选择正确的顺序通常可以让概率的计算变得更加简单。

概率图模型是一种对现实情况进行描述的模型，其核心是条件概率，本质上是利用先验知识，确立随机变量间的关联约束关系，最终达到方便求取条件概率的目的。

3. 全概率公式

若有① $A_1,A_2,\cdots,A_n$ 为样本空间 Ω 的一个分割，即满足 $A_1,A_2,\cdots,A_n$ 两两互不相容且 $A_1\cup A_2\cup\cdots\cup A_n=\Omega$，② $P(A_i)>0$，$i=1,2,\cdots,n$，则有

$$P(B)=\sum_{i=1}^{n}P(A_i)P(B|A_i)$$

当 n=2 时，有 $P(B)=P(A)P(B|A)+P(\bar{A})P(B|\bar{A})$，这是全概率公式最简单的情形。

全概率公式用于解决“由因索果”问题，经典的应用是对抽签问题和敏感问题的概率研究。

4. 贝叶斯公式

根据全概率公式，把导致结果发生的所有原因（前提）找出来，则结果发生的概率等于导致这个结果发生的各个原因与在该原因发生的条件下结果发生的概率的乘积之和，用数学公式表示为

$$P(A_i|B)=\frac{P(A_i)P(B|A_i)}{\sum_{i=1}^{n}P(A_i)P(B|A_i)}$$

最简单的形式为

$$P(A|B)=\frac{P(A)P(B|A)}{P(A)P(B|A)+P(\bar{A})P(B|\bar{A})}$$

式中，B 表示结果，A 和 $\bar{A}$ 表示造成结果的两个原因。该式含义为结果 B 发生了，该结果是由原因 A 造成的概率，式中分母是全概率公式表示的结果 B 的概率，分子是分母中的对应于原因 A 的项。

贝叶斯公式用于解决“由果索因”问题，如公安破案、医生看病，又称逆概率公式。

先验概率（Prior Probability）是指根据以往经验和分析得到的概率。在全概率公式中，先验概率往往作为“由因求果”问题中的“因”出现的概率。利用历史资料计算得到的先验概率称为客观先验概率；当历史资料无从取得或资料不完全时，凭人们的主观经验判断得到的先验概率称为主观先验概率。

在机器学习中，贝叶斯公式通常写为 $P(H|D)=\dfrac{P(H)P(D|H)}{P(D)}$，式中，$P(H)$ 表示在没有进行样本训练之前假设 H 的初始概率，即上文提到的先验概率，先验概率反映了关于假设 H 的所有前提认知；D 表示待观察的训练样本数据。在机器学习中，我们通常更关心后验概率 $P(H|D)$，即给定 D 时假设 H 成立的概率。

贝叶斯公式非常经典的应用是用于识别垃圾邮件。垃圾邮件曾经是一个令人头痛的问题，长期困扰着邮件运营商和用户。据统计，用户收到的电子邮件中超过 80%是垃圾邮件。传统的垃圾邮件过滤方法主要有关键词法、校验码法等，其识别效果都不理想，而且很容易规避。2002 年，Paul Graham 提出使用贝叶斯公式过滤垃圾邮件，并取得了非常好的效果。贝叶斯公式具有自我学习能力，可根据新收到的邮件不断调整过滤条件，收到的垃圾邮件越多，其过滤垃圾邮件的准确率就越高。

四、实验内容

实验 4.1　抽签原理

箱子里有 $a+b$ 个球，其中红球有 a 个，黑球有 b 个。有两个人依次从箱子中不放回地取两个球，求第二个人取得黑球的概率。

1. 理论分析

用 A 表示第二个人取的是黑球，B 表示第一个人取的是黑球，$\overline{B}$ 表示第一个人取的是红球，则有全概率公式

$$P(A)=P(B)P(A|B)+P(\overline{B})P(A|\overline{B})=\frac{b}{a+b}\cdot\frac{b-1}{a+b-1}+\frac{a}{a+b}\cdot\frac{b}{a+b-1}$$

取 a=8，b=4，求得概率为 1/3。

2. 实验步骤

（1）为黑球标上记号 1，红球标上记号 0，将列表 x1 的前 8 个元素赋值为 0，后 4 个元素赋值为 1，0 和 1 分别表示红球和黑球。用变量 s 表示黑球数。

（2）第一个人取球：从 1 到总球数 total 中取一个随机数，表示取得的球的编号，若取得的是黑球，则黑球数减 1；若取得的是红球，则黑球数不变。

（3）第二个人取球：取得黑球的概率为剩下的黑球数除以总球数 total 减 1（不放回取出）。

这样完成了一次实验。将其封装为一个函数，返回值为 s。

（4）将该实验进行 N 次：将程序重复运行 N 次，计算第二个人取得黑球的频率，并与理论分析算得的概率对比。

3. 程序代码

```
import numpy as np
#总的实验次数
N=10000
#红球数为 8
n1=8
#黑球数为 4
n2=4
#总的球数
n=n1+n2
s=0
#定义函数 qiu，模拟一次实验
```

```
def qiu():
    k=0
    #定义函数 ball，将列表 x1 的前 8 个元素赋值为 0，后 4 个元素赋值为 1
    #0 和 1 分别表示红球和黑球
    def ball():
        #表示球的颜色
        x1=[]
        for i in range(0,n):
            if i<n1:
                k=0
            else:
                k=1
            x1.append(k)
        return(x1)
    #调用函数 ball，得到的 y1 为球的两种颜色的情况
    y1=ball()
    #第一个人取球
    #从第 0 号到第 n-1 号球中随机取一个
    k=np.random.randint(0,n)
    #若取得的球是黑球，则黑球数减 1
    if y1[k]==1:
        s=n2-1
    else:
        s=n2
    return s
number1=0
#把上述程序重复 N 次，计算频率
for i in range(N+1):
    z=qiu()
    number1+=z
#第二个人取得黑球的频率
f1=number1/(N*(n-1))
print('模拟概率值为',f1,'理论概率值为',4/12)
```

4. 运行结果

实验次数为 10 000 时，将上述程序运行 4 次，得到如下结果：

```
模拟概率值为 0.3333333333333333 理论概率值为 0.3333333333333333
```

```
模拟概率值为 0.33323636363636366 理论概率值为 0.3333333333333333
```

```
模拟概率值为 0.33394545454545455 理论概率值为 0.3333333333333333
```

```
模拟概率值为 0.3328 理论概率值为 0.3333333333333333
```

从四次运行结果可以看出，模拟概率值和理论概率值非常接近。

实验 4.2　新球和旧球问题

某学校进行排球比赛。准备了 15 个排球，其中 9 个新球。在第一轮比赛时从中任意抽取

3 个球进行比赛，比赛后放回；在第二轮比赛时从中同样地任取 3 个球，试求：

（1）第二轮取出的 3 个球均为新球的概率。

（2）在第二轮取出的 3 个球均为新球的条件下，第一轮取出的 3 个球也都是新球的概率。

1. 理论分析

用 A 表示第二轮取出的球均为新球，B_i 表示第一轮取出的 3 个球中恰有 i 个是新球，$i=0,1,2,3$。因此，B_3 表示第一轮取出的 3 个球中有 3 个新球，则第二轮取球从剩下的 6 个新球中取；B_2 表示第一轮取出的 3 个球中有 2 个新球 1 个旧球，则第二轮取球从剩下的 7 个新球中取；B_1 表示第一轮取出的 3 个球中有 1 个新球 2 个旧球，则第二轮取球从剩下的 8 个新球中取；B_0 表示第一轮取出的 3 个球都是旧球，则第二轮取球从 9 个新球中取。由全概率公式可得

$$\begin{aligned}P(A)&=P(B_0)P(A|B_0)+P(B_1)P(A|B_1)+P(B_2)P(A|B_2)+P(B_3)P(A|B_3)\\&=\frac{C_6^3}{C_{15}^3}\cdot\frac{C_9^3}{C_{15}^3}+\frac{C_9^1C_6^2}{C_{15}^3}\cdot\frac{C_8^3}{C_{15}^3}+\frac{C_9^2C_6^1}{C_{15}^3}\cdot\frac{C_7^3}{C_{15}^3}+\frac{C_9^3}{C_{15}^3}\cdot\frac{C_6^3}{C_{15}^3}=\frac{528}{5915}\approx 0.089\end{aligned}$$

在第二轮取出的 3 个球都是新球的条件下，第一轮取出的 3 个球也都是新球的概率为

$$P(B_0|A)=\frac{P(B_0)P(A|B_0)}{P(A)}=\frac{\dfrac{C_6^3}{C_{15}^3}\cdot\dfrac{C_9^3}{C_{15}^3}}{0.089}=0.09118\text{。}$$

2. 实验步骤

（1）将 6 个旧球标号为 1～6，并将其记为 0，用一个列表 x1 的前 6 个元素表示。将剩下的 9 个新球标号为 7～15，并将其记为 1，用列表 x1 的后 9 个元素表示。

（2）第一次取 3 个球：从 1 到总球数 total 中取一个随机数，表示取得的球的编号。$s1$ 表示取得的新球个数。若是新球，则 $s1+1$；若是旧球，则 $s1$ 不变。取出的球不再放回，对应处理方法为把该编号对应的元素变成空元素。

（3）重新对球进行标号：因为第一次取出的新球放回后成了旧球，故将 $6+s1$ 个旧球标记为 1 至 $6+s1$，并将其记为 0，用列表 x2 的前 $6+s1$ 个元素表示。将剩下的 $9-s1$ 个新球标记为 $7+s1$ 至 15，并将其记为 1，用列表 x2 的后 $9-s1$ 个元素表示。因为这里是模拟，为了方便，把旧球放在一起，并标上号。

（4）第二次取 3 个球：从 1 到总球数 total 中取一个随机数，表示取得的球的编号。$s2$ 表示取得的新球个数。若是新球，则 $s2+1$；若是旧球，则 $s2$ 不变。取出的球不放回，对应处理方法为把该编号对应的元素变成空元素。

这样完成了一次实验。将其封装为一个函数。返回值为 $s1, s2$。

（5）将该实验进行 N 次：设置一个列表 z 接收 $s1, s2$，将程序重复运行 N 次，计算第二轮取得的球都是新球的频率，再求两轮取得的球都是新球的频数/第二轮取得的球是新球的频数，这就是条件概率。

3. 程序代码

```
import numpy as np
N=50000
```

```
#旧球数为 6
old=6
#新球数为 9
new=9
#总的球数
total=old+new
#定义函数，模拟一次实验
def pingpangqiu():
    #第一轮取出几个新球
    s1=0
    #第二轮取出几个新球
    s2=0
    k=0
    #定义函数 ball
    #将列表 x1 的前 6 个元素标记为 0，表示 6 个旧球；后 9 个元素标记为 1，表示 9 个新球
    def ball():
        #表示球的新旧情况
        x1=[]
        for i in range(1,total+1):
            if i<=old:
                k=0
            else:
                k=1
            x1.append(k)
        return(x1)
    #调用函数 ball，y1 为球的新旧情况
    y1=ball()
    #第一轮取球
    for i in range(3):
            #从 1 到总的球数 total-i+1 中取一个随机数
            k=np.random.randint(1,total-i+1)
            #若取得的球是新球，则 s1+1；若取得的球为旧球，则 s1 不变
            if y1[k-1]==1:
              s1+=1
            else:
              s1+=0
            #取出的球不放回
            del y1[k-1]
    #第二轮取球
    #因为第一轮取出的新球再次放回已经变成了旧球，故定义函数 ball1
    #将列表 x2 的前 6+s1 个元素标记为 0，表示 6+s1 个旧球
    #后 9-s1 个元素标记为 1，表示 9-s1 个新球
    def ball1():
        #表示球的新旧情况
```

```
        x2=[]
        #s1 表示第一轮取出的新球的数目
        for i in range(1,total+1):
            if i<=old+s1:
                k=0
            else:
                k=1
            x2.append(k)
        return(x2)
    y2=ball1()
    for i in range(3):
        k=np.random.randint(1,total-i+1)
        #若取得的球是新球，则 s2+1；否则，s2 不变
        if y2[k-1]==1:
            s2+=1
        else:
            s2+=0
        del y2[k-1]
    #函数返回的结果为 s1,s2，即第一轮和第二轮取出的新球数
    return(s1,s2)
#接收 s1,s2
z=[]
#两轮取得的球都是新球
number1=0
#第二轮取得的球是新球
number2=0
#把上述程序重复运行 N 次，计算频率
for i in range(N):
    z=pingpangqiu()
    #如果第二轮取得的球是 3 个新球，则 number2+1
    if z[1]==3:
        number2+=1
    #如果两轮取得的球都是 3 个新球，则 number1+1
    if z[0]==3 and z[1]==3:
        number1+=1
#第二轮取得的球都是新球的频率
f1=number2/N
#在第二轮取得的球都是新球的条件下，第一轮取得的球都是新球的频率
f2=number1/number2
print(f1,f2)
```

4．运行结果

试验重复 50 000 次时，将程序运行五次得到的运行结果如下：

```
0.0888    0.09707207207207207
```

```
0.08886    0.09813189286518119
```

```
0.08792    0.09599636032757052
```

```
0.0886     0.09255079006772009
```

```
0.0887     0.08861330326944758
```

由上述运行结果可知，第一次运行程序得到的第一问的答案为 0.0888，第二问的答案为 0.097 072 072 072 072 07。

第二次运行程序得到的第一问的答案为 0.088 86，第二问的答案为 0.098 131 892 865 181 19。

第三次运行程序得到的第一问的答案为 0.087 92，第二问的答案为 0.095 996 360 327 570 52。

第四次运行程序得到的第一问的答案为 0.0886，第二问的答案为 0.092 550 790 067 720 09。

第五次运行程序得到的第一问的答案为 0.0887，第二问的答案为 0.088 613 303 269 447 58。

第四次运行的结果与理论结果非常接近。

实验 4.3　疾病问题

某地区患有甲状腺疾病的人占比为 0.005。针对某种实验，患者实验反应是阳性的概率为 0.95，正常人实验反应是阳性的概率为 0.04。现抽查了一个人，实验反应是阳性，此人是甲状腺患者的概率是多少？

1. 理论分析

设 C={抽查的人患有甲状腺疾病}，A={实验结果是阳性}，则 $\bar{C}$ 表示抽查的人没有甲状腺疾病。已知，$P(C)=0.005$，$P(\bar{C})=0.995$，$P(A|C)=0.95$，$P(A|\bar{C})=0.04$。由贝叶斯公式可得 $P(C|A)=\dfrac{P(C)P(A|C)}{P(C)P(A|C)+P(\bar{C})P(A|\bar{C})}$，代入数据计算得 $P(C|A)=0.1066$。

2. 程序代码

```
import numpy as np
a=[0.005, 0.995]
b=[0.95, 0.04]
p1=np.dot(a,b)
p2=a[0]*b[0]/p1
print(p2)
```

3. 运行结果

```
0.10662177328843996
```

由运行结果可知，试验反应是阳性，此人是甲状腺患者的概率为 0.106 621 773 288 439 96。

五、练习

练习 4.1　敏感性调查问题

日常生活中，在某些情况下需要调查一些敏感问题，如某学校的校长想知道学生中有多少人谈恋爱、多少人考试作弊等，假如直截了当地问学生，不一定能了解到真实的情况。调查的目的不是打探别人的隐私，而是了解这一特征的人在人群中的占比。下面通过敏感性问题的调查方法来确定学生考试作弊的情况。

1. 理论分析

在调查敏感性问题时若采用直接询问的方式，则难以控制样本信息，得到的数据不一定可靠。为了得到可靠的数据，可采取随机回答技术。使用特定的随机装置让被调查者回答敏感性问题的概率成为预定概率，这个技术的目的是让被调查者最大限度地保守秘密，获得被调查者的信任。

设计两个问题，一个是利用抛硬币的方法决定回答问题 A 还是问题 B，回答这两个问题的概率都是 0.5。问题 A 是一个与敏感性问题无关的问题，如手机号的最后一个数字是奇数还是偶数、生日是奇数还是偶数等；问题 B 则是要调查的敏感性问题。采用简单随机抽样，样本容量为 n，回答“是”的样本占比为 k/n。由全概率公式可得 $P(是)=P(A)P(是|A)+P(B)P(是|B)$，设 $P=P(是|B)$，即 $\frac{k}{n}=0.5\times0.5+0.5\times p$，因此 $p=\frac{\frac{k}{n}-0.5\times0.5}{0.5}$。

令回答问题 A 的概率为 0.4，回答问题 A 时回答“是”的概率为 0.3，N=100000，k=50000，则回答问题 B 时回答“是”的概率为 0.63。

2. 实验步骤

（1）取 p=0.4，N=100000，$q=0.3$。p 为回答问题 A（与敏感性问题无关）的概率，q 为回答问题 A 时答案是“是”的样本占比。

（2）随机产生 N 个 0 和 1，计算 1 出现的个数，用 k 表示。

（3）通过$(k/N-p\times q)/(1-p)$计算敏感性问题答案为“是”的概率。

练习 4.1 程序代码

3. 运行结果

```
0.63075
```

调查样本为 100 000 份时，运行结果为 0.630 75，即 63%的人具有敏感特征。

练习 4.2 玻璃杯问题

玻璃杯成箱出售，每箱 20 个，设各箱含 0 个残次品、1 个残次品、2 个残次品的概率分别为 0.8、0.1、0.1。一顾客欲购买一箱玻璃杯，售货员任取一箱，顾客开箱随机察看 4 个玻璃杯。若无残次品，则买下该箱玻璃杯；否则，退回。试求：

（1）顾客购买此箱玻璃杯的概率。

（2）顾客购买的此箱玻璃杯中没有残次品的概率。

1. 理论分析

用 A 表示顾客买下该箱玻璃杯，B_i 表示该箱玻璃杯中有 i 个残次品，$i=0,1,2$。

（1）由全概率公式得

$$P(A)=P(B_0)P(A|B_0)+P(B_1)P(A|B_1)+P(B_2)P(A|B_2)$$
$$=0.8+0.1\times\frac{C_{19}^4}{C_{20}^4}+0.1\times\frac{C_{18}^4}{C_{20}^4}=0.94$$

（2）由贝叶斯公式得

$$P(B_0|A)=\frac{P(AB_0)}{P(A)}=\frac{0.8}{0.94}=0.85$$

2．实验步骤

（1）定义组合数函数。

（2）将有残次品的概率和在有残次品的条件下买下这箱玻璃杯的概率分别用列表表示，使用 np.dot 计算两个列表的乘积和，由此可得到全概率公式。

练习 4.2　程序代码

（3）使用贝叶斯公式求出待求的概率。

3．运行结果

```
顾客买下这箱玻璃杯的概率为 0.943157894737，在顾客买的此箱玻璃杯中，没有残次品的概率为
0.848214285714
```

六、拓展阅读

1．抽签原理

设 n 张彩票中有一张中奖券，求第二人摸到中奖券的概率。

解：设 A_i={第 i 个人摸到中奖券}，则

$$P(A_2)=P(A_1)P(A_2|A_1)+P(\overline{A}_1)P(A_2|\overline{A}_1)=\frac{1}{n}.0+\frac{n-1}{n}.\frac{1}{n-1}=\frac{1}{n}$$

类似的有

$$P(A_3)=P(A_4)=\cdots=P(A_n)=\frac{1}{n}$$

由此可知，抽签的顺序和中奖的概率无关，先抽签的中奖概率与后抽签的中奖概率一样。因此，在抽签时不必争先恐后，但是该原理的结果是建立在不公布结果的条件下的。如果公布结果，那么就属于条件概率了。

2．贝叶斯公式

托马斯·贝叶斯（Thomas Bayes）（1702—1761），英国数学家，贝叶斯公式源于他生前为解决一个逆问题写的一篇文章。贝叶斯在数学方面主要研究概率论。他将归纳推理法用于概率论基础理论，并创立了贝叶斯统计理论，对于统计决策函数、统计推断、统计的估算等做出了贡献。

贝叶斯死后，贝叶斯的朋友理查德·普莱斯在 1763 年整理出版了《几率性问题得到解决》一书，该书中提出了贝叶斯定理，即贝叶斯公式，这是概率论中著名的四大公式之一。目前，贝叶斯公式已经成为机器学习的核心算法之一，在拼写检查、语言翻译、海难搜救、生

物医药、疾病诊断、邮件过滤、文本分类、侦破案件、工业生产等诸多方面有很广泛的应用。

下面看贝叶斯公式的应用。

频率学派认为总体的参数是既定不变的、客观存在的，我们需要从样本的统计量出发去估算总体的参数，而且所抽取的样本数量越大估算的值越准确。贝叶斯学派则认为既然总体参数没有被观察到，那么它就可以是一个随机变化的量，因此总体参数是有分布的，我们每次从样本统计量估计的总体参数都是基于先验概率对后验概率的估算。具体来说，频率学派更关心的是似然函数，贝叶斯学派更关心的是后验概率。（该部分引自《临床流行病学和循证医学》，作者：陶立元、赵一鸣。）

Peter Norvig 的经典著作《人工智能：现代方法》中关于如何进行拼写检查/纠正部分用到的就是贝叶斯公式。吴军在《数学之美》中关于中文分词的介绍中也用到了贝叶斯公式。朴素贝叶斯是基于“特征之间是独立的”这一朴素假设应用贝叶斯公式的监督学习算法，典型应用是垃圾邮件过滤。

贝叶斯公式在病人分类中的应用如下。

假设一个人是否患有感冒的概率都是 50%。某个医生接诊的 1000 个感冒病人中有 50 个人有打喷嚏症状，接诊的 1000 个未感冒的人中有 1 个人有打喷嚏症状。现在接诊一个人，发现这个人有打喷嚏症状，则这个人感冒的概率为多少？

用 A 表示患有感冒，B 表示打喷嚏，上述问题可以归结为在打喷嚏的条件下，这个人患有感冒的概率，即 $P(A|B)$。这是一个条件概率。根据全概率公式有

$$P(B)=P(B\mid A)\,P(A)+P(B\mid \overline{A})\,P(\overline{A})$$

由题意可知，$P(B\mid A)$=5%，$P(B\mid \overline{A})$=0.1%，则 $P(A\mid B)=\dfrac{5\%\times 50\%}{5\%\times 50\% \;+\; 0.1\%\times 50\%}=98\%$。因此，这个人患有感冒的概率是 98%。

从贝叶斯思维的角度来看，“打喷嚏”这个词的推断能力很强，直接将此人患有感冒的概率从 50%提升到了 98%。

3．烽火戏诸侯

西周时期，周幽王十分宠爱一个叫作褒姒的女子。褒姒不爱笑，周幽王为了博她一笑，想尽了一切办法。有大臣献计，让点燃烽火台。周幽王为讨褒姒欢心，就命人点燃了预示犬戎来犯的烽火。诸侯见到烽火，全都赶来救援，但到达之后，却不见敌寇，乱作一团，褒姒见此哈哈大笑。周幽王终于博得美人一笑，很高兴，因此又多次点燃烽火。渐渐地诸侯们都不相信了，也就不去救援了。

可以使用贝叶斯公式来分析这个故事中诸侯对周幽王的可信度是如何下降的。

这个故事中有两个对象，一个对象是周幽王，另一个对象是诸侯。周幽王有两种行为：一种行为是不说谎，即点燃烽火的原因是犬戎来袭；另一种行为是说谎，即点燃烽火是为了博得美人一笑。诸侯有两种行为：一种行为是认为点燃烽火的原因是犬戎来袭，另一种行为是认为点燃烽火是为了博得美人一笑。

首先记事件 A 为“周幽王可信”，记事件 B 为“周幽王说谎”。设诸侯最初认为周幽王可信的概率为 0.95，周幽王不可信的概率为 0.05；刚开始诸侯对周幽王是很信任的，认为可信的周幽王说谎的概率和不可信的周幽王说谎的概率分别为 0.1 和 0.6，即 $P(A)=0.95$，$P(\overline{A})=0.05$，$P(B|A)=0.1$，$P(B|\overline{A})=0.6$，第一次诸侯赶来营救，发现犬戎没有来，即周幽

王说了谎，由全概率公式可知，周幽王说谎的概率为

$$P(B)=P(B|A)P(A)+P(B|\overline{A})P(\overline{A})=0.1\times0.95+0.6\times0.05=0.125$$

由贝叶斯公式可知，诸侯认为周幽王的可信程度为

$$P(A|B)=\frac{P(B|A)P(A)}{P(B)}=\frac{0.1\times0.95}{0.1\times0.95+0.6\times0.05}=0.76$$

当诸侯上了一次当后，对周幽王可信程度由原来的 0.95 调整为 0.76，在这个基础上，再用贝叶斯公式计算一次，即周幽王第二次说谎之后诸侯认为周幽王的可信程度为

$$P(A|B)=\frac{P(B|A)P(A)}{P(B|A)P(A)+P(B|\overline{A})P(\overline{A})}=\frac{0.1\times0.76}{0.1\times0.76+0.6\times0.24}=0.345$$

表明诸侯经过两次上当后，对周幽王的可信程度下降到了 0.345。如此低的可信度，诸侯们再看到烽火时就不再赶去救援了。

这个故事告诉我们某人的行为会不断修正其他人对他的看法。其实，贝叶斯公式就是通过证据来修正/调整我们对事物的认知的。

贝叶斯公式可解决很多问题。例如，《伊索寓言》中的《狼来了》的故事。

村子里有个放羊的小男孩，他经常在山上放羊。有一天他突然心血来潮，想捉弄一下村民，于是大喊："狼来了！狼来了！"正在地里干活的村民们听到他的叫喊声，赶快拿着锄头等工具上山打狼。可是等他们赶到山上，发现没有狼。小男孩看见他们气喘吁吁的样子，觉得很有趣，哈哈大笑说："根本没有狼，我在和你们开玩笑。"村民们很生气，下山回到了田里。第二天，小男孩又在山上大喊狼来了，善良的村民们又拿着工具上山打狼，却再次被欺骗。到了第三天，狼真的来了。小男孩在山上大喊狼来了，但是没有人来了。结果小男孩的羊被狼吃掉了。

案例分析：一开始村民对小男孩的印象很好，认为其可信的概率很高。当小男孩说了一次谎后，村民对小男孩的可信度就降低了。当小男孩再次说谎后，村民对小男孩的可信度再次降低，没有人再相信他了。具体计算过程与上面的故事相同。（引自《概率入门：情形思考再做决策的 88 个概率知识》。）

实验 5

常见离散型分布

实验 5.1　常见离散型分布的分布律图像及分布函数图像

一、实验目的

掌握常见离散型分布的分布律、分布函数的图像。

二、实验要求

1．写出常见离散型分布的分布律。
2．使用分布律公式画出图像。
3．使用 Python 中的统计包画出图像。

三、知识链接

1．0-1 分布

若随机变量 X 只取数值 0 和 1，其分布律为 $P(X=k)=p^k(1-p)^{1-k}$， $k=0,1$，则称 X 服从参数为 p 的 0-1 分布（又称伯努利分布）。

当随机实验只有两个可能的结果时，如产品质量合格与不合格、性别为男与女、考试成绩及格与不及格、对某种商品买或不买等，即可用服从 0-1 分布的随机变量来描述实验的结果。

把伯努利实验独立重复地进行 n 次，就是 n 重伯努利实验。

2．二项分布

若 X 的分布律为 $P(X=k)=C_n^k p^k(1-p)^{n-k}$， $k=0,1,2,\cdots,n$，则称 X 服从参数为 n,p 的二项分布，记为 $X\sim b(n,p)$。

3．泊松（Poisson）分布

若 X 的可能取值为 $0,1,2,\cdots,k,\cdots$，且 $P(X=k)=\dfrac{\lambda^k}{k!}\mathrm{e}^{-\lambda}$ ($\lambda>0$，$k=1,2,\cdots$)，则称 X 服从参数为 λ 的泊松分布，记为 $X\sim P(\lambda)$。

泊松分布是由法国数学家西莫恩・德尼・泊松在 1838 年发现的。

在一个超市门口收集来超市的顾客数，第一分钟内有 4 个人，第二分钟有 5 个人……持续记录下去，就可以得到一个模型，这便是泊松分布的原型。

泊松分布来自排队现象，是概率论中重要的概率分布之一。参数 λ 是单位时间（或单位面积）内随机事件的平均发生率。泊松分布常用于描述单位时间（或空间）内随机事件发生的次数，如某时间段内公共汽车站台的候车人数、某时间段内的电话呼叫次数、某十字路口发生的交通事故的次数等。泊松分布还可用来描述稀有事件出现的概率，如火山爆发、地震、洪水、战争等事件发生次数。

泊松分布是在实验次数 n 非常大且 p 很小时的情况下二项分布的极限，而且当 λ>30 时，二项分布的分布律非常接近于泊松分布的分布律。这可由泊松定理看出。

泊松定理：在 n 重伯努利实验中，事件 A 在一次实验中出现的概率为 p_n（与实验总数 n 有关），$\lim\limits_{n\to+\infty} np_n=\lambda$（$\lambda>0$ 为常数），则对任意确定的非负整数 k，有

$$\lim_{n\to+\infty} b(k;n,p_n)=\lim_{n\to+\infty} C_n^k p_n^k(1-p_n)^{n-k}=\frac{\lambda^k}{k!}\mathrm{e}^{-\lambda}$$

4．几何分布

假设伯努利实验中事件 A 发生的概率为 $P(A)=p$，X 表示事件 A 首次出现时的实验次数，则称 X 服从几何分布，分布律为 $P(X=k)=p(1-p)^{k-1}$，$k=1,2,\cdots$，记为 $X\sim \mathrm{Ge}(p)$。

几何分布是一种常见的离散型分布。例如，抛掷一枚质地均匀的骰子，首次出现 6 点的投掷次数服从几何分布；射击时首次命中目标的射击次数也服从几何分布。

5．超几何分布

N 个产品中有 M 个不合格品，不放回取出 n 个产品，记 X 为不合格品数，则 X 服从超几何分布，其分布律为

$$P(X=k)=\frac{C_M^k C_{N-M}^{n-k}}{C_N^n}，k=0,\cdots,r，\quad r=\min(n,M)$$

记为 $X\sim h(n,N,M)$。

超几何分布本质上是不放回模型，当 $N>>n$ 时，不放回抽样可近似看作有放回抽样，即 $X\overset{\bullet}{\sim} b\left(n,\dfrac{M}{N}\right)$。超几何分布与二项分布的主要区别是超几何分布的各次实验不是独立的，而且各次实验中表示成功的概率不相等。

6．负二项分布

设伯努利实验中事件 A 发生的概率 $P(A)=p$，X 表示事件 A 第 r 次出现时的实验次数，则称 X 服从负二项分布，分布律为 $P(X=k)=C_{k-1}^{r-1}p^r(1-p)^{k-r}$，$k=r,r+1,\cdots$，记为 $X\sim \mathrm{Nb}(r,p)$。

注意：①当 r=1 时，负二项分布就是几何分布；②负二项随机变量可以看作独立几何随

机变量之和。

三、实验内容

实验 5.1.1　二项分布的分布律图像及分布函数图像

1. 实验题目

画出参数为 n=60，p=0.5 的二项分布的分布律图像和分布函数图像。

2. 实验内容

1）使用统计包画图

（1）实验步骤。

① 使用 binom.pmf(x, n, p)函数求分布律具体值，pmf 表示概率质量函数，即分布律，并绘图。

② 使用 binom.cdf(x, n, p)函数求分布函数值，cdf 表示累计分布函数，并绘图。

（2）程序代码。

① 画二项分布的分布律图像：

```
from scipy.stats import binom
import matplotlib.pyplot as plt
import numpy as np
#用来正常显示中文标签
plt.rcParams['font.sans-serif'] = [u'SimHei']
#用来正常显示正负号
plt.rcParams['axes.unicode_minus'] = False
fig,ax = plt.subplots(1,1)
n = 60
p = 0.5
x = np.arange(0,60)
ax.plot(x, binom.pmf(x, n, p),'o')
plt.title("二项分布的分布律，n=%d,p=%.2f" % (n,p))
plt.show()
```

② 画二项分布的分布函数图像：

```
from scipy.stats import binom
import matplotlib.pyplot as plt
import numpy as np
#用来正常显示中文标签
plt.rcParams['font.sans-serif'] = [u'SimHei']
#用来正常显示正负号
plt.rcParams['axes.unicode_minus'] = False
fig,ax = plt.subplots(1,1)
n = 60
p = 0.5
x = np.arange(0,60)
ax.plot(x, binom.cdf(x, n, p),'o')
plt.title("二项分布的分布函数，n=%d,p=%.2f" % (n,p))
```

```
plt.show()
```

（3）输出图像。

使用统计包画出的二项分布的分布律图像和分布函数图像分别如图 5-1 和图 5-2 所示。

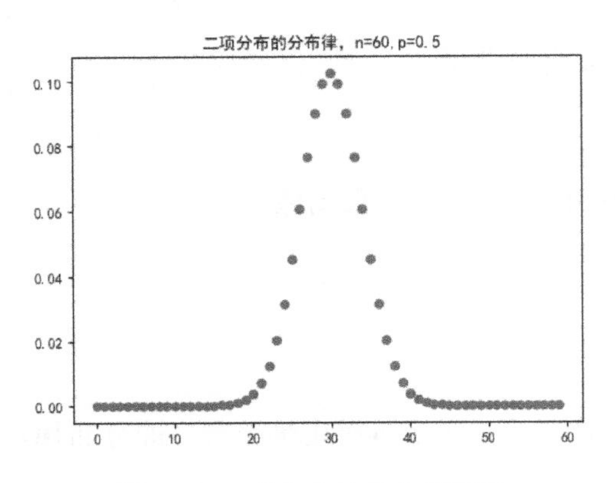

图 5-1　二项分布的分布律图像

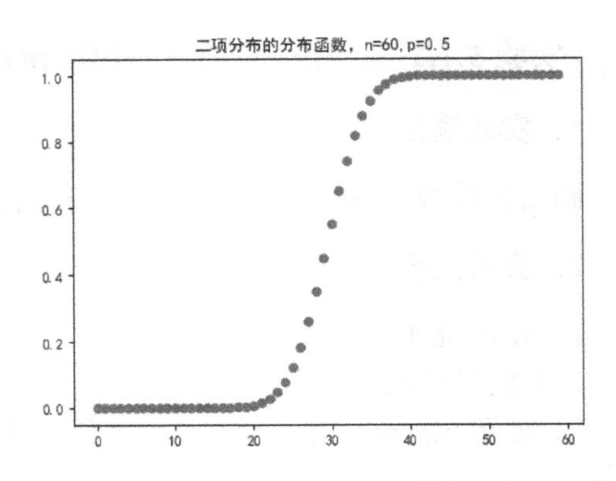

图 5-2　二项分布的分布函数图像

2）使用公式画图

（1）实验步骤。

① 定义阶乘函数和组合数函数。

② 根据分布律公式求出二项分布的分布律具体值，并绘图。

③ 对分布律累加求和，求分布函数值，并绘图。

（2）程序代码。

① 画二项分布的分布律图像：

```
from matplotlib import pyplot as plt
#用来正常显示中文标签
plt.rcParams['font.sans-serif'] = [u'SimHei']
#用来正常显示正负号
plt.rcParams['axes.unicode_minus'] = False
#计算阶乘，定义阶乘函数为 factorial
def factorial(n):
    s=1
    for i in range(1,n+1):
        s=s*i
    return s
#计算组合数
def combinateC(n,m):
    c=factorial(n)/(factorial(m)*factorial(n-m))
    return c
n=60
p=0.5
s=0
for k in range(0,n+1):
    c=combinateC(n,k)
    #计算二项分布的分布律具体值
    p1=c*p**k*(1-p)**(n-k)
    #画二项分布的分布律图像
```

```
    plt.plot(k, p1,linestyle='', marker='.')
    plt.title("二项分布的分布律，n=%d,p=%.2f" % (n,p))
plt.show()
```

② 画二项分布的分布函数图像：

```
import matplotlib.pyplot as plt
#用来正常显示中文标签
plt.rcParams['font.sans-serif'] = [u'SimHei']
#用来正常显示正负号
plt.rcParams['axes.unicode_minus'] = False
#计算阶乘，定义阶乘函数为factorial
def factorial(n):
    s=1
    for i in range(1,n+1):
        s=s*i
    return s
#计算组合数
def combinateC(n,m):
    c=factorial(n)/(factorial(m)*factorial(n-m))
    return c
n=60
p=0.5
s=0
for k in range(0,n+1):
    c=combinateC(n,k)
    #计算二项分布的分布律具体值
    p1=c*p**k*(1-p)**(n-k)
    #计算二项分布的分布函数值
    s+=p1
    #画二项分布的分布函数图像
    plt.plot(k, s,linestyle='', marker='.')
plt.title("二项分布的分布函数，n=%d,p=%.2f" % (n,p))
plt.show()
```

（3）输出图像。

使用公式画出的二项分布的分布律图像和分布函数图像分别如图 5-3 和图 5-4 所示。

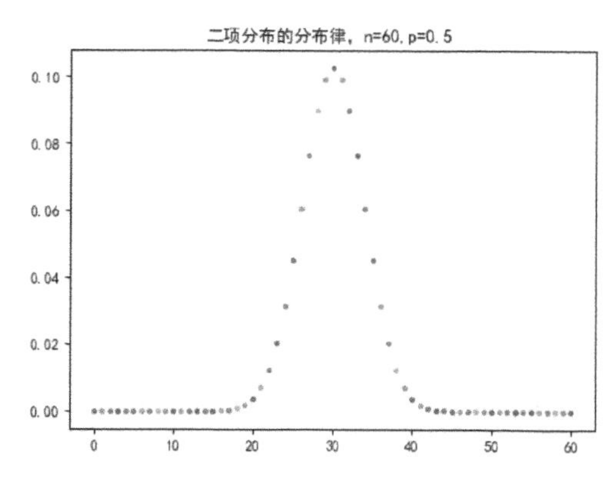

图 5-3　二项分布的分布律图像

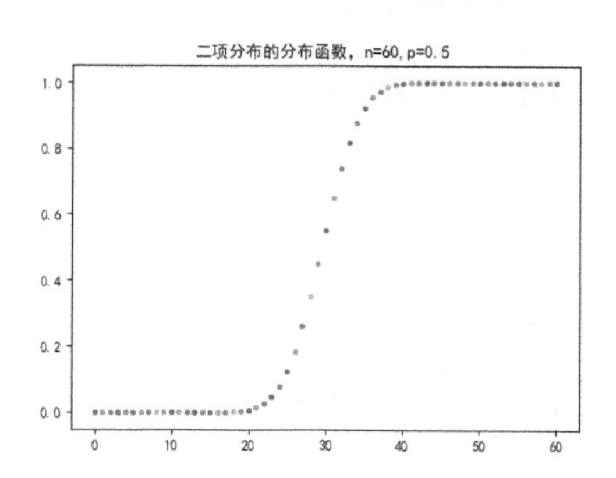

图 5-4　二项分布的分布函数图像

实验 5.1.2 泊松分布的分布律图像和分布函数图像

1. 实验题目

当参数 λ=0.5，而 k 取从 0 到 20 的整数时，画出泊松分布的分布律图像和分布函数图像。

2. 实验内容

1）使用统计包画图

（1）实验步骤。

① 使用 stats.poisson.pmf(k,lamb)函数求分布律具体值，并画图。

② 使用 stats.poisson.cdf(k,lamb)函数求分布函数值，并画图。

（2）程序代码。

① 画泊松分布的分布律图像：

```
import numpy as np
#统计计算包的统计模块
from scipy import stats
#绘图包
import matplotlib.pyplot as plt
#用来正常显示中文标签
plt.rcParams['font.sans-serif'] = [u'SimHei']
#用来正常显示正负号
plt.rcParams['axes.unicode_minus'] = False
lamb=0.5
k= np.arange(0, 20,1)
#计算泊松分布的分布律具体值，并画图
p = stats.poisson.pmf(k,lamb)
plt.plot(k, p, marker='o', linestyle='None')
plt.xlabel("k 值")
plt.ylabel("概率")
plt.title("泊松分布的分布律, λ=%.2f" % lamb)
plt.show()
```

② 画泊松分布的分布函数图像：

```
import numpy as np
#统计计算包的统计模块
from scipy import stats
#绘图包
import matplotlib.pyplot as plt
#用来正常显示中文标签
plt.rcParams['font.sans-serif'] = [u'SimHei']
#用来正常显示正负号
plt.rcParams['axes.unicode_minus'] = False
lamb=0.5
k= np.arange(0, 20,1)
```

```
#计算泊松分布的分布函数值，并画图
s = stats.poisson.cdf(k,lamb)
plt.plot(k, s, marker='o', linestyle='None')
plt.xlabel("k值")
plt.ylabel("分布函数值")
plt.title("泊松分布的分布函数， λ=%.2f" % lamb)
plt.show()
```

（3）输出图像。

使用统计包画出的泊松分布的分布律图像和分布函数图像如图 5-5 和图 5-6 所示。

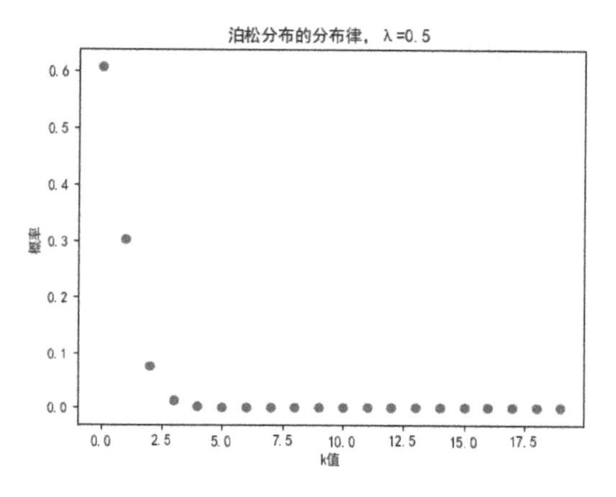

图 5-5　泊松分布的分布律图像

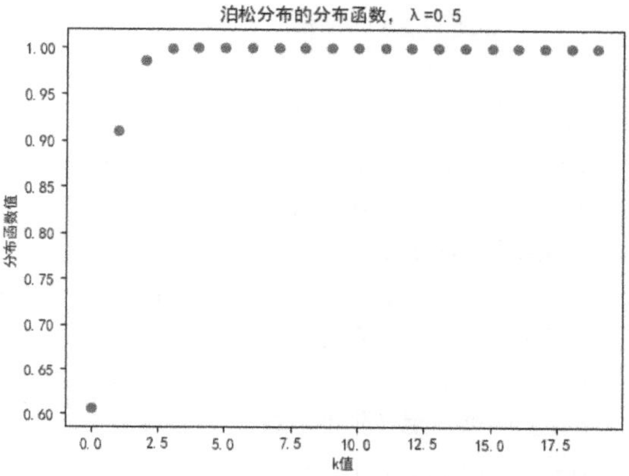

图 5-6　泊松分布的分布函数图像

2）使用公式画图

（1）实验步骤：

① 先给出求阶乘的函数。

② 按照分布律的公式求分布律具体值，并画图。

③ 求分布函数值，并画图。

（2）程序代码。

① 画泊松分布的分布律图像：

```
from matplotlib import pyplot as plt
import numpy as np
#用来正常显示中文标签
plt.rcParams['font.sans-serif'] = [u'SimHei']
#用来正常显示正负号
plt.rcParams['axes.unicode_minus'] = False
#计算阶乘，定义阶乘函数为factorial
def factorial(n):
    s=1
    for i in range(1,n+1):
        s=s*i
    return s
```

```
lamb=0.5
s=0
n=20
#计算泊松分布的分布律具体值，并画图
for k in range(0,n+1):
    #计算泊松分布的分布律具体值
    p=lamb**k*np.exp(-lamb)/factorial(k)
    plt.plot(k, p,linestyle='', marker='.')
    plt.xlabel("k 值")
    plt.ylabel("概率")
    plt.title("泊松分布的分布律，λ=%.2f" % lamb)
plt.show()
```

② 画泊松分布的分布函数图像：

```
from matplotlib import pyplot as plt
import numpy as np
#用来正常显示中文标签
plt.rcParams['font.sans-serif'] = [u'SimHei']
#用来正常显示正负号
plt.rcParams['axes.unicode_minus'] = False
#计算阶乘，定义阶乘函数为 factorial
def factorial(n):
    s=1
    for i in range(1,n+1):
        s=s*i
    return s
lamb=0.5
s=0
n=20
for k in range(0,n+1):
    #计算泊松分布的分布律具体值
    p=lamb**k*np.exp(-lamb)/factorial(k)
    #计算泊松分布的分布函数值
    s+=p
    #画泊松分布的分布函数图像
    plt.plot(k, s,linestyle='', marker='.')
    plt.xlabel("k 值")
    plt.ylabel("概率")
    plt.title("泊松分布的分布函数，λ=%.2f" % lamb)
plt.show()
```

（3）输出图像。

使用公式法画出的泊松分布的分布律图像和分布函数图像如图 5-7 和图 5-8 所示。

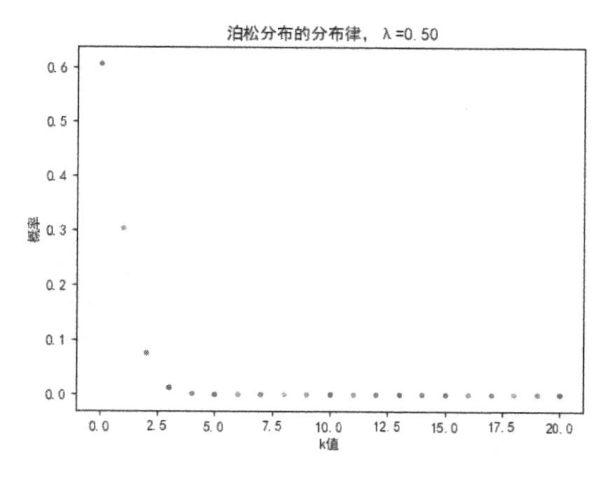

图 5-7　泊松分布的分布律图像

图 5-8　泊松分布的分布函数图像

实验 5.1.3　泊松分布和二项分布的分布律的关系

1. 实验题目

画图考察泊松分布和二项分布的分布律关系。

2. 实验步骤

（1）使用统计包。

（2）当 x 相同时，画出泊松分布的分布律图像和二项分布的分布律图像，并进行比较。

3. 程序代码

```
from scipy.stats import binom
from scipy.stats import poisson
import matplotlib.pyplot as plt
import numpy as np
plt.rcParams['font.sans-serif'] = [u'SimHei']
plt.rcParams['axes.unicode_minus'] = False
fig,ax = plt.subplots(1,1)
n = 500
p = 0.1
x = np.arange(0,120,1)
p1, = ax.plot(x, binom.pmf(x, n, p),'b*',label =u'二项分布')
mu = n*p
p2, = ax.plot(x, poisson.pmf(x, mu),'ro',label = u'泊松分布')
plt.legend(handles = [p1, p2])
plt.title(u'泊松分布和二项分布对比')
plt.show()
```

4. 输出图像

画出的二项分布的分布律图像和泊松分布的分布律图像如图 5-9 所示。

通过图 5-9 可以看出，当 n 很大而 p 很小时，泊松分布可以用来近似二项分布。

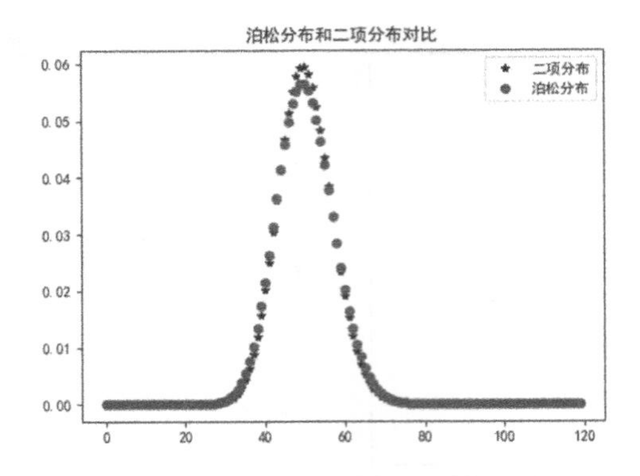

图 5-9（彩图）

图 5-9　二项分布的分布律图像和泊松分布的分布律图像

实验 5.1.4　几何分布的分布律图像和分布函数的图像

1. 实验题目

当参数 p=0.5，而 k 取从 0 到 20 的整数时，画出几何分布的分布律图像和分布函数图像。

2. 实验内容

1）使用统计包画图。

（1）实验步骤。

① 使用 geom.pmf(k, p)函数求出几何分布的分布律的具体值，并画图。

② 使用 geom.cdf(k, p)函数求出几何分布的分布函数值，并画图。

（2）程序代码。

① 画几何分布的分布律图像：

```
from scipy.stats import geom
import matplotlib.pyplot as plt
import numpy as np
plt.rcParams['font.sans-serif'] = [u'SimHei']
plt.rcParams['axes.unicode_minus'] = False
n=20
#求分布律，并画图
fig,ax = plt.subplots(1,1)
p = 0.5
k = np.arange(0,n+1,1)
#求分布律具体值
p1=geom.pmf(k, p)
#画出几何分布的分布律图像
ax.plot(k, p1,'o')
plt.xlabel("k 值")
plt.ylabel("概率")
plt.title("几何分布的分布律，p=%.2f" % p)
plt.show()
```

② 画几何分布的分布函数图像。

```
from scipy.stats import geom
```

```
import matplotlib.pyplot as plt
import numpy as np
plt.rcParams['font.sans-serif'] = [u'SimHei']
plt.rcParams['axes.unicode_minus'] = False
n=20
#求几何分布的分布函数值，并画图
fig,ax = plt.subplots(1,1)
p = 0.5
k = np.arange(0,n+1,1)
#求几何分布的分布函数值
p1=geom.cdf(k, p)
#画出几何分布的分布函数图像
ax.plot(k, p1,'o')
plt.xlabel("k值")
plt.ylabel("概率")
plt.title("几何分布的分布函数,p=%.2f" % p)
plt.show()
```

（3）输出图像。

使用统计包画出的几何分布的分布律图像和分布函数图像如图 5-10 和图 5-11 所示。

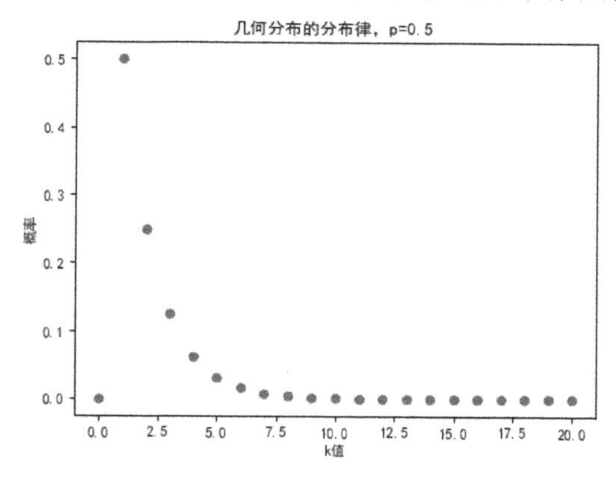

图 5-10　几何分布的分布律图像

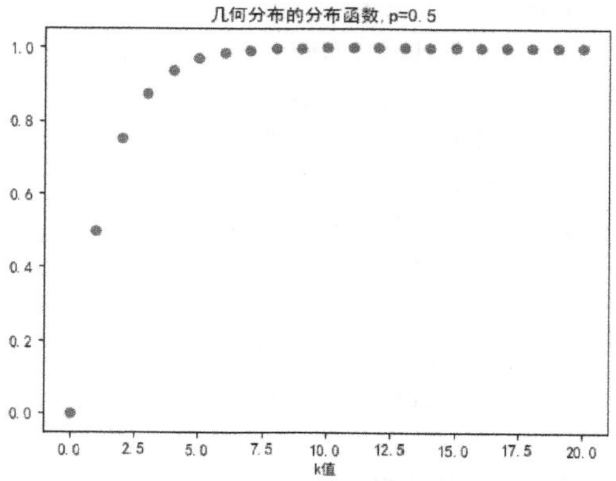

图 5-11　几何分布的分布函数图像

2）使用公式画图

（1）实验步骤。

① 按照几何分布的分布律的公式求分布律具体值，并画图。

② 求几何分布的分布函数值，并画图。

（2）程序代码。

① 画几何分布的分布律的图像：

```
from matplotlib import pyplot as plt
#用来正常显示中文标签
plt.rcParams['font.sans-serif'] = [u'SimHei']
#用来正常显示正负号
plt.rcParams['axes.unicode_minus'] = False
p=0.5
s=0
```

```
n=20
for k in range(1,n+1):
    #计算几何分布的分布律具体值
    p1=((1-p)**(k-1))*p
    #画几何分布的分布律图像
    plt.plot(k, p1,linestyle='', marker='.')
    plt.xlabel("k值")
    plt.ylabel("概率")
    plt.title("几何分布的分布律, p=%.2f" % p)
plt.show()
```

② 画几何分布的分布函数图像：

```
from matplotlib import pyplot as plt
#用来正常显示中文标签
plt.rcParams['font.sans-serif'] = [u'SimHei']
#用来正常显示正负号
plt.rcParams['axes.unicode_minus'] = False
p=0.5
s=0
n=20
for k in range(1,n+1):
    #计算几何分布的分布律具体值
    p1=((1-p)**(k-1))*p
    #计算几何分布的分布函数值
    s+=p1
    #画几何分布的分布函数图像
    plt.plot(k, s,linestyle='', marker='.')
    plt.xlabel("k值")
    plt.ylabel("概率")
    plt.title("几何分布的分布函数, 参数p=%.2f" % p)
plt.show()
```

（3）输出图像。

使用统计包画出的几何分布的分布律图像和分布函数图像如图 5-12 和图 5-13 所示。

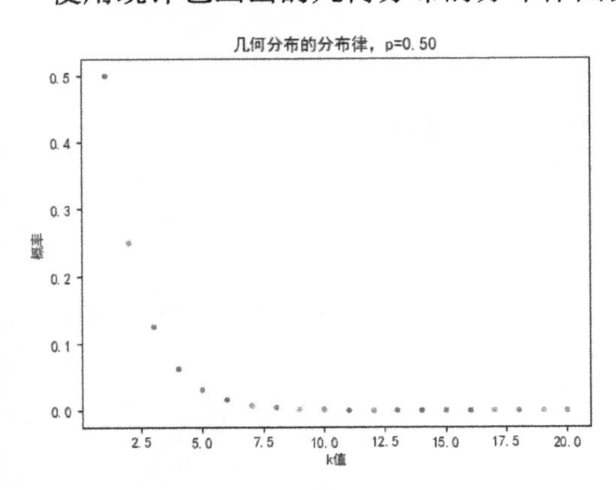

图 5-12　几何分布的分布律图像

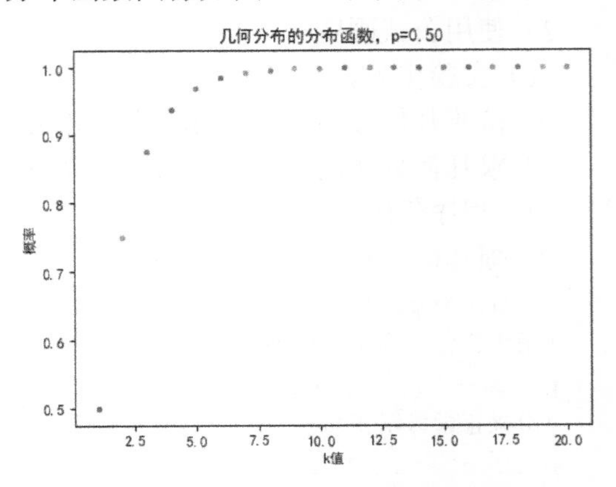

图 5-13　几何分布的分布函数图像

实验 5.1.5 超几何分布的分布律图像和分布函数图像

1. 实验题目

画出当 N=100，n=20，M=25 时超几何分布的分布律图像和分布函数图像。

2. 实验步骤

1）使用统计包画图

（1）实验步骤。

① 使用 stats.hypergeom.pmf(k,N,n,M)函数求出超几何分布的分布律的具体值，并画图。

② 使用 stats.hypergeom.cdf(k,N,n,M)函数求出超几何分布的分布函数值，并画图。

（2）程序代码。

① 画超几何分布的分布律图像：

```
import numpy as np
from scipy import stats
import matplotlib.pyplot as plt
plt.rcParams['font.sans-serif'] = [u'SimHei']
plt.rcParams['axes.unicode_minus'] = False
N=100
n=20
M=25
k= np.arange(0, 20,1)
#求超几何分布的分布律值，并画图
p = stats.hypergeom.pmf(k,N,n,M)
plt.plot(k, p, marker='o', linestyle='None')
plt.xlabel("k 值")
plt.ylabel("概率")
plt.title("超几何分布的分布律,N=%d,M=%d,n=%d" % (N, M, n))
plt.show()
```

② 画超几何分布的分布函数图像：

```
import numpy as np
from scipy import stats
import matplotlib.pyplot as plt
#用来正常显示中文标签
plt.rcParams['font.sans-serif'] = [u'SimHei']
#用来正常显示正负号
plt.rcParams['axes.unicode_minus'] = False
N=100
n=20
M=25
k= np.arange(0, 20,1)
s = stats.hypergeom.cdf(k,N,n,M)
plt.plot(k, s, marker='o', linestyle='None')
plt.xlabel("k 值")
```

```
plt.ylabel("分布函数值")
plt.title("超几何分布的分布函数,N=%d,M=%d,n=%d" % (N, M, n))
plt.show()
```

（3）输出图像。

使用统计包画出的超几何分布的分布律图像和分布函数图像如图 5-14 和图 5-15 所示。

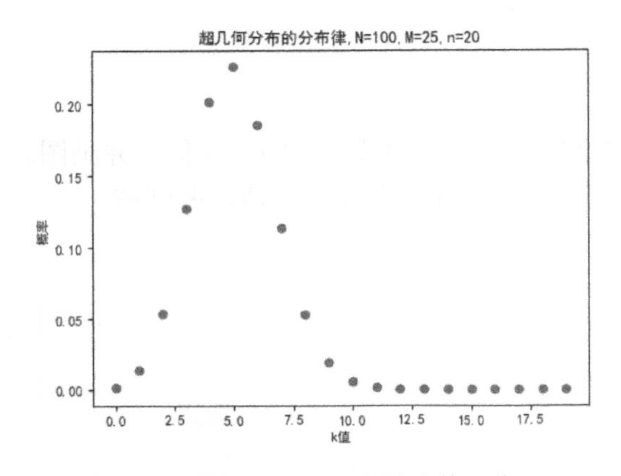

图 5-14　超几何分布的分布律图像

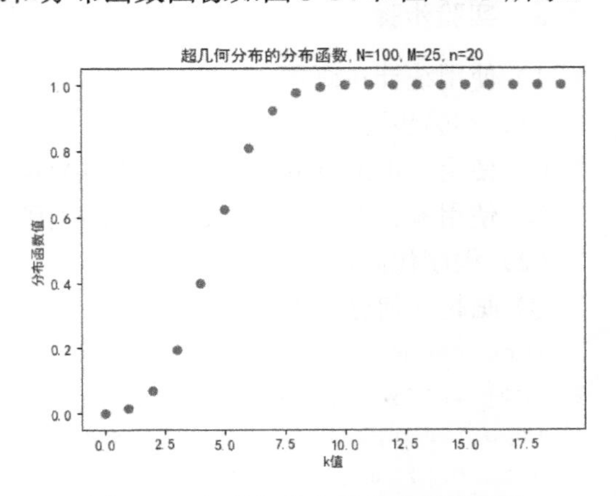

图 5-15　超几何分布的分布函数图像

2）使用公式画图

（1）实验步骤。

① 先定义阶乘函数，再利用阶乘函数定义组合数函数。

② 求超几何分布的分布律的具体值，并画图。

③ 求超几何分布的分布函数值，并画图。

（2）程序代码。

① 画超几何分布的分布律图像：

```
from matplotlib import pyplot as plt
#用来正常显示中文标签
plt.rcParams['font.sans-serif'] = [u'SimHei']
#用来正常显示正负号
plt.rcParams['axes.unicode_minus'] = False
#计算阶乘，定义阶乘函数为 factorial
def factorial(n):
    s=1
    for i in range(1,n+1):
        s=s*i
    return s
#计算组合数，定义组合数函数为 combinateC
def combinateC(n,m):
    c=factorial(n)/(factorial(m)*factorial(n-m))
    return c
N=100
n=20
M=25
s=0
```

```
for k in range(0,n):
    #计算超几何分布的分布律具体值
    p=combinateC(M,k)*combinateC(N-M,n-k)/combinateC(N,n)
    #画超几何分布的分布律图像
    plt.plot(k, p,linestyle='', marker='.')
    plt.xlabel("k 值")
    plt.ylabel("概率")
    plt.title("超几何分布的分布律,N=%d,M=%d,n=%d" % (N, M, n))
plt.show()
```

② 画超几何分布的分布函数图像：

```
from matplotlib import pyplot as plt
#用来正常显示中文标签
plt.rcParams['font.sans-serif'] = [u'SimHei']
#用来正常显示正负号
plt.rcParams['axes.unicode_minus'] = False
#计算阶乘，定义阶乘函数为 factorial
def factorial(n):
    s=1
    for i in range(1,n+1):
        s=s*i
    return s
#计算组合数，定义组合数函数为 combinateC
def combinateC(n,m):
    c=factorial(n)/(factorial(m)*factorial(n-m))
    return c
N=100
n=20
M=25
s=0
for k in range(0,n):
    #计算超几何分布的分布律具体值
    p=combinateC(M,k)*combinateC(N-M,n-k)/combinateC(N,n)
    #计算超几何分布的分布函数值
    s+=p
    #画超几何分布的分布函数图像
    plt.plot(k, s,linestyle='', marker='.')
    plt.xlabel("k 值")
    plt.ylabel("概率")
    plt.title("超几何分布的分布函数,N=%d,M=%d,n=%d" % (N, M, n))
plt.show()
```

（3）输出图像。

使用统计包画出的超几何分布的分布律图像和分布函数图像如图 5-16 和图 5-17 所示。

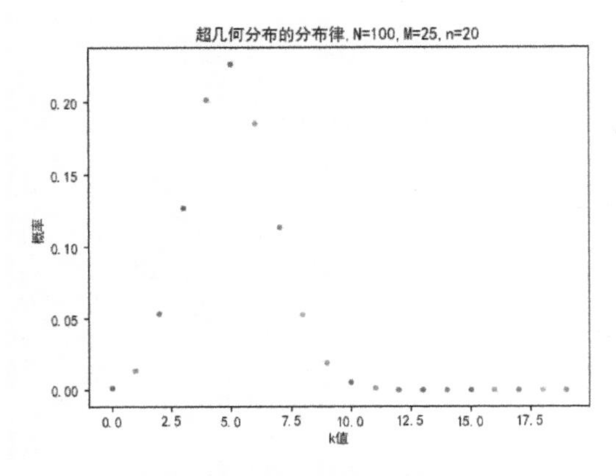

图 5-16　超几何分布的分布律图像

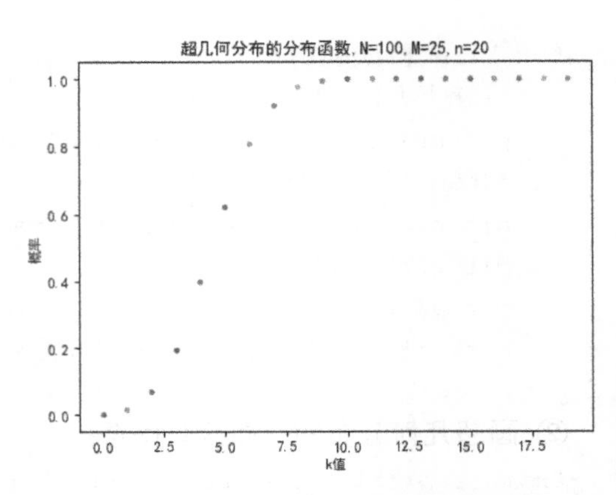

图 5-17　超几何分布的分布函数图像

五、练习

练习 5.1　二项分布的分布律图像的特点

1. 实验题目

画出二项分布的分布律图像，并调节参数 n 和 p，验证二项分布的分布律图像的如下特点。

- 二项分布的分布律图像取决于两个数据：事件发生的概率 p 和实验次数 n。
- 当 $p=0.5$ 时，二项分布的分布律图像是对称的；当 $p>0.5$ 时，二项分布的分布律图像是左偏的；当 $p<0.5$ 时，二项分布的分布律图像是右偏的。

2. 实验步骤

（1）定义阶乘函数和组合数函数。

（2）根据分布律公式求出二项分布的分布律。

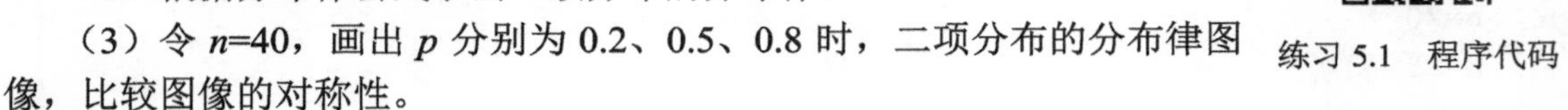

（3）令 n=40，画出 p 分别为 0.2、0.5、0.8 时，二项分布的分布律图像，比较图像的对称性。

练习 5.1　程序代码

3. 输出图像

当实验次数 n 固定，而事件发生的概率发生变化时，二项分布的分布律图像如图 5-18 所示。

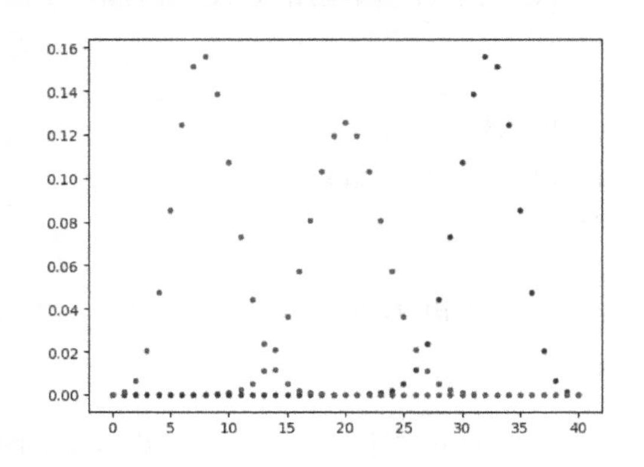

图 5-18（彩图）

图 5-18　当 n=40，P 分别为 0.2、0.5、0.8 时二项分布的分布律图像

4．结果分析

画出二项分布的分布律图像后，观察图像确实具有题目中描述的特点。

练习 5.2　泊松分布的分布律图像的特点

1．实验题目

画出泊松分布的分布律图像，并调节参数 λ，验证泊松分布的分布律图像的如下特点：

当 λ 较小时，泊松分布的分布律图像呈右偏分布，随着 λ 增大，泊松分布的分布律图像趋于对称。随着 k 增大，泊松分布的分布律图像趋于正态分布。一般认为当 $\lambda > 50$ 时，泊松分布近似于正态分布。

2．实验步骤

练习 5.2　程序代码

（1）画出参数取 $\lambda_1 = 3$，$\lambda_2 = 5$，$\lambda_3 = 16$ 时的泊松分布的分布律图像，分别用红色、黄色、蓝色表示。

（2）观察三个图像的对称性。

（3）当 $\lambda_3 = 16$ 时，画出正态分布 $X \sim N(16,16)$ 的图像，比较泊松分布的分布律图像与正态分布图像。

3．输出图像

运行程序输出如图 5-19 所示的图像。

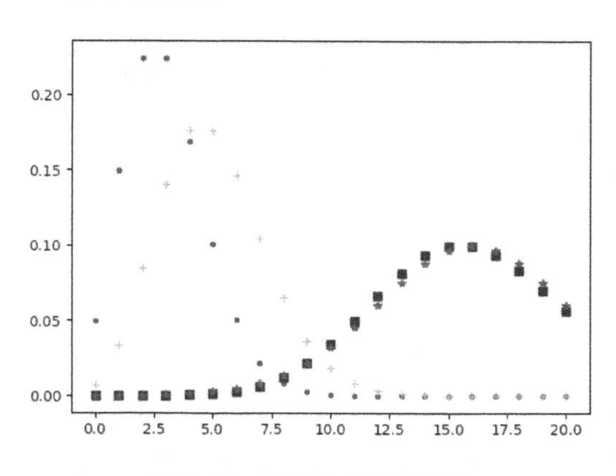

图 5-19　练习 5.2 输出图像

图 5-19（彩图）

4．结果分析

观察图 5-19 可知，当 $\lambda_1 = 3$ 时泊松分布的分布律图像右偏，当 $\lambda_2 = 5$ 时泊松分布的分布律图像稍微右移，当 $\lambda_3 = 16$ 时泊松分布的分布律图像具有对称性。当 $\lambda_3 = 16$ 时，画出正态分布 $X \sim N(16,16)$ 图像，泊松分布的分布律图像与正态分布图像相差不大。

练习 5.3　泊松分布的可加性

1．实验题目

画图验证的泊松分布的可加性：$X \sim P(0.5)$，$Y \sim P(0.7)$，两者独立，则 $X + Y \sim P(1.2)$。

2. 实验步骤

（1）画出参数为 1.2 的泊松分布的分布律图像。

（2）求出参数为 0.5 的泊松分布的分布律，求出参数为 0.7 的泊松分布的分布律。

（3）使两个分布律相乘。

（4）对 $i=1,\cdots,k$，算出乘积的和，画出图形。

（5）对比（1）和（4）得到的图像。

练习 5.3 程序代码

3. 输出图像

验证泊松分布的可加性的图像如图 5-20 所示。

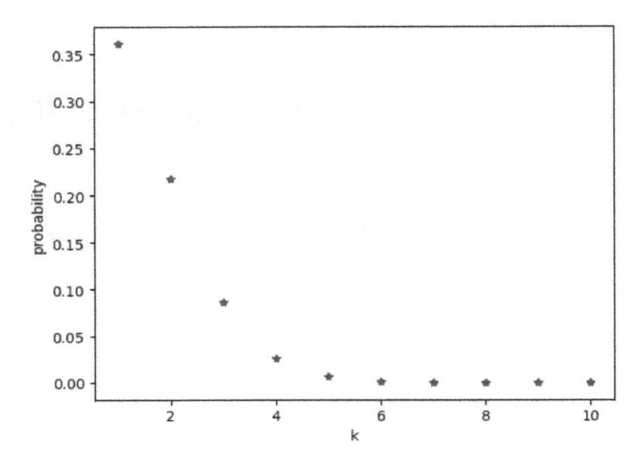

图 5-20 验证泊松分布的可加性的图像

由图 5-20 可知，画了两个图像，但从图中只能看到一个，因为两个图像完全重合，所以独立的泊松分布具有可加性。

六、拓展阅读

1. 泊松

西莫恩·德尼·泊松（Simeon-Denis Poisson，1781—1840），法国数学家、几何学家和物理学家。泊松的科学生涯开始于研究微分方程及其在钟摆的运动和声学理论中的应用。他对概率论、积分理论、行星运动理论、热物理、弹性理论、电磁理论等做出了重要贡献。他还研究过定积分、傅里叶系数、数学物理方程等。

泊松是 19 世纪概率统计领域的卓越人物。他在数学方面最突出的贡献是于 1837 年发表的《关于判断的概率之研究》，该文章中提出了一种描述随机现象的常用分布，即泊松分布。这一分布在公用事业、放射性现象等许多方面都有应用，推广了大数定律，并推导出了在概率论与数理统计中有重要应用的泊松积分。

数学中的泊松定理、泊松公式、泊松方程、泊松分布、泊松过程、泊松积分、泊松级数、泊松变换、泊松代数、泊松比、泊松流、泊松核、泊松括号、泊松稳定性、泊松积分表示、泊松求和法等均是以他的名字命名的。

2．各分布之间的关系

泊松分布是单位时间内独立事件发生次数的概率分布；指数分布是独立事件发生的时间间隔的概率分布；伽玛分布是 n 个独立事件都发生所需时长的概率分布。

在一个有红绿灯的十字路口观察迎面而来的车是否会闯红灯，对每一辆车来说有遵守交通规则和闯红灯两种情况，这就是 0-1 分布；观察了 n 辆车，有多少辆车闯红灯，这就是二项分布；一个小时内有多少辆车闯红灯，这就是泊松分布；在观察到第一辆闯红灯的车时，有多少辆车经过该十字路口，这就是几何分布；在观察到第 r 辆闯红灯的车时，有多少辆车经过该十字路口，这就是负二项分布；两辆车闯红灯事件的时间间隔服从指数分布；10 辆车闯红灯需要的时间间隔服从伽玛分布。

实验 5.2　常见离散型分布的应用

一、实验目的

1．掌握常见离散型分布的分布律。
2．掌握常见离散型分布在实际中的应用。

二、实验要求

1．写出常见离散型分布的分布律。
2．使用常见离散型分布的分布律解决实际问题。

三、实验内容

实验 5.2.1　供电问题

某车间有 200 台车床，它们相互独立工作。各车床开工率为 0.6，开工时耗电为 1kW。问供电所至少要供给车间多少电力才能以 99.9%的概率保证这个车间不会因供电不足而影响生产？

1．理论分析

令 X 为 200 台车床中开工的车辆数，则有 $X\sim b(200,0.6)$。由题意可知，$E(X)=120$，$D(X)=48$。由中心极限定理可知，X 极限分布为 $X\sim N(120,48)$。假设供电所供给车间的电力为 mkW，则所求概率为 $P\{X\leqslant m\}=P\left\{\frac{X-120}{\sqrt{48}}\leqslant\frac{m-120}{\sqrt{48}}\right\}=\Phi\left(\frac{m-120}{\sqrt{48}}\right)\geqslant 0.999$，$\frac{m-120}{\sqrt{48}}\geqslant 3.11$，$m\geqslant 140.97$，所以 m=141。

2．实验步骤

选取 1000 个介于 0～1 的随机数，统计小于 0.6 的数的个数，将该数作为车床正常工作的台数。将该实验重复进行 1000 次，得到 1000 个结果，按照从小到大排序，第 999 次得到的结果（倒数第二个结果）即 999 次不超过的最小值。

3. 程序代码

```
import random
from scipy.stats import binom
#用中心极限定理计算机床台数
N =1000
M=200
p=0.6
X=[]
#将每次随机出现的数字放入列表
Y=[]
#统计小于 p 的概率的数目，这是能正常工作的机器数
def bimachine():
    s=0
    for i in range(1,M+1):
        #产生 1000 个介于 0~1 的一个随机数
        y = random.random()
        if y<p:
            #计算正常工作的机器数
            s+=1
    return s
for i in range(1,N+1):
    a=bimachine()
    X.append(a)
#对 X 进行排序
Y=sorted(X)
#输出倒数第二个数
print(Y[N-1])
#使用二项分布计算正常工作的车床的台数
n = 200
p = 0.6
#ppf，即累积分布函数的反函数。当 q=0.01 时，ppf 就是 p(X<x)=0.01 时的 x 值
#计算当 n=200，p=0.2 时，概率大于或等于 0.999 的数目
print(binom.ppf(0.999,n,p))
print(binom.cdf(141,n,p))
```

4. 运行结果

重复试验 1000 次，把程序连续运行 5 次所得的结果如下：

```
142
141.0
0.9992087113062488
```

```
143
141.0
0.9992087113062488
```

```
142
141.0
0.9992087113062488
```

```
141
141.0
0.9992087113062488
```

```
139
141.0
0.9992087113062488
```

使用中心极限定理的运行结果为 142，143，142，141，139；使用二项分布的运行结果均为 141.0，概率均为 0.999 208 711 306 248 8。

由此可以看出，使用中心极限定理的运行结果和二项分布的运行结果非常接近。

实验 5.2.2 保险问题

设有 2500 人购买某保险，每人在一年内死亡的概率为 0.002。参保的人每年 1 月 1 日交保费 12 元，若参保人在这一年内死亡，则家属可从保险公司获得 2000 元补偿。求保险公司赔本的概率。

1. 理论分析

令 X={一年内死亡的人数}，则 $X\sim b(2500,0.002)$，因为 n=2500，远大于 p=0.002，故 X 的近似分布为参数为 5 的泊松分布。

保险公司赔本（A）即 $2000X > 2500\times 12$，由此可得 $X > 15$，有

$$P(A) = P(X > 15) = \sum_{k=16}^{2500} C_{2500}^{k} 0.002^{k} \times 0.998^{2500-k} \approx 1 - \sum_{k=0}^{15} \frac{5^{k} \mathrm{e}^{-5}}{k!}$$

查表得 $P(A) = 0.000069$。

2. 实验思想

直接使用二项分布的分布律进行计算。

3. 程序代码

```
from scipy.stats import binom
import numpy as np
N=2500
p=0.002
number=12
pay=2000
#保险公司收取的保费
total=number*N
#赔付最大承受人数
X1=int(total/pay)
#保险公司赔本的概率
p1=1-binom.cdf(X1,N,p)
```

```
#一年内死亡的人数
puples=np.random.binomial(N,p)
#赔付金
Pays=pay*puples
#利润
profits=total-Pays
print(p1,profits,X1)
```

4．运行结果

```
6.744843594386207e-05    20000    15
```

赔本的概率为 $6.744843594386207\times10^{-5}$，利润为 20 000 元，赔付的最大人数为 15 人。

实验 5.2.3　彩电销售问题

某商店出售某品牌的彩电，根据历史记录可知，彩电每月的销售量服从参数为 7 的泊松分布。问在月初至少要进多少台彩电才能以 0.999 的概率保证彩电不脱销？

1．理论分析

设 X 为彩电每月的销售量，则有 $X\sim P(\lambda)$，且 $\lambda=7$，应该进的彩电数量为 n，则 $P(X\leqslant N)\geqslant0.999$，查泊松分布的分位数表得到 $n=16$。

2．实验思想

随机产生 N 个服从 $P(7)$ 的随机数，将其排序，然后取第 $N\times0.999$ 个（整数），若令 $N=1000$，则取第 999 个数（倒数第二个数）为最少进货量，即可以 0.999 的概率保证彩电不脱销。

3．程序代码

```
import numpy as np
from scipy.stats import poisson
N =20000
l=7
#将每次随机出现的数字放入列表
X = []
s=0
for i in range(1,N+1):
    #产生服从参数λ的 N 个随机数
    a = np.random.poisson(lam=7,size=None)
    #将生成的随机数放入列表中
    X.append(a)
    #将 X 按从小到大进行排序
    Y=sorted(X)
    n=int(N*0.999)
#找倒数第二个数
print(Y[n])
#求题目的理论答案值
print(poisson.ppf(0.999,l))
```

4. 运行结果

将试验重复 20 000 次，程序连续运行五次的结果为：

```
16
```

```
16
```

```
16
```

```
17
```

```
16
```

程序连续运行五次的结果得到的模拟结果为 16，16，16，17，16。题目的理论值为 16，模拟结果和理论值很接近。

五、练习

练习 5.4　维修问题

为保证设备正常工作，需要配备一些维修工。若设备是否发生故障是相互独立的，且每台设备发生故障的概率都是 0.01（每台设备发生故障可由一个人排除）。若一个维修工负责维修 20 台设备，求设备发生故障不能及时维修的概率是多少？

1. 理论分析

设 X 表示 20 台设备中同时发生故障的台数，则有 $X \sim b(20,0.01)$，20 台设备只配备一个维修人员，只要有两台或两台以上设备同时发生故障，就不能得到及时维修。故所求概率为

$$P\{X \geqslant 2\} = \sum_{k=2}^{20} C_{20}^{k} 0.01^{k} 0.99^{20-k} = 1 - 0.99^{20} - 20 \times 0.01 \times 0.99^{19} = 0.016859$$

根据泊松定理，X 可近似地看作服从泊松分布，其中参数 $\lambda = np = 20 \times 0.01 = 0.2$。所求概率为

$$P\{X \geqslant 2\} = \sum_{k=2}^{20} \frac{0.2^{k}}{k!} \mathrm{e}^{-0.2} = 1 - \mathrm{e}^{-0.2} - 0.2\mathrm{e}^{-0.2} = 0.0175$$

两种方法所得结果有些差异。

2. 实验步骤

练习 5.4　程序代码

（1）使用统计包中的二项分布的分布函数计算 $X>1$ 的概率。

（2）使用公式计算 $X>1$ 的概率。对比两个概率值，看有无区别。

（3）使用统计包中的泊松分布的分布函数计算 $X>1$ 的概率。

（4）使用公式计算 $X>1$ 的概率。对比这两个概率值，看有无区别。

（5）对比使用两种分布计算的概率值。

3. 运行结果

```
0.01685933763565184   0.016859337635651922
0.01752309630642179 3  0.017523096306421904
```

由运行结果可知，使用二项分布的统计包中的分布函数计算得到的概率值为

0.016 859 337 635 651 84，使用二项分布的分布律计算得到的概率值为 0.016 859 337 635 651 922；使用泊松分布的统计包中的分布函数计算得到的概率值为 0.017 523 096 306 421 793，使用泊松分布的分布律计算得到的概率值为 0.017 523 096 306 421 904。

由此可知，使用统计包和公式法得到的结果几乎相同；使用泊松定理近似计算二项分布的概率时，有一些误差。

练习 5.5　事故问题

有一繁忙的汽车站，每天有大量汽车通过，设每辆汽车在一天的某时段出事故的概率为 0.0001，在某天的该时段内有 1000 辆汽车通过，问出事故的次数不小于 2 的概率是多少（利用泊松定理）？

1．理论分析

设 X 表示出事故的次数，则有 $X \sim b(1000,0.0001)$，$n=1000$，$p=0.0001$，$\lambda=np=0.1$，$P\{X \geqslant 2\}=1-P\{X=0\}-P\{X=1\}=1-\dfrac{\lambda^0 e^{-\lambda}}{0!}-\dfrac{\lambda^1 e^{-\lambda}}{1!} \approx 1-0.9953=0.0047$。

2．实验步骤

练习 5.5　程序代码

（1）使用统计包中的二项分布的分布函数计算 $X>1$ 的概率。

（2）使用公式计算 $X>1$ 的概率。对比这两个概率值，看有无区别。

（3）使用统计包中的泊松分布的分布函数计算 $X>1$ 的概率。

（4）使用公式计算 $X>1$ 的概率。对比这两个概率值，看有无区别。

（5）对比使用两种分布计算的概率值。

3．运行结果

```
0.00467476785173726    0.004674767851 72917
0.004678840160444 5085  0.004678840160444397
```

由运行结果可知，使用统计包中的二项分布的分布函数计算得到的概率值为 0.004 674 767 851 737 26，使用统计包中的泊松分布的分布函数计算得到的概率值为 0.004 678 840 160 445 085，使用二项分布的分布律计算得到的概率值为 0.004 674 767 851 729 17，使用泊松分布的分布律计算得到的概率值为 0.004 678 840 160 444 397。四个结果几乎一样，说明使用统计包和公式计算得到的结果非常接近，使用泊松分布的分布律和二项分布的分布律计算得到的结果也很接近。本题使用泊松分布的分布律近似二项分布的分布律是非常合适的。

练习 5.6　彩票问题 2

社会上发行某种面值为 2 元的彩票，中奖率为 2.8%。某人购买一张彩票，若没中奖再继续买一张，直至中奖为止。试求，他第 6 次购买彩票中奖的概率。

1．理论分析

记 A={购买彩票中奖}，则 $P(A)=0.028$，第 6 次购买中奖的概率为

$$P(\overline{A}_1\overline{A}_2\cdots\overline{A}_5A_6)=0.972^5\cdot 0.028\approx 0.024$$

2. 实验内容

（1）使用统计包中的几何分布的分布律计算 $X=6$ 的概率。

（2）使用几何分布的分布律公式计算 $X=6$ 的概率。

练习 5.6　程序代码

3. 运行结果

使用统计包中的几何分布的分布律计算得到的概率与使用几何分布的分布律公式计算得到的概率是完全一致的，均为 0.024 293 459 009 949 694。

六、拓展阅读

为了吸引顾客，促进销售，很多饮料会在瓶盖上印制“谢谢惠顾”或“再来一瓶”字样。若瓶盖上印有“再来一瓶”字样，则可在原购买处凭借瓶盖兑换一瓶饮料。假设中奖率为 2%。有一个人特别喜欢喝某品牌饮料，他买了一瓶该品牌饮料，如果没有中奖，将继续购买，直到中奖。求此人第 10 次购买才中奖的概率。

直到中奖为止的购买次数服从参数为 0.02 的几何分布。第 10 次购买才中奖，表明前面购买的 9 瓶都没有中奖，每次购买是否中奖是独立的，则这 10 瓶饮料的中奖情况为“否否否否否否否否否中”，中奖的概率为 0.02，未中奖的概率为 0.98，所以第 10 次才中奖的概率为 $(0.98)^9 \times 0.02 = 0.01667$，比单买一瓶中奖的概率还要低。这告诉我们做事要懂得取舍。

实验 6

常见连续型分布

实验 6.1　常见连续型分布的分布函数图像和密度函数图像

一、实验目的

掌握常见连续型分布的分布函数图像和密度函数图像。

二、实验要求

1．写出常见连续型分布的密度函数，学会用密度函数表示分布函数。
2．使用分布函数和密度函数公式画图。
3．使用 Python 中的统计包画图。

三、知识链接

1．正态分布

设随机变量 X 服从正态分布，即 $X\sim N(\mu,\sigma^2)$，则密度函数为 $f(x)=\dfrac{1}{\sqrt{2\pi}\sigma}\mathrm{e}^{-\frac{(x-\mu)^2}{2\sigma^2}}$，$x\in\mathbf{R}$，式中，$\mu$为正态分布的期望，$\sigma$为标准差。正态分布的密度函数图像是钟形曲线。相应的分布函数为 $F(x)=\dfrac{1}{\sqrt{2\pi}\sigma}\int_{-\infty}^{x}\mathrm{e}^{-\frac{(t-\mu)^2}{2\sigma^2}}\mathrm{d}t$，图像是一条光滑上升的“S”形曲线。

正态分布是概率统计中非常重要的一种分布。高斯（Gauss，1777—1855）在研究误差理论时曾用正态分布来描述误差的分布，所以正态分布又称高斯分布。正态分布是日常生活中常见的一种分布：一方面，在自然界中，取值受众多微小独立因素综合影响的随机变量一般都服从正态分布，如测量误差、质量指数、农作物收获量、身高体重、用电量、考试成绩、炮弹落点的分布等，大多随机变量都服从正态分布；另一方面，即使随机变量不服从正态分布，根据中心极限定理，其独立同分布的随机变量的和的分布也近似服从正态分布，所以无论在理论上还是在生产实践中，正态分布有着极其广泛的应用。

正态分布被广泛应用于机器学习的模型中，如权重用正态分布初始化可加快学习速度、隐藏向量可用正态分布进行归一化等。

2. 指数分布

随机变量 X 服从指数分布，$X\sim E(\lambda)$，则 X 的密度函数为 $f(x)=\lambda \mathrm{e}^{-\lambda x}$，$x\geqslant 0$，式中，$\lambda$ 为大于 0 参数。X 的分布函数为 $F(x)=1-\mathrm{e}^{-\lambda x}$，$x\geqslant 0$。

指数分布（也称为负指数分布）是描述泊松过程中事件发生的时间间隔的概率分布，即事件以恒定平均速率连续且独立地发生的时间间隔的概率分布，如旅客进机场的时间间隔、世界杯比赛中两次进球之间的时间间隔、超市客户中心接到的顾客来电的时间间隔、机器发生故障的时间间隔、某种热水器首次发生故障的时间、灯泡的使用寿命、顾客等待服务的时间、电话的通话时间等。

指数分布在电子元器件的可靠性研究中可用于描述测量缺陷数或系统故障数的结果。指数分布还可用于描述各种寿命的分布，如电子元件的寿命、动物的寿命等，又称寿命分布。

几何分布用来描述独立重复实验中，直到事件 A 首次发生时进行的实验次数。如果将每次实验视为经历一个单位时间，那么直到事件 A 首次发生时进行的实验次数可视为直到事件 A 首次发生时的等待时间。在这个意义上，指数分布可看作离散情形的几何分布在连续情形中的推广，是几何分布的连续模拟，同样具有无记忆的性质。

泊松分布和指数分布都是评估单位时间内 n 次伯努利实验的统计概率性质的一种概率分布，但是它们的度量角度不同。在一段时间内某事件出现的次数，就是泊松分布；在一段时间内两个事件发生的时间间隔，就是指数分布。

3. 伽玛分布和贝塔分布

若随机变量 X 服从伽玛分布，即 $X\sim \mathrm{Ga}(\alpha,\lambda)$，则 X 的密度函数为

$$f(x)=\frac{\lambda^{\alpha}}{\Gamma(\alpha)}x^{\alpha-1}\mathrm{e}^{-\lambda x},\ x\geqslant 0$$

式中，$\alpha>0$，为形状参数；$\lambda>0$，为尺度参数；$\Gamma(\alpha)=\int_0^{+\infty}x^{\alpha-1}\mathrm{e}^{-x}\mathrm{d}x$，为伽玛函数。

指数分布和卡方分布是伽玛分布的特殊情况。伽玛分布的一个重要应用是作为共轭分布出现在很多机器学习算法中。

若随机变量 X 服从贝塔分布，即 $X\sim \mathrm{Be}(a,b)$，则 X 的密度函数为

$$f(x)=\frac{\Gamma(a+b)}{\Gamma(a)\Gamma(b)}x^{a-1}(1-x)^{b-1},\quad 0<x<1$$

式中，$a>0$，$b>0$ 都是形状参数。

产品的不合格品率、机器的维修率、市场的占有率、射击的命中率等随机变量仅在区间[0,1]内取值，所以选用贝塔分布作为它们的概率分布是恰当的。空气的相对湿度也符合贝塔分布。

贝塔分布是定义在[0, 1]区间上的连续概率分布，而[0, 1]恰好是概率的取值范围（0%～100%）。这就意味着，贝塔分布适用于描述概率的概率分布。贝塔分布在贝叶斯估计中经常用来作为先验分布，如作为伯努利分布和二项分布的共轭先验分布。

4．均匀分布

均匀分布是最简单的连续型分布，用来描述一个随机变量在某一区间上取每一个值的可能性均等的分布规律。

若随机变量X服从均匀分布，即$X \sim U(a,b)$，则X的密度函数为$f(x)=\dfrac{1}{b-a}$，$a<x<b$；X的分布函数为

$$F(x)=\begin{cases}0, & x<a \\ \dfrac{x-a}{b-a}, & a \leqslant x<b \\ 1, & x \geqslant b\end{cases}$$

均匀分布在实践中经常用到。在测量实践中，若测量值在某一范围中各处出现的机会一样，即均匀一致，则测量值服从均匀分布。均匀分布又称矩形分布或等概率分布。

若在实验前对事件A没有什么了解，则没有任何有关其发生概率θ的信息。针对这种情况，贝叶斯建议采用"同等无知"的原则使用区间(0,1)上的均匀分布作为θ的先验分布，因为均匀分布中取(0,1)上的每一点的机会均等。贝叶斯的这个建议被后人称为贝叶斯假设。

5．三大抽样分布

1）卡方分布

若随机变量$X_1,X_2,\cdots,X_n$相互独立，且均服从标准正态分布，则随机变量$X=X_1^2+X_2^2+\cdots+X_n^2$服从自由度为$n$的卡方分布，记为$X \sim \chi^2(n)$，其密度函数为$f(x)=\dfrac{1}{2^{\frac{n}{2}}\Gamma\left(\dfrac{n}{2}\right)}x^{\frac{n}{2}-1}\mathrm{e}^{-\frac{x}{2}}$，$x>0$。

卡方分布具有如下性质。

（1）具有可加性。设随机变量$X_1,X_2,\cdots,X_n$相互独立，且$X_i \sim \chi^2(n_i)$（$i=1,2,\cdots,n$），则$\sum\limits_{i=1}^{n}X_i \sim \chi^2\left(\sum\limits_{i=1}^{n}n_i\right)$。

（2）若$X \sim \chi^2(n)$，则$E(X)=n$，$D(X)=2n$。

2）t分布

设随机变量X与Y相互独立，且$X \sim N(0,1)$，$Y \sim \chi^2(n)$，则$t=\dfrac{X}{\sqrt{Y/n}}$服从自由度为n的t分布，记为$t \sim t(n)$。

自由度为n的t分布的密度函数为

$$f(x)=\frac{\Gamma\left(\dfrac{n+1}{2}\right)}{\Gamma\left(\dfrac{n}{2}\right)\sqrt{n\pi}}\left(1+\frac{x^2}{n}\right)^{-\frac{n+1}{2}}, \quad -\infty<x<+\infty$$

3）F分布

设随机变量X与Y相互独立，且$X \sim \chi^2(n)$，$Y \sim \chi^2(m)$，则称$F=\dfrac{X/n}{Y/m}$服从第一自由

度为 n，第二自由度为 m 的 F 分布，记为 $F\sim F(n,m)$。

$F(n,m)$ 的密度函数为 $f(x)=\dfrac{\Gamma\left(\dfrac{n+m}{2}\right)}{\Gamma\left(\dfrac{n}{2}\right)\Gamma\left(\dfrac{m}{2}\right)}n^{\frac{n}{2}}m^{\frac{m}{2}}\dfrac{x^{\frac{n}{2}-1}}{(nx+m)^{\frac{n+m}{2}}}$，$x>0$，密度函数 $f(x)$ 的图像随自由度 n 和 m 的不同有所改变。F 分布的倒数仍然服从 F 分布。

三大抽样分布常用于区间估计、假设检验、方差分析和回归分析等。

四、实验内容

实验 6.1.1 正态分布的分布函数图像

1. 实验题目

画出参数为 $N(0,1)$，$N(-1,4)$，$N(-2,0.5)$ 的正态分布的分布函数图像。

2. 实验思路

导入统计包使用 norm.cdf()函数求分布函数值。若想使用公式计算分布函数值，则需要用到统计计算中的近似解。在此不进行研究。

3. 实验步骤

（1）画出坐标系。

（2）取期望和方差分别为：0，1；-1，4；-2，0.5，画出相应的正态分布的分布函数图像。

4. 程序代码

```
import numpy as np
import scipy.stats as st
from matplotlib import pyplot as plt
import mpl_toolkits.axisartist as axisartist
#创建画布
fig = plt.figure(figsize=(8, 8))
#使用 axisartist.Subplot 方法创建一个绘图区对象 ax
ax = axisartist.Subplot(fig, 111)
#将绘图区对象添加到画布中
fig.add_axes(ax)
#通过 set_visible 方法设置绘图区所有坐标轴隐藏
ax.axis[:].set_visible(False)
#ax.new_floating_axis 代表添加新的坐标轴
ax.axis["x"] = ax.new_floating_axis(0,0)
#为 x 轴加上箭头
ax.axis["x"].set_axisline_style("->", size = 1.0)
#添加 y 轴，并加上箭头
ax.axis["y"] = ax.new_floating_axis(1,0)
ax.axis["y"].set_axisline_style("-|>", size = 1.0)
```

```
#设置 x 轴、y 轴上的刻度显示方向
ax.axis["x"].set_axis_direction("top")
ax.axis["y"].set_axis_direction("right")
#生成步长为 0.1 的列表数据 x
x = np.arange(-8,8,0.1)
#生成 y
for s in [(0, 1), (-1, 2), (-2, np.sqrt(0.5))]:
    a, b= s[0], s[1]
    y =st.norm.cdf(x,a,b)
    plt.plot(x, y, label=r'$\mu=%.2f,\ \sigma^2=%.2f$' % (a,b**2))
#调整标签的大小和位置
plt.legend(loc='upper left',fontsize=10)
plt.show()
```

5. 输出图像

画出的三个正态分布的分布函数图像如图 6-1 所示。

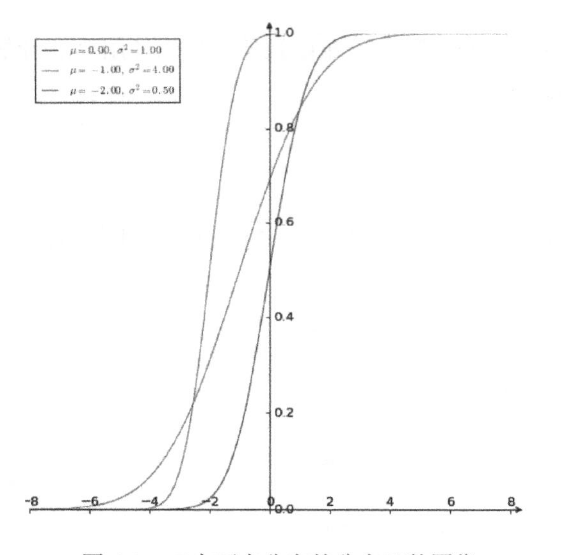

图 6-1（彩图）

图 6-1　三个正态分布的分布函数图像

由图 6-1 可知，正态分布的分布函数是单调递增的连续函数，且满足有界性。

实验 6.1.2　正态分布的密度函数图像

1. 实验题目

（1）画出参数为 $N(1,1)$，$N(2,1)$，$N(4,1)$ 的正态分布的密度函数图像。

（2）画出参数为 $N(2,1)$，$N(2,2)$，$N(2,4)$ 的正态分布的密度函数图像。

2. 实验内容

1）方法 1 使用统计包画图

（1）实验步骤。

① 从统计包中导入 norm，使用 norm.pdf 计算正态分布的密度函数值。

② 为了更好地比较在方差不变时密度函数的特点，设计三个不同期望对应的密度函数图像。方差值为 1，期望分别取 1，2，4，分别画出密度函数图像。对三个密度函数图像进行比较。

③ 为了更好地比较在期望不变时密度函数的特点，设计三个不同的方差值对应的密度函数图像。期望为 2，方差分别取 1，2，4，分别画出密度函数图像。对三个密度函数图像进行比较。

（2）程序代码。

```
import numpy as np
import scipy.stats as st
from matplotlib import pyplot as plt
import mpl_toolkits.axisartist as axisartist
#创建画布
fig = plt.figure(figsize=(8, 8))
#使用 axisartist.Subplot 方法创建一个绘图区对象 ax
ax = axisartist.Subplot(fig, 111)
#将绘图区对象添加到画布中
fig.add_axes(ax)
#通过 set_visible 方法设置绘图区所有坐标轴隐藏
ax.axis[:].set_visible(False)
#ax.new_floating_axis 代表添加新的坐标轴
ax.axis["x"] = ax.new_floating_axis(0,0)
#为 x 轴加上箭头
ax.axis["x"].set_axisline_style("->", size = 1.0)
#添加 y 轴，并加上箭头
ax.axis["y"] = ax.new_floating_axis(1,0)
ax.axis["y"].set_axisline_style("-|>", size = 1.0)
#设置 x 轴、y 轴上的刻度显示方向
ax.axis["x"].set_axis_direction("top")
ax.axis["y"].set_axis_direction("right")
#生成步长为 0.1 的列表数据 x
x = np.arange(-8,8,0.1)
#生成 y1
u=[1,2,4]
s=[1,np.sqrt(2),2]
for i in u:
   y =st.norm.pdf(x,i,s[0])
   plt.plot(x, y, label=r'$\mu1=%.2f,\ \sigma^2=%.2f$' % (i,s[0]**2))
for j in s:
   y1=st.norm.pdf(x,u[1],j)
   plt.plot(x, y1, label=r'$\mu=%.2f,\ \sigma^2=%.2f$' % (u[1],j**2))
#调整标签的大小和位置
plt.legend(loc='upper left',fontsize=10)
plt.show()
```

（3）输出图像。

画出的五个正态分布的密度函数图像如图 6-2 所示：

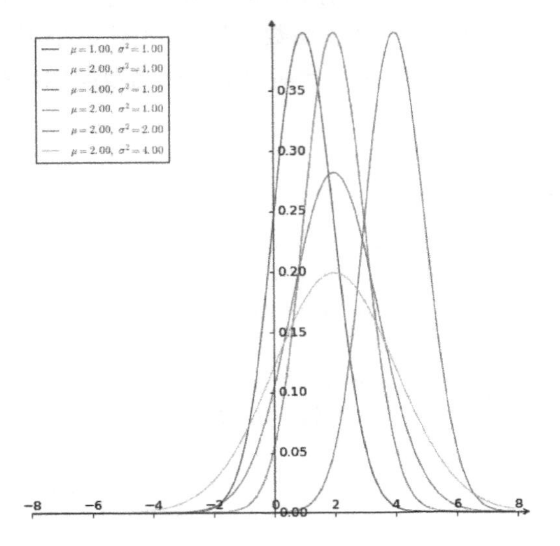

图 6-2（彩图）

图 6-2　五个正态分布的分密度函数图像

2）方法 2 使用公式画图

（1）实验步骤。

① 写出正态分布的密度函数。

② 为了更好地比较在方差不变时密度函数的特点，设计三个不同的期望对应的密度函数图像。方差为 1，期望分别取 1，2，4，分别画出密度函数的图像。对三个密度函数的图像进行比较。

③ 为了更好地比较在期望不变时密度函数的特点，设计三个不同的方差值对应的密度函数图像。期望为 2，方差分别取 1，2，4，分别画出密度函数的图像。对三个密度函数图像进行比较。

（2）程序代码。

```
import numpy as np
from matplotlib import pyplot as plt
import mpl_toolkits.axisartist as axisartist
#创建画布
fig = plt.figure(figsize=(8, 8))
#使用 axisartist.Subplot 方法创建一个绘图区对象 ax
ax = axisartist.Subplot(fig, 111)
#将绘图区对象添加到画布中
fig.add_axes(ax)
#通过 set_visible 方法设置绘图区所有坐标轴隐藏
ax.axis[:].set_visible(False)
#ax.new_floating_axis 代表添加新的坐标轴
ax.axis["x"] = ax.new_floating_axis(0,0)
#为 x 轴加上箭头
```

```
ax.axis["x"].set_axisline_style("->", size = 1.0)
#添加y坐标轴，并加上箭头
ax.axis["y"] = ax.new_floating_axis(1,0)
ax.axis["y"].set_axisline_style("-|>", size = 1.0)
#设置x轴、y轴上的刻度显示方向
ax.axis["x"].set_axis_direction("top")
ax.axis["y"].set_axis_direction("right")
#生成x步长为0.1的列表数据
x = np.arange(-8,8,0.1)
#生成y1
u=[1,2,4]
s=[1,np.sqrt(2),2]
for i in u:
    a =((x - i) ** 2) / (2 * (s[0] ** 2))
    y =( 1 / (s[0] * np.sqrt(2 * np.pi))) * np.exp(-a)
    plt.plot(x, y, label=r'$\mu=%.2f,\ \sigma^2=%.2f$' % (i,s[0]**2))
for j in s:
    a1 =((x - u[1]) ** 2) / (2 * (j ** 2))
    y1 =( 1 / (j * np.sqrt(2 * np.pi))) * np.exp(-a1)
    plt.plot(x, y1, label=r'$\mu=%.2f,\ \sigma^2=%.2f$' % (u[1],j**2))
#调整标签的大小和位置
plt.legend(loc='upper left',fontsize=10)
plt.show()
```

（3）输出图像。

画出的五个正态分布的密度函数图像如图6-3所示。

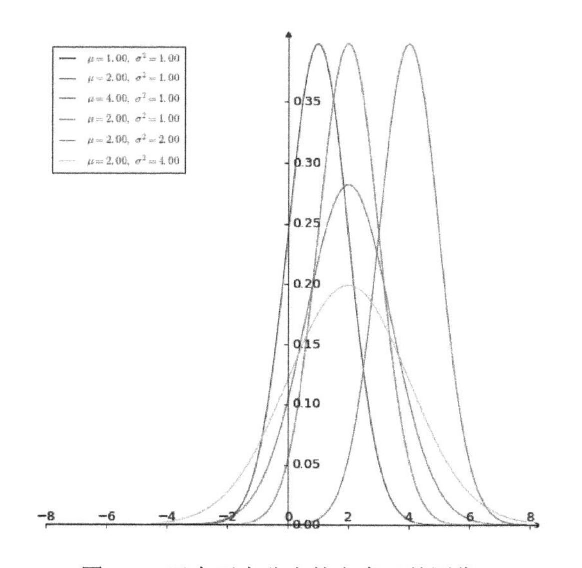

图6-3（彩图）

图6-3　五个正态分布的密度函数图像

当方差不变，期望发生变化时，图像左右平移。当期望值不变，方差发生变化时，方差越大，图像越平缓；方差越小，图像越陡峭。

实验 6.1.3 指数分布的分布函数图像

1. 实验题目

画出参数 λ 的值分别为 0.5，1，1.5 的指数分布的分布函数图像。

2. 实验内容

1）方法 1 使用统计包画图

（1）实验步骤。

① 使用统计包中的 expon.cdf()函数求分布函数值。

② 取参数 λ 的值为 0.5，1，1.5，分别画出指数分布的分布函数图像。

（2）程序代码。

```
import numpy as np
from scipy.stats import expon
from matplotlib import pyplot as plt
for lamb in [0.5, 1, 1.5]:
    x = np.arange(0, 20, 0.01, dtype=np.float)
    #用 scipy.stats.expon 工具箱，注意这里的 scale 参数是标准差
    y= expon.cdf(x, scale=1/lamb)
    plt.plot(x, y, label=r'$\ \lambda=%.2f$' % (lamb))
#调整标签的大小和位置
plt.legend(loc='upper right',fontsize=10)
plt.show()
```

（3）输出图像。

画出的三个指数分布的分布函数图像如图 6-4 所示。

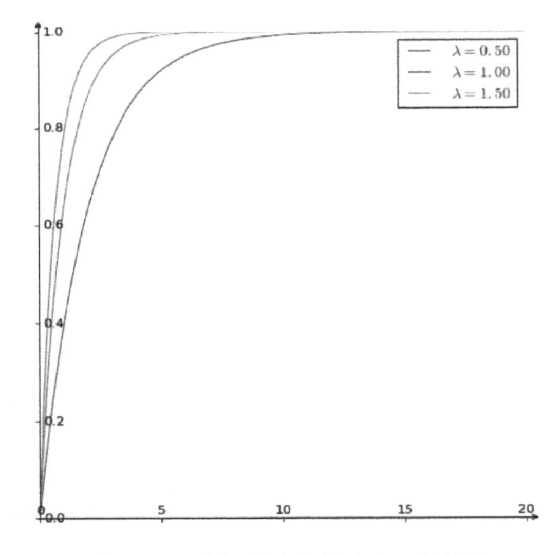

图 6-4（彩图）

图 6-4 三个指数分布的分布函数图像

从图 6-4 可以看出指数分布的分布函数是单调递增的连续函数，且满足分布函数的所有的性质。

2）方法 2 使用公式画图

（1）实验思路。

将 x，λ 代入指数分布的分布函数 $F(x)=1-\mathrm{e}^{-\lambda x}$，$x \geqslant 0$。

（2）程序代码。

```
import numpy as np
from matplotlib import pyplot as plt
#根据指数分布的分布函数画图
def exponential(x, lamb):
    #指数分布的密度函数
    y = lamb * np.exp(-lamb * x)
    return x, y
for lamb in [0.5, 1, 1.5]:
    x1 = np.arange(0, 20, 0.01, dtype=np.float)
    #计算指数分布的分布函数
    y1 = 1- np.exp(-lamb * x1)
    #此处“%.2f”表示小数点后保留两位
    plt.plot(x1, y1,label=r'$\ \lambda=%.2f$' % (lamb))
plt.legend()
plt.show()
```

（3）输出图像。

画出的三个指数分布的分布函数图像如图 6-5 所示。

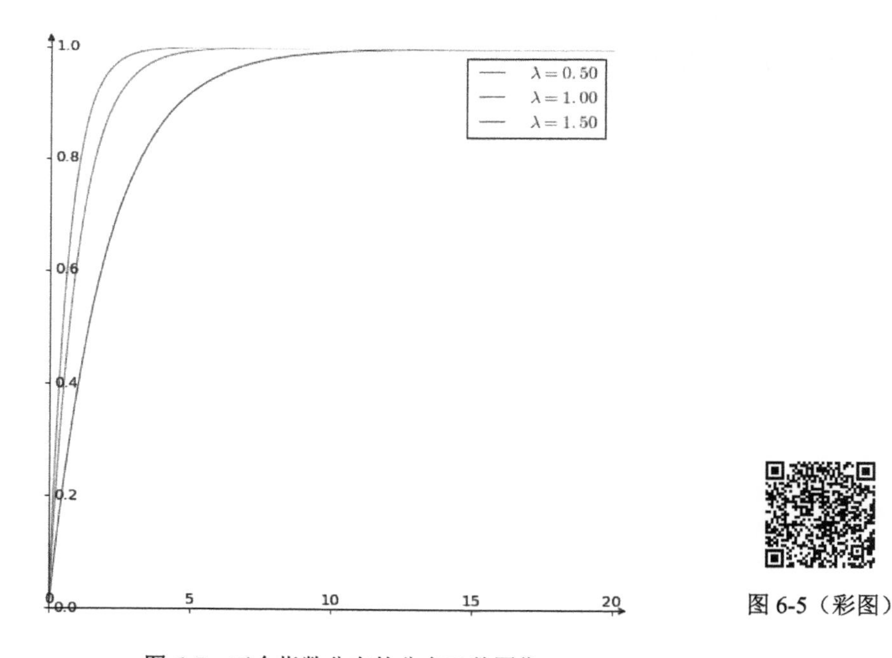

图 6-5（彩图）

图 6-5　三个指数分布的分布函数图像

从图 6-5 可以看出指数分布的分布函数是单调递增的连续函数，且满足分布函数的所有的性质。

实验 6.1.4 指数分布的密度函数图像

1. 实验题目

画出参数 λ 的值分别为 0.5，1，1.5 时的指数分布的密度函数图像。

2. 实验内容

1）方法 1 使用统计包画密度函数图像

（1）实验思路。

导入统计包，使用 expon.pdf()函数求密度函数值。取参数 λ 的值为 0.5，1，1.5，画出指数分布的密度函数图像。

（2）程序代码。

```
import numpy as np
from scipy.stats import expon
from matplotlib import pyplot as plt
#使用统计包画指数分布的密度函数图像
for lamb in [0.5, 1, 1.5]:
    x = np.arange(0, 20, 0.01, dtype=np.float)
    y= expon.pdf(x, scale=lamb)
    plt.plot(x, y, label=r'$\ \lambda=%.2f$' % (lamb))
plt.legend()
plt.show()
```

（3）输出图像。

画出的三个指数分布的密度函数图像如图 6-6 所示。

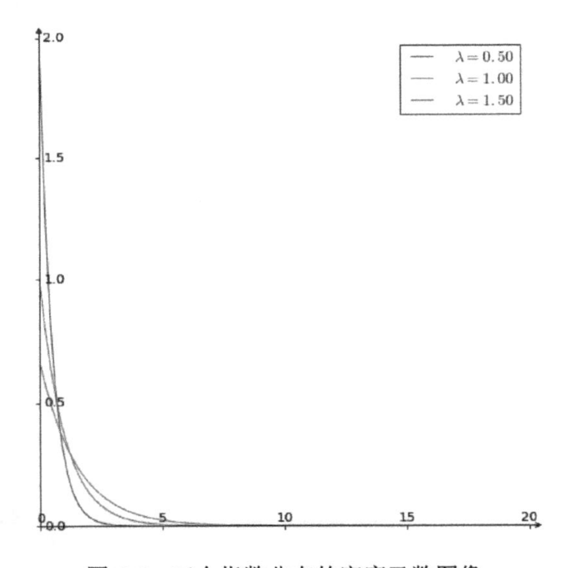

图 6-6 三个指数分布的密度函数图像

图 6-6（彩图）

2）方法 2 使用公式画图

（1）实验思路。

将 x 和参数 λ 的值代入指数分布的密度函数即可。

（2）程序代码。

```
import numpy as np
from matplotlib import pyplot as plt
def exponential(x, lamb):
    y = lamb * np.exp(-lamb * x)
    return x, y
for lamb in [0.5, 1, 1.5]:
    x = np.arange(0, 20, 0.01, dtype=np.float)
    x, y= exponential(x, lamb)
    plt.plot(x, y,label=r'$\ \lambda=%.2f$' % (lamb))
plt.legend()
plt.show()
```

（3）输出图像。

画出的三个指数分布的密度函数图像如图 6-7 所示。

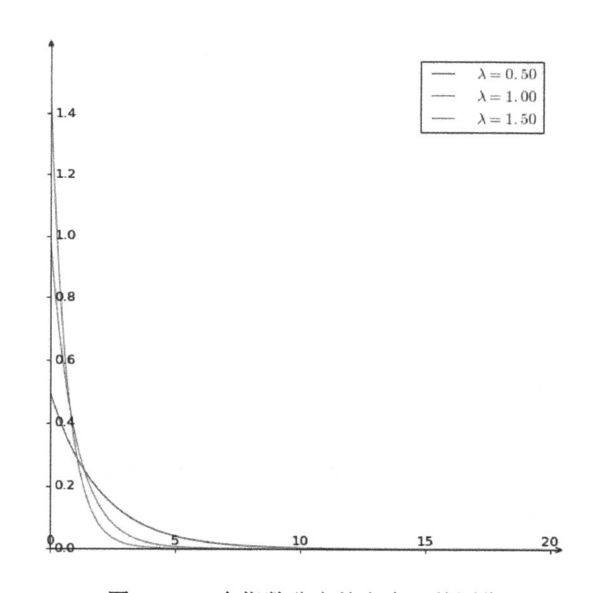

图 6-7 三个指数分布的密度函数图像

图 6-7（彩图）

从图 6-7 可以看出，指数分布的密度函数是单调递减的连续函数。

实验 6.1.5 伽玛分布的密度函数图像（参数为非正整数）

1．实验题目

画出参数α的值分别为 1，2，5，λ=2 时的伽玛分布的密度函数图像。

2．实验内容

1）方法 1 使用统计包画图

（1）实验思路。

使用统计包 stats.gamma(alpha, 1/lamb).pdf(x)，此时要求第一个参数为 α，第二个参数为 λ 的倒数。

（2）程序代码。

```
import numpy as np
from scipy.stats import gamma
from matplotlib import pyplot as plt
a=[1,2,5]
lamb=2
for i in a:
    x = np.arange(0.5, 20, 0.01, dtype=np.float)
    y = gamma(i, 1/lamb).pdf(x)
    plt.plot(x, y, label=r'$\ \alpha1=%.2f,\ \lambda=%.2f$' % (i, lamb))
plt.legend()
plt.show()
```

（3）运行结果。

画出的三个伽玛分布的密度函数图像如图 6-8 所示。

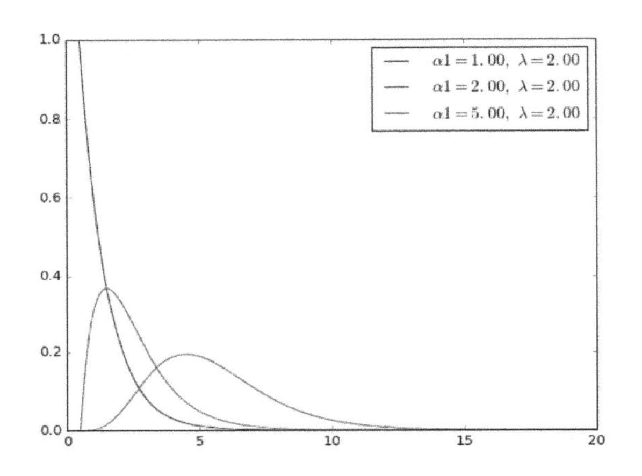

图 6-8　三个伽玛分布的密度函数图像

图 6-8（彩图）

2）方法 2 使用公式画图

（1）实验步骤。

① 求出伽玛函数：$\Gamma(\alpha)=\int_0^{+\infty} x^{\alpha-1}\mathrm{e}^{-x}\mathrm{d}x$ 。

② 计算伽玛分布的密度函数。

③ 画出图形。

（2）程序代码。

```
import numpy as np
from matplotlib import pyplot as plt
from scipy.integrate import quad
#一般的伽玛函数
def gammafunc(a):
    y=lambda x: x**(a-1)*np.exp(-x)
    #此时有两个值，第一个值为积分值，第二个值为误差值，只取第一个值即可
    z1,z2=quad(y,0,np.inf)
    return z1
```

```
#求伽玛分布的密度函数，并画图
a=[1,2,5]
lamb=2
for i in a:
    c = (lamb ** i) / gammafunc(i)
    x = np.arange(0, 20, 0.01, dtype=np.float)
    y = c * (x ** (i- 1)) * np.exp(-lamb * x)
    plt.plot(x, y, label=r'$\ \alpha=%.2f,\ \lambda=%.2f$' % (i, lamb))
plt.legend()
plt.show()
```

（3）输出图像。

画出的三个伽玛分布的密度函数图像如图 6-9 所示。

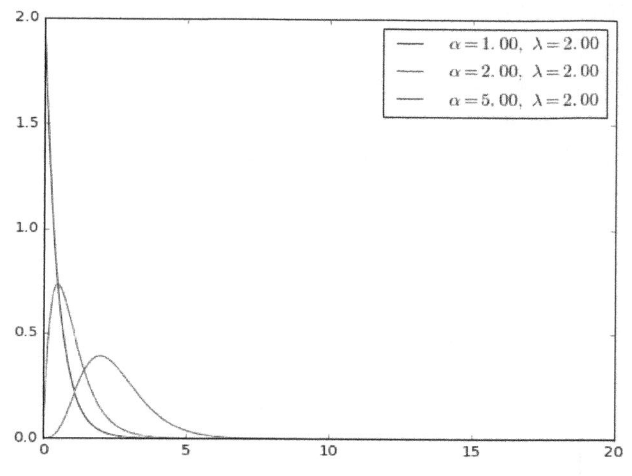

图 6-9（彩图）

图 6-9　三个伽玛分布的密度函数图像

当 α =1 时，伽玛分布为指数分布；当 α >1 时，随着 α 的增大，伽玛分布的密度函数先增后减，为右偏分布。

实验 6.1.6　伽玛分布的密度函数图像（参数为正整数）

1. 实验题目

画出参数 α 为 3，λ 分别取 0.5，2，5 的伽玛分布的密度函数图像。

2. 理论分析

当参数 α 为正整数时，伽玛函数结果相对简单，可以用阶乘表示，即 $\Gamma(n)=(n-1)!$。

3. 实验步骤

（1）求出参数 α 为正整数时的伽玛函数。
（2）计算伽玛分布的密度函数。
（3）画出图形。

4. 程序代码

```
import numpy as np
from matplotlib import pyplot as plt
#求当 n 为正整数时的伽玛函数
def gamma_function(n):
  s = 1
  for i in range(2, n):
     s *= i
  return s
#对三对参数分别画出伽玛分布的密度函数图像
Z=[ (3, 0.5) , (3, 2), (3, 5)]
for l in Z:
    a, lamb = l[0], l[1]
    c = (lamb ** a) / gamma_function(a)
    x = np.arange(0, 20, 0.01, dtype=np.float)
    y = c * (x ** (a - 1)) * np.exp(-lamb * x)
    plt.plot(x, y, label=r'$\ \alpha=%.2f,\ \lambda=%.2f$' % (a, lamb))
plt.legend()
plt.show()
```

5. 输出图像

画出的三个伽玛分布的密度函数图像如图 6-10 所示。

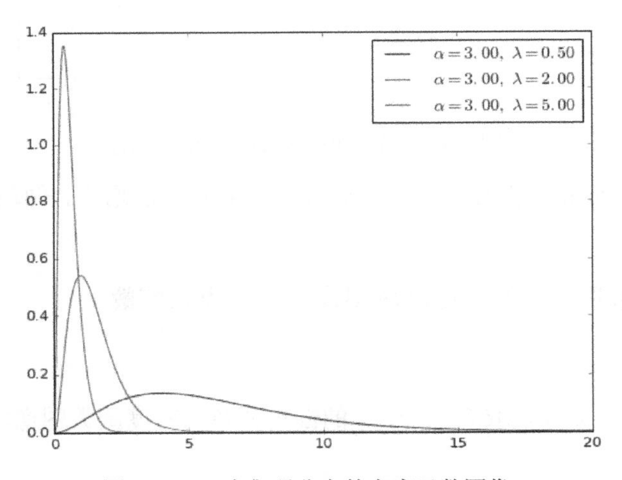

图 6-10（彩图）

图 6-10　三个伽玛分布的密度函数图像

由图 6-10 可知，当 α 不变时，随着 λ 的增大，图像越来越陡峭，且均为右偏。

实验 6.1.7　贝塔分布的密度函数和分布函数图像（参数为正整数）

1. 实验题目

画出参数分别为(1,1)、(1,2)、(2,1)、(2,2)时的贝塔分布的密度函数图像和分布函数图像。

2．实验内容

1）密度函数图像

（1）方法 1：使用软件包画图。

① 实验思路。

使用统计包，命令为：stats.beta(alpha, beta).pdf()。

② 程序代码。

```
#使用统计包
from scipy import stats
import matplotlib.pyplot as plt
import numpy as np
#参数取值为1,2
m = [1,2]
x = np.linspace(0, 1, 100)
for i in range(2):
  for j in range(2):
    alpha = m[i]
    beta = m[j]
    y = stats.beta(alpha, beta).pdf(x)
    plt.plot(x, y, label=r'$\ \alpha=%d,\ \beta=%d$' % (alpha, beta))
plt.legend()
plt.show()
```

③ 输出图像。

画出的四个贝塔分布的密度函数图像如图 6-11 所示。

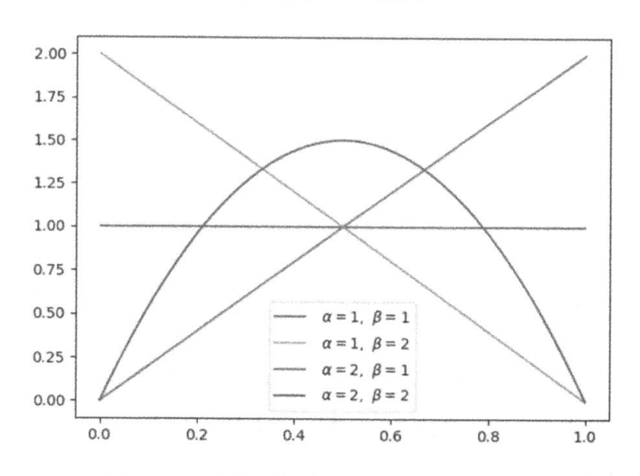

图 6-11（彩图）

图 6-11　四个贝塔分布的密度函数图像

（2）方法 2：使用公式画图。

① 实验思路。

当参数 α 和 β 均为正整数时，可以先写出当 n 为正整数时，伽玛函数的公式 $\Gamma(n+1)=n!$，再根据密度函数公式画图。

② 程序代码。

```
#此程序只能求参数为正整数时贝塔分布的密度函数
import numpy as np
from matplotlib import pyplot as plt
#求阶乘，即 gamma(n)
def gamma_function(n):
    s = 1
    for i in range(2, n):
        s *= i
    return s
#利用密度函数公式画图
for ls in [(1, 1), (1, 2), (2, 1), (2, 2)]:
    alpha, beta = ls[0], ls[1]
    gamma = gamma_function(alpha + beta) / (gamma_function(alpha) * gamma_function(beta))
    x = np.arange(0, 1, 0.001, dtype=np.float)
    y = gamma * (x ** (alpha - 1)) * ((1 - x) ** (beta - 1))
    plt.plot(x, y, label=r'$\ \alpha=%d,\ \beta=%d$' % (alpha, beta))
plt.legend()
plt.show()
```

③ 输出图像。

画出的四个贝塔分布的密度函数图像如图 6-12 所示。

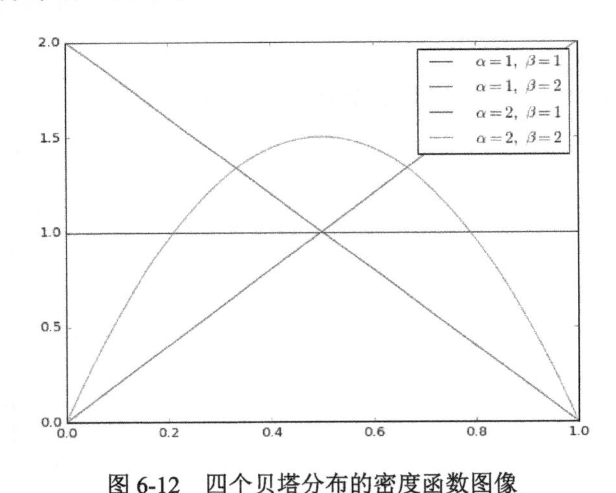

图 6-12　四个贝塔分布的密度函数图像

图 6-12（彩图）

由图 6-12 可知，当参数 α 和 β 均为 1 时，$X\sim U(0,1)$。

2）分布函数的图像

（1）实验思路。

使用统计包画分布函数的图像。

（2）程序代码。

```
from scipy import stats
import matplotlib.pyplot as plt
import numpy as np
```

```
#参数取值为1,2
m = [1, 2]
x = np.linspace(0, 1, 100)
for i in range(2):
  for j in range(2):
    alpha = m[i]
    beta = m[j]
    y = stats.beta(alpha, beta).cdf(x)
    plt.plot(x, y, label=r'$\ \alpha=%.1f,\ \beta=%.1f$' % (alpha, beta))
#调整标签的大小和位置
plt.legend(loc='upper left',fontsize=10)
plt.show()
```

（3）输出图像。

画出的四个贝塔分布的分布函数图像如图 6-13 所示：

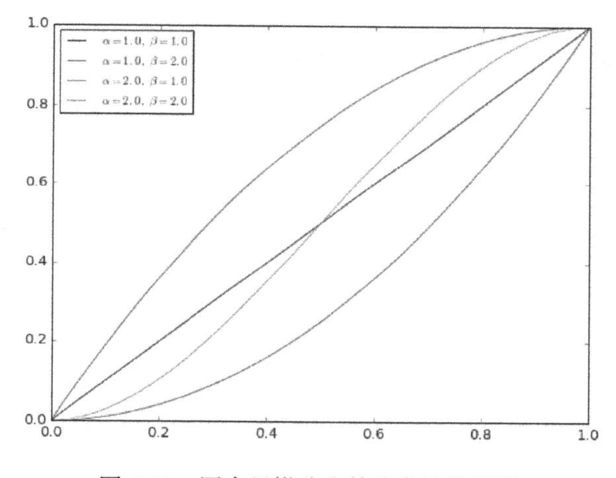

图 6-13（彩图）

图 6-13　四个贝塔分布的分布函数图像

实验 6.1.8　贝塔分布的密度函数图像（参数为非正整数）

1．实验题目

画出参数分别为(1.5,1)、(1.5,2.5)、(1.5,3)、(1.5,4)时的贝塔分布的密度函数图像。

2．实验思路

当参数 α 和参数 β 不是正整数时，可以先根据伽玛函数计算积分，再根据密度函数画图像。伽玛函数为 $\Gamma(\alpha)=\int_0^{+\infty} x^{\alpha-1}\mathrm{e}^{-x}\mathrm{d}x$ 。

3．程序代码

```
import numpy as np
import math
from matplotlib import pyplot as plt
from scipy.integrate import quad
```

```
#一般的伽玛函数，求积分
def gammafunc(a):
    y=lambda x: x**(a-1)*math.exp(-x)
    #此时有两个值，第一个值为积分值，第二个值为误差值，只取第一个值即可
    z1,z2=quad(y,0,np.inf)
    return z1
for ls in [(1.5, 1), (1.5, 2.5), (1.5, 3), (1.5, 4.5)]:
    alpha, beta = ls[0], ls[1]
    x = np.arange(0, 1, 0.001, dtype=np.float)
    gamma = gammafunc(alpha + beta) / (gammafunc(alpha) *gammafunc(beta))
    y = gamma * (x ** (alpha - 1)) * ((1 - x) ** (beta - 1))
    plt.plot(x, y, label=r'$\ \alpha=%.1f,\ \beta=%.1f$' % (alpha, beta))
plt.legend()
plt.show()
```

4. 输出图像

画出的四个贝塔分布的密度函数图像如图 6-14 所示。

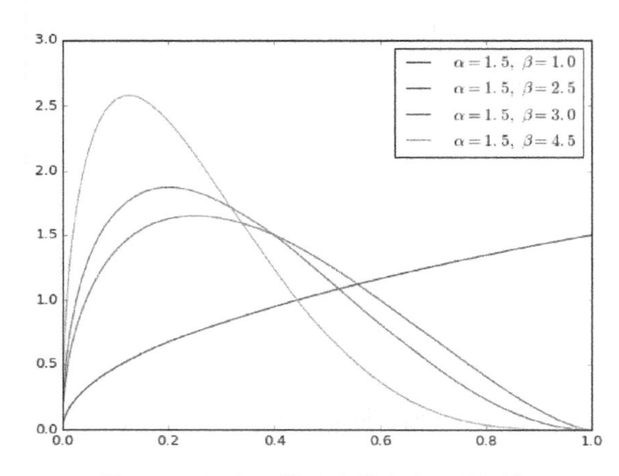

图 6-14　四个贝塔分布的密度函数图像

图 6-14（彩图）

五、练习

练习 6.1　使用公式画出卡方分布的密度函数图像

练习 6.1　程序代码

1. 实验题目

当参数 n=2,4,10 时，画出卡方分布的密度函数图像。

2. 实验思路

（1）定义伽玛函数：$\Gamma(\alpha)=\int_0^{+\infty} x^{\alpha-1}\mathrm{e}^{-x}\mathrm{d}x$ 。

（2）根据密度函数公式 $f(x)=\dfrac{1}{2^{\frac{n}{2}}\Gamma\left(\dfrac{n}{2}\right)}x^{\frac{n}{2}-1}\mathrm{e}^{-\frac{x}{2}}$，$x>0$，画出图像。

3. 输出图像

画出的三个卡方分布的密度函数图像如图 6-15 所示。

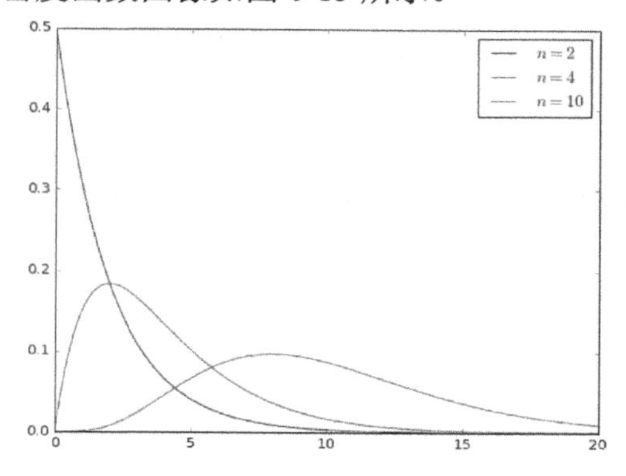

图 6-15　三个卡方分布的密度函数图像

图 6-15（彩图）

练习 6.2　使用公式画出 t 分布的密度函数图像

1. 实验题目

当参数 n=1,4,10 时，画出 t 分布的密度函数图像。

练习 6.2　程序代码

2. 实验思路

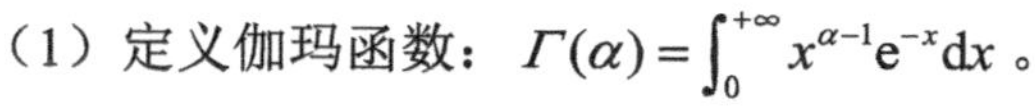

（1）定义伽玛函数：$\Gamma(\alpha)=\int_0^{+\infty}x^{\alpha-1}\mathrm{e}^{-x}\mathrm{d}x$ 。

（2）根据密度函数公式 $f(x)=\dfrac{\Gamma\left(\dfrac{n+1}{2}\right)}{\Gamma\left(\dfrac{n}{2}\right)\sqrt{n\pi}}\left(1+\dfrac{x^2}{n}\right)^{-\frac{n+1}{2}}$，$-\infty<x<+\infty$，画出图像。

3. 输出图像

画出的三个 t 分布的密度函数图像如图 6-16 所示。

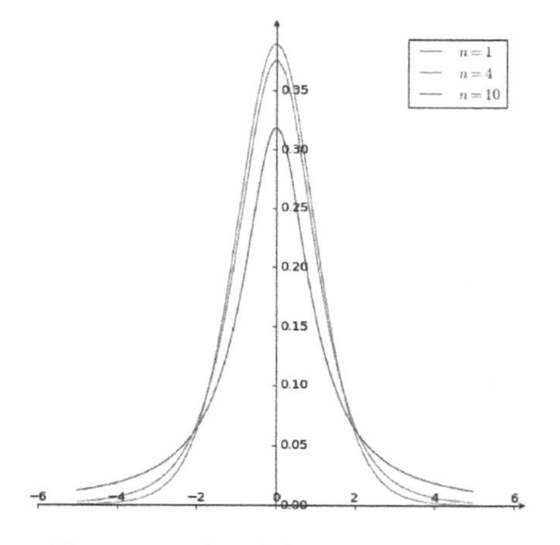

图 6-16　三个 t 分布的密度函数图像

图 6-16（彩图）

由图 6-16 可知，t 分布的密度函数图像关于 y 轴对称，是一个偶函数，而且随着自由度的增加，图像越来越陡峭。

练习 6.3　使用公式画出 F 分布的密度函数图像

练习 6.3　程序代码

1．实验题目

当参数分别为(1,3)，(10,40)，(13,10)时，画出 F 分布的密度函数图像。

2．实验思路

（1）定义伽玛函数：$\Gamma(\alpha)=\int_0^{+\infty}x^{\alpha-1}\mathrm{e}^{-x}\mathrm{d}x$ 。

（2）根据密度函数公式 $f(x)=\dfrac{\Gamma\left(\dfrac{n+m}{2}\right)}{\Gamma\left(\dfrac{n}{2}\right)\Gamma\left(\dfrac{m}{2}\right)}n^{\frac{n}{2}}m^{\frac{m}{2}}\dfrac{x^{\frac{n}{2}-1}}{(nx+m)^{\frac{n+m}{2}}}$，$x>0$，画出图像。

3．输出图像

画出的三个 F 分布的密度函数图像如图 6-17 所示。

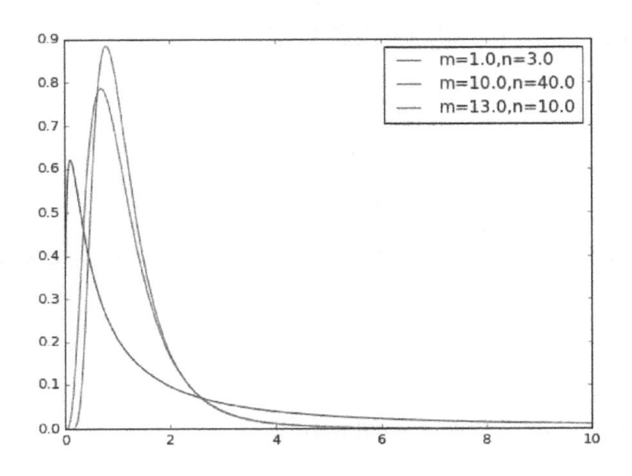

图 6-17　三个 F 分布的密度函数图像

图 6-17（彩图）

六、拓展阅读

1．正态分布发展简史

1705 年，伯努利的著作《推测术》问世，该书提出了大数定律。

1730—1733 年，棣莫佛从二项分布逼近得到正态密度函数，首次提出中心极限定理。

1780 年，拉普拉斯建立中心极限定理的一般形式。

1805 年，勒让德发明最小二乘法。

1809 年，高斯引入正态误差理论，不但补充了最小二乘法，提出了极大似然估计的思想，还提出了误差的分布为正态分布。

1811 年，拉普拉斯利用中心极限定理论证正态分布。

1837 年，正式确定误差服从正态分布。

2. 数学家——高斯

高斯（1777—1855）是德国数学家、天文学家和物理学家。高斯的成就遍及数学的各个领域，在数论、非欧几何、微分几何、超几何级数、复变函数等方面均有开创性贡献，对数论、代数、几何学的若干基本定理进行了严格证明，如将一个自然数分解为素数的乘积定理、二项式定理、散度定理等。高斯十分注重数学的应用，在对天文学、大地测量学和磁学的研究中也偏重于用数学方法进行研究。他一生中共发表 323 篇（种）著作，提出 404 项科学创见（发表 178 项），完成 4 项意义重大的发明：回照器、光度计、电报和磁强计。

在概率论与数理统计方面他结合实验数据的测算，发展了误差理论，发明了最小二乘法，引入了高斯误差曲线，提出了极大似然估计的思想。德国 10 马克面额的钞票上印有高斯头像及正态分布的密度曲线，这表明在高斯所做的科学贡献中，尤以正态分布的确立对人类文明的进程影响最大。因此，正态分布又称高斯分布。（该部分内容引自名人简历。）

实验 6.2 常见连续型分布的应用

一、实验目的

使用 Python 计算连续型随机变量在某个区间上的概率。

二、实验要求

1. 会使用正态分布计算概率。
2. 理解正态分布的 3σ 原则。

三、实验内容

实验 6.2.1 公交车门的高度问题

某城市成年男子身高服从 $X\sim N(170,36)$，如果要求满足男子上公交车时头与车门相碰的概率小于 5%，那么公交车门的高度应该设计为多少？

1. 理论分析

设公交车门的高度是 $h$cm，则有 $P(X>h)=1-\Phi\left(\dfrac{h-170}{6}\right)<0.05$，由此可得 $\Phi\left(\dfrac{h-170}{6}\right)>0.95$，即 $\dfrac{h-170}{6}>1.645$，$h>179.87$。因此公交车门的高度应设计为 180cm。

2. 实验思路

此题涉及的计算较简单。Python 中的 ppf 是求分位数的函数，且 Python 中的分位数采用的是下分位数，即 $F(x)=P(X<x_p)=p$ 。先使用 norm.ppf()函数求出标准正态分布的分位数，再利用公式 $x_p=\mu+z_p\sigma$ 计算公交车门高度。

3．程序代码

```
from scipy.stats import norm
mu=170
sigma=6
x=norm.ppf(0.95)
h=x*6+mu
print(h)
```

4．运行结果

```
179.86912176170884
```

由运行结果可知，公交车门的高度应该为 180cm。

实验 6.2.2　正态分布的概率的计算

已知 $X\sim N(3,4)$，试求：

（1）$P(2<X<5)$ 。

（2）若 $P(X<C)=P(X>C)$，求 C。

（3）当 $P(X>d)\geqslant 0.9$ 时，求 d。

1．理论分析

（1）$P(2<X<5)=\Phi\left(\dfrac{5-3}{2}\right)-\Phi\left(\dfrac{2-3}{2}\right)=\Phi(1)-\Phi(-0.5)=0.5328$ 。

（2）$P(X<C)=P(X>C)=0.5$，则 $C=3$。

（3）$P(X>d)\geqslant 0.9$, $1-\Phi\left(\dfrac{d-3}{2}\right)\geqslant 0.9$，$\Phi\left(\dfrac{d-3}{2}\right)\leqslant 0.1$，$\Phi\left(\dfrac{3-d}{2}\right)\geqslant 0.9$，$\dfrac{3-d}{2}\geqslant 1.28$，$d\leqslant 0.44$ 。

2．实验思路

使用统计包中的 norm.pdf()函数求分布函数值。norm.pdf(x,mu,sigam)函数中有三个参数，其中，第一个参数为具体的 x 值，mu 为期望，sigma 为标准差。

3．程序代码

```
from scipy.stats import norm
mu1=3
sigma1=2
#计算第一问
p=norm.cdf(5,mu1,sigma1)-norm.cdf(2,mu1,sigma1)
y=norm.ppf(0.5)
#计算第二问
C=y*sigma1+mu1
```

```
#计算第三问
z=norm.ppf(0.1,mu1,sigma1)
print(p,C,z)
```

4. 运行结果

```
0.532807207342556  3.0  0.43689686891079926
```

由运行结果可知，第一问的结果为 0.532 807 207 342 556，第二问的结果为 3.0，第三问的结果为 0.436 896 868 910 799 26。

实验 6.2.3　正态分布的 3σ 原则的演示和模拟

1. 理论分析

设 $X \sim N(\mu,\sigma^2)$，则有

$$P(\mu-\sigma < X < \mu+\sigma) = P(|X-\mu| < \sigma) = 2\Phi(1)-1 = 0.6826$$

$$P(\mu-2\sigma < X < \mu+2\sigma) = P(|X-\mu| < 2\sigma) = 2\Phi(2)-1 = 0.9544$$

$$P(\mu-3\sigma < X < \mu+3\sigma) = P(|X-\mu| < 3\sigma) = 2\Phi(3)-1 = 0.9974$$

综上所述，在一次实验中，X 落在区间 $(\mu-3\sigma,\mu+3\sigma)$ 内的可能性极大，因为正态变量 X 有 99.74%的机会落入以 3σ 为半径的区间 $(\mu-3\sigma,\mu+3\sigma)$ 内，即正态变量几乎都在区间 $(\mu-3\sigma,\mu+3\sigma)$ 内取值。学校要求考试成绩大致服从正态分布，正是基于该原则。统计学中的快速分析经常会用到 3σ 原则。

2. 实验步骤

（1）对落入不同区间范围的 X 值用不同的颜色表示。

（2）取 N 个服从正态分布的随机数，计算这 N 个值分别落入 $(\mu-\sigma,\mu+\sigma)$，$(\mu-2\sigma,\mu+2\sigma)$，$(\mu-3\sigma,\mu+3\sigma)$ 区间内的频率，用频率近似代替概率。

（3）当 N 足够大时，观察频率和上面的三个概率的关系。

3. 程序代码

```
import numpy as np
import matplotlib.pyplot as plt
mu=1
sigma=2
count1=0
count2=0
count3=0
x = np.arange(-8,8,0.01)
a = ((x - mu) ** 2) / (2 * (sigma ** 2))
#计算正态分布的密度函数值
y = 1 / (sigma * np.sqrt(2 * np.pi)) * np.exp(-a)
#画出正态分布的密度函数图像
plt.plot(x, y, color='cyan', label=r'$\mu=%.2f,\ \sigma=%.2f$' % (mu,sigma))
#绘制基准水平直线
plt.plot((x.min(),x.max()), (0,0))
```

```
#设置坐标轴标签
plt.xlabel('x')
plt.ylabel('y')
#填充指定区域，当X 取值落入（mu-sigma,mu+sigma）区间时用紫色填充
plt.fill_between(x,y, where=(mu-sigma<x) & (x<mu+sigma), facecolor='purple')
#可以填充多次，当X <mu-sigma 或 X>mu+sigma 时用绿色填充
#当X <mu-2sigma 或 X>mu+2sigma 时用蓝色填充
#当X <mu-3sigma 或 X>mu+3sigma 时用白色填充
plt.fill_between(x,0,y, where=(x<mu-sigma) | (x>mu+sigma),facecolor='green')
plt.fill_between(x,0,y, where=(x<mu-2*sigma) | (x>mu+2*sigma),facecolor='blue')
plt.fill_between(x,0,y, where=(x<mu-3*sigma) | (x>mu+3*sigma),facecolor='white')
plt.show()
#计算频率
N=10000
z=[]
for i in range(N):
    #产生N个服从正态分布的随机数
    k= np.random.normal(mu,sigma)
    z.append(k)
    if mu-sigma<z[i]<mu+sigma:
        count1+=1
    if mu-2*sigma<z[i]<mu+2*sigma:
        count2+=1
    if mu-3*sigma<z[i]<mu+3*sigma:
        count3+=1
print(count1/N,count2/N,count3/N)
```

4．运行结果

重复试验 10 000 次时，把该程序运行三次的结果为：

```
0.6845   0.955   0.9978
```

```
0.6887   0.9538  0.9968
```

```
0.6856   0.9544  0.9979
```

画出的3σ原则演示图如图 6-18 所示。

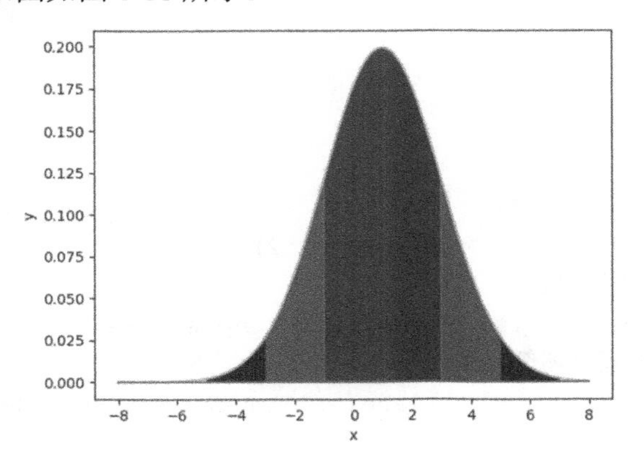

图 6-18（彩图）

图 6-18　3σ 原则演示图

五、练习

练习 6.4 矿泉水容量问题

设某品牌瓶装矿泉水的标准容量是 500mL，设每瓶矿泉水的容量 X 是随机变量，服从 $X \sim N(500,25)$，求：

（1）随机抽查一瓶矿泉水，其容量大于 510mL 的概率。

（2）随机抽查一瓶矿泉水，其容量与标准容量之差的绝对值小于 8mL 的概率。

（3）求常数 C，使每瓶矿泉水的容量小于 C 的概率为 0.05。

1. 理论分析

（1）$P(X \geqslant 510)=1-\Phi\left(\dfrac{510-500}{5}\right)=1-\Phi(2)=0.0228$；

（2）$P(|X-500|<8)=P\left(\left|\dfrac{X-500}{5}\right|<\dfrac{8}{5}\right)=2\Phi\left(\dfrac{8}{5}\right)-1=0.8904$；

（3）$P(X<C)=\Phi\left(\dfrac{C-500}{5}\right)=0.05$，$\dfrac{C-500}{5}=-1.645$，$C$=491.775。

2. 实验步骤

练习 6.4 程序代码

（1）用 norm.cdf()函数计算正态分布的分布函数值。其中，norm.cdf (x,mu,sigma)函数中的三个参数库分别表示所求正态分布的分布函数的x值、期望、标准差。

（2）使用 norm.cdf(510,500,5)计算 $P(X<510)$。

（3）$P(|X-500|<8)=P(500-8<X<500+8)$，使用 norm.cdf(508,500,5)− norm.cdf (492, 500,5)来计算该概率。

（4）用 norm.ppf(alpha,mu,sigma)计算 α 分位数。

3. 运行结果

```
0.02275013194817921   0.890401416600884    491.7757318652426
```

由运行结果可知，第一问的概率为 0.022 750 131 948 2，第二问的概率为 0.890 401 416 601，第三问的常数 C 为 491.775 731 865。

练习 6.5 录取分数线问题

某银行准备招收工作人员 800 人，按面试成绩从高分至低分依次录取。设报考该银行的考生共 3000 人，且面试成绩服从正态分布，已知这些考生中面试成绩在 90 分以上的有 200 人，面试成绩在 80 分以下的有 2075 人，问该银行的录取最低分是多少？

1. 理论分析

设 X 为考生的成绩，则有 $P(X<80)=\Phi\left(\dfrac{80-\mu}{\sigma}\right)=\dfrac{2075}{3000}=0.6917$，$\dfrac{80-\mu}{\sigma}$=0.5，$P(X \geqslant 90)=1-\Phi\left(\dfrac{90-\mu}{\sigma}\right)=\dfrac{200}{3000}=\dfrac{1}{15}$，$\Phi\left(\dfrac{90-\mu}{\sigma}\right)$=0.9333，$\dfrac{90-\mu}{\sigma}=1.5$。

经计算得，所有考生的平均分是 75。设录取的最低分为 a，则有

$$P(X<a)=\Phi\left(\frac{a-75}{10}\right)=\frac{2200}{3000}=0.73,\quad \frac{a-75}{10}=0.61,\quad a=81.1。$$

2．实验步骤

练习 6.5　程序代码

（1）因为期望和方差未知，使用 norm.ppf(2075/3000,0,1)计算的结果记为 m_1，则 $\frac{80-\mu}{\sigma}=m_1$。

（2）使用 norm.ppf(200/3000,0,1)计算的结果记为 m_2，则 $\frac{90-\mu}{\sigma}=m_2$。

（3）解方程组 $\begin{cases}\frac{80-\mu}{\sigma}=m_1\\ \frac{90-\mu}{\sigma}=m_2\end{cases}$，求出期望和标准差。使用 from scipy.optimize import fsolve 导入解方程组的命令。

（4）使用 norm.ppf(2200/3000,mu,sigma)计算的结果记为 m_3，则最低录取分数线为 $m_3\sigma+\mu$。

3．运行结果

```
期望和标准差分别为 74.99672980241766   9.994944151680382
最低录取分数为 81.2228376165476
```

由运行结果可知，该银行的录取最低分约为 81 分。

六、拓展阅读

t 分布是英国统计学家戈塞特（W. S. Gosset）于 1908 年以 Student 的笔名发表的研究成果，因此 t 分布又被称为学生分布，常用于样本容量较小时的统计推断。当 n 充分大时，t 分布近似于标准正态分布。实际上，当 $n>30$ 时，两者相差就很小了。

戈塞特是著名的统计学家皮尔逊的学生，他大学毕业后担任了都柏林的 A.吉尼斯父子开的吉尼斯啤酒厂的酿造化学技师，从事统计和实验分析工作。他研究的是小样本，在长期的数据分析工作中发现了 t 分布，但是啤酒厂害怕商业机密外泄，禁止他发表关于酿酒过程变化性的研究成果，因此他使用“student”笔名将研究成果发表在生物统计杂志上，开创了小样本理论的先河。

实验 7

数学期望

实验 7.1 数字特征的计算

一、实验目的

1．利用 Python 进行期望的计算。
2．学会使用 Python 中的符号计算。

二、实验要求

1．复习期望、方差、协方差和相关系数的计算公式。
2．了解 Python 中的符号运算。

三、知识链接

1．期望的定义

设离散型随机变量 X 的分布律为 $P\{X=x_i\}=p_i$，$i=1,2,\cdots$，若级数 $\sum_i x_i p_i$ 绝对收敛，则称该级数为 X 的数学期望，简称期望，记作 $E(X)$，即 $E(X)=\sum_i x_i p_i$。

设连续型随机变量 X 的密度函数为 $f(x)$，如果积分 $\int_{-\infty}^{+\infty} xf(x)\mathrm{d}x$ 绝对收敛，则称该积分为 X 的期望，即 $E(X)=\int_{-\infty}^{+\infty} xf(x)\mathrm{d}x$。

$E(X)$ 是 X 的各可能值的加权平均，因此 $E(X)$ 也被称为“均值”。

2．随机变量函数的期望

1）一维随机变量函数的期望
设 X 为随机变量，$Y=g(X)$ 是 X 的连续函数，在满足绝对收敛的前提下有

$$E\big(g(X)\big)=\begin{cases}\sum_i g(x_i)p(x_i), & \text{当}X\text{为离散型（}p(x_i)\text{为}X\text{的分布律）}\\ \int_{-\infty}^{+\infty}g(x)f(x)\mathrm{d}x, & \text{当}X\text{为连续型（}f(x)\text{为}X\text{的密度函数）}\end{cases}$$

2）二维随机变量函数的期望

二维随机变量(X,Y)的函数$Z=g(X,Y)$，其中，g是二元连续函数：

① 设(X,Y)是离散型随机变量，其联合分布律为$P\{X=x_i,Y=y_j\}=p_{ij}$，$i,j=1,2,3,\cdots$，则当级数$\sum_{i=1}^{\infty}\sum_{j=1}^{\infty}g(x_i,y_j)p_{ij}$绝对收敛时，有$E(Z)=E[g(X,Y)]=\sum_{i=1}^{\infty}\sum_{j=1}^{\infty}g(x_i,y_i)p_{ij}$。

② 设(X,Y)是二维连续型随机变量，联合密度函数为$f(x,y)$，则当积分$\int_{-\infty}^{+\infty}\int_{-\infty}^{+\infty}g(x,y)f(x,y)\mathrm{d}x\mathrm{d}y$绝对收敛时，有

$$E(Z)=E[g(X,Y)]=\int_{-\infty}^{+\infty}\int_{-\infty}^{+\infty}g(x,y)f(x,y)\mathrm{d}x\mathrm{d}y$$

3．期望的性质

假设随机变量X的期望存在：

（1）设C为常数，则有$E(C)=C$。

（2）设C为常数，X为随机变量，则有$E(CX)=CE(X)$。

（3）设X，Y为任意两个随机变量，则有$E(X+Y)=E(X)+E(Y)$。

（4）设X，Y为相互独立的随机变量，则有$E(XY)=E(X)E(Y)$。

4．方差的定义及性质

1）方差的定义

期望体现了随机变量取值的平均水平，是随机变量的一个重要的数字特征。但是在某些场合下，只知道平均值是不够的，还需要知道随机变量的取值的离散程度，这就是方差。

设X是一个随机变量，若$E(X-E(X))^2$存在，则称$E(X-E(X))^2$为X的方差，记为$D(X)$，也可记为$\mathrm{Var}(X)$，即$D(X)=E(X-E(X))^2$。

与X具有相同量纲的量$\sqrt{D(X)}$称为X的均方差或标准差，记为σ_x。

随机变量X的方差反映出X的取值与其期望的偏离程度。$D(X)$越小，取值越集中，反之，取值越分散。因此，方差$D(X)$是刻画X取值分散程度的量。

方差常用的计算公式为

$$D(X)=E(X^2)-(E(X))^2$$

2）方差的性质

（1）$D(C)=0$，C为常数。

（2）$D(aX+b)=a^2D(X)$，其中，a，b为常数。

（3）若X和Y独立，则$D(aX+bY)=a^2D(X)+b^2D(Y)$。

5．协方差和相关系数的定义及性质

1）协方差的定义

随机变量X与Y的协方差为$\mathrm{Cov}(X,Y)=E\{[X-E(X)][Y-E(Y)]\}$。

协方差反映了两个变量远离均值的过程是同方向变化的还是反方向变化的，是正相关的

还是负相关的，其取值范围为负无穷到正无穷。协方差数值越大，相关程度越高。如果两个变量的变化趋势一致，即其中一个变量大于自身的期望值，另外一个变量也大于自身的期望值，那么两个变量之间的协方差就是正值。如果两个变量的变化趋势相反，即其中一个变量大于自身的期望值，另外一个变量小于自身的期望值，那么两个变量之间的协方差就是负值。

$\rho_{XY}=\dfrac{\mathrm{Cov}(X,Y)}{\sqrt{D(X)}\sqrt{D(Y)}}$ 为随机变量 X 与 Y 的相关系数。相关系数用来度量两个变量间的线性关系，取值范围为-1 到 1。在机器学习中，相关分析是特征质量评价中非常重要的一个环节，合理地选取特征，找到与拟合目标相关性最强的特征，往往能够快速获得效果，达到事半功倍的效果。对于特征和标签皆为连续值的回归问题，要检测二者的相关性，最直接的做法就是求相关系数。

2）协方差的性质

（1）$\mathrm{Cov}(X,Y)=\mathrm{Cov}(Y,X)$，$\mathrm{Cov}(X,X)=D(X)$，$\mathrm{Cov}(X,a)=0$（$a$ 为常数）。

（2）$\mathrm{Cov}(X,Y)=E(XY)-E(X)E(Y)$。

（3）$\mathrm{Cov}(aX,bY)=ab\mathrm{Cov}(X,Y)$。

（4）$\mathrm{Cov}(X+Y,Z)=\mathrm{Cov}(X,Z)+\mathrm{Cov}(Y,Z)$。

（5）$D(aX+bY)=a^2D(X)+2ab\mathrm{Cov}(X,Y)+b^2D(Y)$。

（6）$D\left(\sum_{i=1}^{n}X_i\right)=\sum_{i=1}^{n}D(X_i)+2\sum\sum_{i<j}\mathrm{Cov}(X_i,X_j)$。

3）相关系数的性质

（1）$|\rho_{XY}|\leqslant 1$。

（2）$|\rho_{XY}|=1$ 的充要条件是存在常数 a,b，使 $P(Y=a+bX)=1$。

（3）当 X 与 Y 相互独立时，X 与 Y 不相关。反之，若 X 与 Y 不相关，X 与 Y 不一定相互独立。

6．常见分布的期望和方差

（1）0-1 分布：$X\sim b(1,p)$，则 $E(X)=p$，$D(X)=p(1-p)$。

（2）二项分布：$X\sim b(n,p)$，则 $E(X)=np$，$D(X)=np(1-p)$。

（3）泊松分布：$X\sim P(\lambda)$，则 $E(X)=\lambda$，$D(X)=\lambda$。

（4）几何分布：$X\sim \mathrm{Ge}(p)$，则 $E(X)=1/p$，$D(X)=(1-p)/p^2$。

（5）超几何分布：$X\sim h(n,N,M)$，则 $E(X)=n\dfrac{M}{N}$，$D(X)=n\dfrac{M}{N}\left(1-\dfrac{M}{N}\right)\dfrac{N-n}{N-1}$。

（6）负二项分布：$X\sim \mathrm{Nb}(r,p)$，则 $E(X)=r/p$，$D(X)=\dfrac{r(1-p)}{p^2}$。

（7）均匀分布：$X\sim U(a,b)$，则 $E(X)=\dfrac{a+b}{2}$，$D(X)=\dfrac{(b-a)^2}{12}$。

（8）指数分布：$X\sim E(\lambda)$，则 $E(X)=\dfrac{1}{\lambda}$，$D(X)=\dfrac{1}{\lambda^2}$。

（9）正态分布：$X\sim N(\mu,\sigma^2)$，则 $E(X)=\mu$，$D(X)=\sigma^2$。

（10）伽玛分布：$X\sim \mathrm{Ga}(\alpha,\lambda)$，则$E(X)=\dfrac{\alpha}{\lambda}$，$D(X)=\dfrac{\alpha}{\lambda^2}$。

（11）贝塔分布：$X\sim \mathrm{Be}(a,b)$，则$E(X)=\dfrac{a}{a+b}$，$D(X)=\dfrac{ab}{(a+b)^2(a+b+1)}$。

（12）卡方分布：$X\sim\chi^2(n)$，则$E(X)=n$，$D(X)=2n$。

四、实验内容

实验 7.1.1 一维离散型随机变量的期望和方差

设随机变量 X 的分布律如表 7-1 所示。

表 7-1 随机变量 X 的分布律

X	−2	−1	0	1	2
p	0.3	0.1	0.2	0.1	0.3

令 $Y=X^2-1$，求 $E(X)$，$E(Y)$，$D(X)$，$D(Y)$。

1．理论分析

$$E(X)=(-2)\times0.3+(-1)\times0.1+0\times0.2+1\times0.1+2\times0.3=0$$

$$\begin{aligned}E(Y)&=((-2)^2-1)\times0.3+((-1)^2-1)\times0.1+(0^2-1)\times0.2+(1^2-1)\times0.1+(2^2-1)\times0.3\\&=3\times0.3+0\times0.1+(-1)\times0.2+0\times0.1+3\times0.3=1.6\end{aligned}$$

$$E(X^2)=(-2)^2\times0.3+(-1)^2\times0.1+0^2\times0.2+1^2\times0.1+2^2\times0.3=2.6$$

$$E(Y^2)=3^2\times0.3+0^2\times0.1+(-1)^2\times0.2+0^2\times0.1+3^2\times0.3=5.6$$

$$D(X)=E(X^2)-(E(X))^2=2.6$$

$$D(Y)=E(Y^2)-(E(Y))^2=3.04$$

2．实验步骤

1）列表法

（1）将 X 的取值及相应的概率分别用列表 X 和列表 p 表示。

（2）利用 $E(X)=\sum\limits_i x_i p_i$，将列表 X 和列表 p 中的对应的元素的乘积放入列表 xt1 中；计算 Y 的取值，并将结果放入列表 Y 中；计算列表 Y 中的元素和对应的概率 p 的乘积，并将结果放入列表 yt1 中。使用 sum 函数求列表 xt1 和列表 yt1 中的元素的和，即可得到 $E(X)$, $E(Y)$。

（3）利用 $E(X^2)=\sum\limits_i x_i^2 p_i$，将列表 X 的元素的平方和列表 p 中的对应的元素乘积放入列表 xt2 中；计算列表 Y 的元素的平方和列表 p 中的对应的元素的乘积，并将结果放入列表 yt2 中。使用 sum 函数求列表 xt2 和列表 yt2 中的元素的和，即可得到 $E(X^2)$，$E(Y^2)$。

（4）使用方差的计算公式求出 $D(X)$，$D(Y)$。

2）numpy（数组）法

（1）将 X 和 p 表示为数组；使用 sum(X*p)计算 $E(X)$，使用 sum(X**2*p)计算 $E(X^2)$，利用方差的计算公式求出 $D(X)$。

（2）计算 $Y=X^2-1$，再使用 sum(Y *p)计算 $E(Y)$，使用 sum(Y **2*p)计算 $E(Y^2)$，利用方

差的计算公式求出 $D(Y)$。

3. 程序代码

方法 1：使用列表：

```
import numpy as np
X=[-2,-1,0,1,2]
p=[0.3,0.1,0.2,0.1,0.3]
Y=[]
xt1=[]
xt2=[]
yt1=[]
yt2=[]
for i in range(5):
    xm1=X[i]*p[i]
    #计算 X[i]*p[i]，把结果放入列表中
    xt1.append(xm1)
    xm2=X[i]**2*p[i]
    xt2.append(xm2)
    ym1=X[i]**2-1
    #求 Y 的分布律
    Y.append(ym1)
    #计算 y[i]*p[i]，把结果放入列表中，求和为 E(X)
    ym2=Y[i]*p[i]
    #求 Y 的期望
    yt1.append(ym2)
    #计算 y[i]*p[i]，把结果放入列表中，求和为 E(Y)
    ym3=Y[i]**2*p[i]
    #求 Y 的二次方的期望
    yt2.append(ym3)
#求 X 的期望
EX=np.sum(xt1)
#求 X 的二次方的期望
EX2=np.sum(xt2)
#求 X 的方差
DX=EX2-EX**2
#求 Y 的期望
EY=np.sum(yt1)
#求 Y 的方差
EY2=np.sum(yt2)
DY=EY2-EY**2
print('X 的期望为',EX,'X 的方差为',DX,'Y 的期望为',EY,'Y 的方差为',DY)
```

方法 2：使用 numpy 中的 array：

```
import numpy as np
X=np.array([-2,-1,0,1,2] )
```

```
p=np.array([0.3,0.1,0.2,0.1,0.3])
EX=sum(X*p)
EX2=sum(X**2*p)
DX=EX2-EX**2
Y=X**2-1
EY=sum(Y*p)
EY2=sum(Y**2*p)
DY=EY2-EY**2
print('X 的期望为',EX,'X 的方差为',DX,'Y 的期望为',EY,'Y 的方差为',DY)
```

4. 运行结果

```
X 的期望为 0.0   X 的方差为 2.6  Y 的期望为 1.5999999999999999  Y 的方差为 3.04
```

实验 7.1.2　一维连续型随机变量的期望和方差

设随机变量 X 服从参数为 2 的指数分布，求 $E(X)$，$E(X^2-1)$，$D(X)$。

1. 理论分析

参数为 2 的指数分布的密度函数为 $f(x)=2\mathrm{e}^{-2x}$，$x>0$，则 $E(X)=\int_0^{+\infty}x2\mathrm{e}^{-2x}\mathrm{d}x=1/2$，$E(X^2)=\int_0^{+\infty}x^2 2\mathrm{e}^{-2x}\mathrm{d}x=1/2$，$D(X)=E(X^2)-(E(X))^2=1/4$，$E(X^2-1)=-1/2$。

2. 实验步骤

（1）导入 sympy 库，将 x 表示为符号。

（2）令 $y=2\mathrm{e}^{-2x}x$，使用 sympy.integrate(y,x,0, float('inf'))计算积分 $\int_0^{+\infty}y\mathrm{d}x$，求出 $E(X)$。其中，指数函数选用 sympy.exp()。

（3）令 $y_1=2\mathrm{e}^{-2x}(x^2-EX)$，计算积分 $\int_0^{+\infty}y_1\mathrm{d}x$，求出 $D(X)$。也可以先计算 $y_2=2\mathrm{e}^{-2x}x^2$，计算积分 $\int_0^{+\infty}y_2\mathrm{d}x$，求出 $E(X^2)$，再由方差计算公式求出方差。

（4）令 $y_3=2\mathrm{e}^{-2x}(x^2-1)$，计算积分 $\int_0^{+\infty}y_3\mathrm{d}x$，求出 $E(X^2-1)$，或者根据期望的性质 $E(X^2-1)=E(X^2)-1$ 计算 $E(X^2-1)$。

3. 程序代码

```
import sympy
#使用符号变量的时候，需要先导入符号
from sympy.abc import x
y=sympy.exp(-2*x)*x*2#
EX=sympy.integrate(y,(x,0,float('inf')))
y1=sympy.exp(-2*x)*(x-EX)**2*2
y2= sympy.exp(-2*x)*(x**2)*2
y3=sympy.exp(-2*x)*(x**2-1)*2
#直接使用方差的定义求方差
DX=sympy.integrate(y1,(x,0,float('inf')))
```

```
#求 X 的二次方的期望
EX2=sympy.integrate(y2,(x,0,float('inf')))
#使用方差的计算公式求方差
DX1=EX2-EX**2
#求 x²-1 的期望
EY=sympy.integrate(y3,(x,0,float('inf')))
print('X 的期望为',EX,'X 的方差为',DX,DX1,'X2-1 的期望为',EY)
```

4. 运行结果

```
X 的期望为 1/2    X 的方差为 1/4      X²-1 的期望为 -1/2
```

实验 7.1.3 一维连续型随机变量函数的期望——等候时间问题

游客乘电梯从底层到电视塔顶层观光，电梯于整点的第 5 分钟、第 25 分钟和第 55 分钟从底层起行。假设一游客在早 8 点的第 X 分钟到达底层候梯处，且 X 在[0,60]区间内服从均匀分布，求该游客等候时间的期望。

1. 理论分析

设乘客于早 8 点 X 分到达底层候梯处，等候时间为 Y，则 $f_X(x)=\dfrac{1}{60}$， $0<x<60$，且

$$Y=g(X)=\begin{cases}5-X, & 0\leqslant X<5\\ 25-X, & 5\leqslant X<25\\ 55-X, & 25\leqslant X<55\\ 65-X, & 55\leqslant X<60\end{cases}$$

$$\begin{aligned}E(Y)&=\frac{1}{60}\int_0^{60}g(x)\mathrm{d}x=\frac{1}{60}\int_0^{5}(5-x)\mathrm{d}x+\frac{1}{60}\int_5^{25}(25-x)\mathrm{d}x+\frac{1}{60}\int_{25}^{55}(55-x)\mathrm{d}x+\frac{1}{60}\int_{55}^{60}(65-x)\mathrm{d}x\\&=11.67\end{aligned}$$

2. 实验步骤

（1）导入 sympy 库，将 x 表示为符号。

（2）令 $y_1=5-x$，$y_2=25-x$，$y_3=55-x$，$y_4=65-x$，其中，指数函数选用 sympy.exp()。

（3）使用 sympy.integrate(y,x,0,5)计算积分 $\int_0^5 y_1\mathrm{d}x$，$\int_5^{25} y_2\mathrm{d}x$，$\int_{25}^{55} y_3\mathrm{d}x$，$\int_{55}^{60} y_4\mathrm{d}x$，将四个积分求和，求出 $E(X)$。

3. 程序代码

```
import sympy
#使用符号变量的时候，需要先导入符号
from sympy.abc import x
y1=(5-x)/60
y2=(25-x)/60
y3=(55-x)/60
y4=(65-x)/60
EX1=sympy.integrate(y1,(x,0,5))
```

```
EX2=sympy.integrate(y2,(x,5,25))
EX3=sympy.integrate(y3,(x,25,55))
EX4=sympy.integrate(y4,(x,55,60))
EX=EX1+EX2+EX3+EX4
print('X 的期望为',EX)
```

4．运行结果

```
X 的期望为 35/3
```

由运行结果可知，等候时间的期望为35/3。

实验 7.1.4　二维离散型随机变量求相关系数——箱子产品问题

箱子中有6个产品，一等品、二等品、三等品均有2个，从其中任取2个产品，用 X 表示取得的一等品的个数，以 Y 表示取得的二等品的个数，求 X、Y 的期望和相关系数。

1．理论分析

X、Y 各自可能的取值均为 0、1、2，$P\{X=0,Y=0\}=\dfrac{C_2^2}{C_6^2}=\dfrac{1}{15}$，$P\{X=0,Y=1\}=P\{X=1,\ Y=0\}=\dfrac{C_2^1C_2^1}{C_6^2}=\dfrac{4}{15}$，$P(X=1,Y=1)=\dfrac{C_2^1C_2^1}{C_6^2}=\dfrac{4}{15}$，$P(X=2,\ Y=0)=P(X=0,Y=2)=\dfrac{C_2^2}{C_6^2}=\dfrac{1}{15}$。

(X,Y) 的联合分布律如表 7-2 所示。

表 7-2　(X,Y)的联合分布律

X	Y		
	0	1	2
0	1/15	4/15	1/15
1	4/15	4/15	0
2	1/15	0	0

X 的分布律、Y 的分布律和 XY 的分布律分别如表 7-3、表 7-4 和表 7-5 所示。

表 7-3　X 的分布律

X	0	1	2
p	6/15	8/15	1/15

表 7-4　Y 的分布律

Y	0	1	2
p	6/15	8/15	1/15

表 7-5　XY 的分布律

XY	0	1	2	4
p	11/15	4/15	0	0

$$E(X)=0\times 6/15+1\times 8/15+2\times 1/15=2/3,\quad E(Y)=2/3,\quad E(XY)=4/15$$

$$E(X^2)=0\times 6/15+1\times 8/15+2^2\times 1/15=4/5$$

$$D(X)=E(X^2)-(E(X))^2=16/45,\quad D(Y)=16/45$$

$$\rho=\frac{\mathrm{Cov}(X,Y)}{\sqrt{D(X)D(Y)}}=\frac{E(XY)-E(X)E(Y)}{\sqrt{D(X)D(Y)}}=-0.5$$

2. 实验步骤

（1）将 X，Y 表示为一维数组，将 p 表示为 3×3 数组，再将 p 合并为一维数组 $p1$。

（2）使用分布律的公式计算出 $p2$ 和 $p3$。用 sum(X*p2)计算 $E(X)$，用 sum(X**2*p3)计算 $E(X^2)$，用方差的计算公式求出 $D(X)$，同理求出 $D(Y)$。

（3）计算 XY 的取值，记为 Z，再使用 sum(Z*p1)计算 $E(XY)$，利用协方差的计算公式计算协方差 $\mathrm{Cov}(X,Y)$，再利用相关系数公式计算相关系数。

3. 程序代码

```
import numpy as np
X=np.array([0,1,2])
Y=np.array([0,1,2])
p=np.array([[1/15,4/15,1/15],[4/15,4/15,0],[1/15,0,0]])
p1=np.array([1/15,4/15,1/15,4/15,4/15,0,1/15,0,0])
p2=[]
p3=[]
Z=[]
#求分布律
for i in range(3):
    s=0
    for j in range(3):
        s+=p[i][j]
    p2.append(s)
for j in range(3):
    t=0
    for i in range(3):
        t+=p[i][j]
    p3.append(t)
#求 X 和 Y 的期望
EX=np.sum(X*p2)
EY=np.sum(Y*p3)
EX2=np.sum(X**2*p2)
EY2=np.sum(Y**2*p3)
DX=EX2-EX**2
DY=EY2-EY**2
print('X 的期望为',EX,'Y 的期望为',EY,'X 的方差为',DX,'Y 的方差为',DY)
#求 E(XY)
for j in range(3):
```

```
    for i in range(3):
        m= X[i]*Y[j]
        Z.append(m)
EZ=np.sum(Z*p1)
#计算协方差和相关系数
Cov=EZ-EX*EY
r=Cov/np.sqrt(DX*DY)
print('相关系数为',r)
```

4. 运行结果

```
X 的期望为 0.6666666666666666        Y 的期望为 0.6666666666666666
X 的方差为 0.3555555555555556        Y 的方差为 0.3555555555555556
相关系数为-0.49999999999999983
```

实验 7.1.5　二维连续型随机变量求相关系数

设随机变量 (X,Y) 联合密度函数为 $f(x,y)=\frac{1}{8}(x+y)$，$0\leqslant x\leqslant 2$，$0\leqslant y\leqslant 2$，求 X 和 Y 的期望和相关系数。

1. 理论分析

$$E(X)=\int_0^2 \mathrm{d}x\int_0^2 x\cdot\frac{1}{8}(x+y)\mathrm{d}y=\frac{7}{6}，\quad E(Y)=\int_0^2 \mathrm{d}x\int_0^2 y\cdot\frac{1}{8}(x+y)\mathrm{d}y=\frac{7}{6}$$

$$E(XY)=\int_0^2 \mathrm{d}x\int_0^2 xy\cdot\frac{1}{8}(x+y)\mathrm{d}y=\frac{4}{3}$$

$$\mathrm{Cov}(X,Y)=E(XY)-E(X)E(Y)=\frac{4}{3}-\frac{7}{6}\times\frac{7}{6}=-\frac{1}{36}$$

$$E(X^2)=\int_0^2 \mathrm{d}x\int_0^2 x^2\cdot\frac{1}{8}(x+y)\mathrm{d}y=\frac{5}{3}，\quad E(Y^2)=\int_0^2 \mathrm{d}x\int_0^2 y^2\cdot\frac{1}{8}(x+y)\mathrm{d}y=\frac{5}{3}$$

$$D(X)=E(X^2)-\left(E(X)\right)^2=\frac{8}{3}-\left(\frac{7}{6}\right)^2=\frac{11}{36}，\quad D(Y)=\frac{11}{36}，\quad \rho_{XY}=\frac{\mathrm{Cov}(X,Y)}{\sqrt{DX}\sqrt{DY}}=\frac{-\frac{1}{36}}{\frac{11}{36}}=-\frac{1}{11}$$

2. 实验步骤

（1）设 5 个函数 y_1, y_2, y_3, y_4, y_5，分别表示 $\frac{1}{8}x(x+y)$，$\frac{1}{8}y(x+y)$，$\frac{1}{8}x^2(x+y)$，$\frac{1}{8}y^2(x+y)$，$\frac{1}{8}xy(x+y)$。

（2）令 y_1 中的两个积分变量分别从 0 到 2 积分，得到 $E(X)$ 使用“from scipy.integrate import dblquad”语句导入二重积分的包，计算二重积分的格式为“dblquad(y1,0,2,lambda g:0,lambda h:2)”，其中前部分的“0,2”为 x 的积分限，“lambda g:0,lambda h:2”表示 y 的积分限。dblquad 返回两个值，一个是积分值，另一个是误差值，后面仅需使用积分值。

（3）令 y_2 中的两个积分变量分别从 0 到 2 积分，得到 $E(Y)$。令 y_3 中的两个积分变量分别从 0 到 2 积分，得到 $E(X^2)$。令 y_4 中的两个积分变量分别从 0 到 2 积分，得到 $E(Y^2)$。令 y_5

中的两个积分变量分别从 0 到 2 积分，得到 $E(XY)$。

（4）使用方差的计算公式 $D(X)=E(X^2)-\left(E(X)\right)^2$，计算 $D(X)$和 $D(Y)$。使用协方差的计算公式 $\mathrm{Cov}(X,Y)=E(XY)-E(X)E(Y)$，计算协方差。使用 $\rho=\dfrac{\mathrm{Cov}(X,Y)}{\sqrt{D(X)D(Y)}}$，求出相关系数。

3. 程序代码

```
import numpy as np
from scipy.integrate import dblquad
y1=lambda x,y: x*(x+y)/8
y2=lambda x,y: y*(x+y)/8
y3=lambda x,y: (x**2)*(x+y)/8
y4=lambda x,y: (y**2)*(x+y)/8
y5=lambda x,y: x*y*(x+y)/8
EX,error1=dblquad(y1,0,2,lambda g:0,lambda h:2)
EY,error2=dblquad(y2,0,2,lambda g:0,lambda h:2)
EX2,error3=dblquad(y3,0,2,lambda g:0,lambda h:2)
EY2,error4=dblquad(y4,0,2,lambda g:0,lambda h:2)
EXY,error5=dblquad(y5,0,2,lambda g:0,lambda h:2)
DX=EX2-EX**2
DY=EY2-EY**2
Cov=EXY-EX*EY
r=Cov/(np.sqrt(DX*DY))
print('X 的期望为',EX,'X 的方差为',DX,'Y 的期望为',EY,'Y 的方差为',DY,'相关系数为',r)
```

4. 运行结果

```
X 的期望为 1.1666666666666665    X 的方差为 0.3055555555555558    Y 的期望为
1.1666666666666665  Y 的方差为 0.3055555555555558 相关系数为-0.09090909090908833
```

五、练习

练习 7.1　一维连续型随机变量函数的期望和方差

已知 X 的密度函数为 $f(x)=\begin{cases}1+x, & -1\leqslant x<0\\ 1-x, & 0\leqslant x\leqslant 1\\ 0, & 其他\end{cases}$，求 $E(X)$ 和 $D(X)$。

1. 理论分析

练习 7.1　程序代码

$E(X)=\int_{-\infty}^{+\infty}xf(x)\mathrm{d}x=\int_{-1}^{0}x(1+x)\mathrm{d}x+\int_{0}^{1}x(1-x)\mathrm{d}x=0$，

$E(X^2)=\int_{-\infty}^{+\infty}x^2f(x)\mathrm{d}x=\int_{-1}^{0}x^2(1+x)\mathrm{d}x+\int_{0}^{1}x^2(1-x)\mathrm{d}x=\dfrac{1}{6}$，由此可得 $D(X)=E(X^2)-(EX)^2=\dfrac{1}{6}$。

2. 实验步骤

（1）设 4 个函数 y_1，y_2，y_3，y_4，分别表示 $x(1+x)$，$x(1-x)$，$x^2(1-x)$，$x^2(1+x)$。

（2）令 y_1 中的两个积分变量从−1 到 0 积分，令 y_2 中的两个积分变量从 0 到 1 积分，两个积分相加，得到 $E(X)$。

（3）令 y_3 中的两个积分变量从−1 到 0 积分，令 y_4 中的两个积分变量从 0 到 1 积分，两个积分相加，得到 $E(X^2)$。

（4）使用方差计算公式 $D(X)=E(X^2)-\left(E(X)\right)^2$，计算 $D(X)$。

3. 运行结果

```
X 的期望为 0      X 的方差为 1/6
```

练习 7.2　二维离散型随机变量的函数的期望

(X,Y)的联合分布律如表 7-6 所示。

表 7-6　(X,Y)的联合分布律

Y	X		
	1	2	3
−1	0.2	0.1	0.0
0	0.1	0.0	0.3
1	0.1	0.1	0.1

试求：

（1）$E(X)$，$E(Y)$。

（2）$E(Y/X)$。

（3）$E(X-Y)^2$。

1. 理论分析

X 的分布律、Y 的分布律、Y/X 的分布律和$(X-Y)^2$ 的分布律分别如表 7-7、表 7-8、表 7-9、表 7-10 所示。

表 7-7　X 的分布律

X	1	2	3
p	0.4	0.2	0.4

表 7-8　Y 的分布律

Y	−1	0	1
p	0.3	0.4	0.3

表 7-9　Y/X 的分布律

Y/X	−1	−1/2	−1/3	0	1/2	1/3	1
p	0.2	0.1	0	0.4	0.1	0.1	0.1

表 7-10　$(X-Y)^2$ 的分布律

$(X-Y)^2$	0	1	4	9	16
p	0.1	0.2	0.3	0.4	0

$$E(X)=1\times0.4+2\times0.2+3\times0.4=2\text{，}\quad E(Y)=(-1)\times0.3+0\times0.4+1\times0.3=0$$

$$E(Y/X)=(-1)\times0.2+\left(-\frac{1}{2}\right)\times0.1+\left(-\frac{1}{3}\right)\times0+0\times0.4+\frac{1}{2}\times0.1+\frac{1}{3}\times0.1+1\times0.1=-\frac{1}{15}$$

$$E((X-Y)^2)=0\times0.1+1\times0.2+4\times0.3+9\times0.4+16\times0=5$$

2．实验步骤

练习 7.2　程序代码

（1）将 X，Y 表示为一维数组，将 p 表示为 3×3 数组，再将 p 合并为一维数组 $p1$。

（2）使用分布律的公式计算出 p^2 和 p^3。使用 sum(X*p²)计算 $E(X)$，使用 sum(Y*p³)计算 $E(Y)$。

（3）计算 Y/X 的取值，记为 Z，再使用 sum(Z*p)计算 $E(Y/X)$。

（4）计算$(X-Y)^2$ 的取值，记为 $Z1$，再使用 sum(Z1*p)计算 $E(X-Y)^2$。

3．运行结果

```
X 的期望为 2.0    Y 的期望为 0.0
Y/X 的期望为 -0.06666666666666665
X-Y 的平方的期望为 5.0
```

 练习 7.3　二维均匀分布的相关系数

设二维随机变量(X,Y)在以(0,0)，(0,1)，(1,0)为顶点的三角形区域 D 上服从均匀分布，求相关系数。

1．理论分析

区域 D 的面积为 S_D=1/2，故(X,Y)的联合密度函数为 $f(x,y)=2$，$(x,y)\in D$；$E(X)=\int_0^1\mathrm{d}x\int_0^{1-x}x\cdot2\mathrm{d}y=\frac{1}{3}$，$E(X^2)=\int_0^1\mathrm{d}x\int_0^{1-x}2x^2\mathrm{d}y=\frac{1}{6}$，从而 $D(X)=E(X^2)-E^2(X)=\frac{1}{6}-\left(\frac{1}{3}\right)^2=\frac{1}{18}$，同理 $E(Y)=\frac{1}{3}$，$D(Y)=\frac{1}{18}$，而 $E(XY)=\int_0^1\mathrm{d}x\int_0^{1-x}2xy\mathrm{d}y=\frac{1}{12}$，所以 $\mathrm{Cov}(X,Y)=E(XY)-E(X)\cdot E(Y)=\frac{1}{12}-\frac{1}{3}\times\frac{1}{3}=-\frac{1}{36}$，进而可得，$\rho_{XY}=\frac{\mathrm{Cov}(X,Y)}{\sqrt{D(X)}\cdot\sqrt{D(Y)}}=\frac{-\frac{1}{36}}{\sqrt{\frac{1}{18}}\times\sqrt{\frac{1}{18}}}=-\frac{1}{2}$。

2．实验步骤

练习 7.3　程序代码

（1）设 5 个函数 y_1，y_2，y_3，y_4，y_5，分别表示 $2x$，$2y$，$2x^2$，$2y^2$，$2xy$。

（2）令 y_1 中的两个积分变量分别从 0 到 1 和 0 到 $1-x$ 积分，得到 $E(X)$，计算二重积分的格式为“dblquad(y1,0,2,lambda x:0,lambda x:1-x)”，其中前面的“0,2”表示 x 的积分限，“lambda x:0,lambda x:1-x” 表示 y 的积分限。

（3）令 y_2 中的两个积分变量分别从 0 到 1 和 0 到 1−x 积分，得到 $E(Y)$。令 y_3 中的两个积分变量分别从 0 到 2 和 0 到 1−x 积分，得到 $E(X^2)$。令 y_4 中的两个积分变量分别从 0 到 2 和 0 到 1−x 积分，得到 $E(Y^2)$。令 y_5 中的两个积分变量分别从 0 到 2 和 0 到 1−x 积分，得到 $E(XY)$。

（4）根据方差的计算公式 $D(X)=E(X^2)-\left(E(X)\right)^2$，计算 $D(X)$，$D(Y)$。根据协方差的计算公式 $\mathrm{Cov}(X,Y)=E(XY)-E(X)E(Y)$，计算协方差。根据 $\rho=\dfrac{\mathrm{Cov}(X,Y)}{\sqrt{D(X)D(Y)}}$，求出相关系数。

3. 运行结果

```
X 的期望为 0.33333333333333337  X 的方差为 0.05555555555555525
Y 的期望为 0.33333333333333337     Y 的方差为 0.05555555555555555
相关系数为-0.5000000000000003
```

六、拓展阅读

1. 期望的应用

首先需要强调的是，并不是所有的分布的期望都是存在的，如柯西分布就不存在的期望。

某公司员工进行集体体检，体检项目中有一项是检查是否携带肝炎病毒。假设该公司的员工共有 500 人，如果每个人的血液样本都单独检测，那么需要检验 500 次。但是如果采用血清混合检测的方法，如 10 个人的血清混在一起检测，那么将大大减少工作量。其原理是 10 个人的血清混在一起，如果每个人的血清均为阴性，那么混合样本必为阴性，只需对 10 个人的血清进行一次检验即可。如果 10 个人中有人的血清为阳性，那么混合样本为阳性，需要再对 10 个人的血清分别进行检测。假设感染肝炎病毒的概率 p=0.0004，每个人需要检测 0.1 次（混合血清中没有阳性，只需检测一次）的概率为$(1-0.004)^{10}$，需要检测 1.1 次（混合血清中有阳性，每人的血清需再检测一次）的概率为 1- $(1-0.004)^{10}$，需要检验的平均次数为 $0.1\times(1-0.0004)^{10}+1.1\times(1-(1-0.0004)^{10}$=0.104。平均检验次数远远小于一次，检验效率更高。

期望在实际生活中的应用有很多，如商品销售中的分期付款、进多少货能使平均利润最大、选择什么投资方案最合适等。

2. 彭实戈教授

2020 年，未来科学大奖在北京揭晓，山东大学教授彭实戈摘得三项大奖之一的“数学与计算机科学奖”，表彰了他在倒向随机微分方程理论、非线性 Feynman-Kac 公式和非线性期望理论中的开创性贡献。

彭实戈教授于 1947 年出生于山东，1985 年获法国巴黎九大（Université Paris Dauphine）博士学位，1986 年获普鲁旺斯大学（University of Provence）博士学位，目前担任山东大学教授。彭实戈教授在倒向随机微分方程，非线性 Feynman-Kac 公式和非线性期望领域中做出了奠基性和开创性贡献。

1990 年，彭实戈和 Pardoux 合作发表的文章被认为是倒向随机微分方程（Backward Stochastic Differential Equation，BSDE）的奠基性工作。这项工作开创了一个重要的研究领域，其中既有深刻的数学理论，又有其在数学金融中的重要应用。彭实戈教授在这个领域一直持续工作，做出了一系列重要贡献。他提出的非线性期望的理论与传统的线性期望有本质上的不同，但相似的数学理论仍能建立。这对风险的定义和定量有重大应用。（该部分引自中国山东网。）

实验 7.2　期望的应用

一、实验目的

1．会使用期望解决实际问题。
2．掌握随机变量的分解。
3．使用随机模拟的方法求期望。

二、实验要求

1．使用随机变量的分解求期望。
2．复习随机模拟的方法。

三、实验内容

实验 7.2.1　电梯问题

设有 10 个人在一楼进入电梯，该楼共有 7 层，设每个人在任何一层楼下电梯的概率相同，即每个人在每层楼下电梯是等可能的。求电梯停的次数的期望。

1．理论分析

针对该问题使用随机变量分解。将电梯停的次数 X 分解成若干个简单随机变量的和。若该楼共有 n 层，可以设 $X = X_1 + X_2 + \cdots + X_n$， $X_i = 0$ 表示在第 i 层没有人下电梯， $X_i = 1$ 表示在第 i 层楼有人下电梯，所以电梯停一次。而 $P(X_i = 0) = \left(1 - \frac{1}{n}\right)^m$， $P(X_i = 1) = 1 - \left(1 - \frac{1}{n}\right)^m$，从而求得 $E(X_i) = 1 - \left(1 - \frac{1}{n}\right)^m$，故 $E(X) = n\left(1 - \left(1 - \frac{1}{n}\right)^m\right)$，这就是电梯停的次数的期望。当 m=10，n=7 时期望为 5.5016。

2．实验步骤

（1）总的人数用 m 表示，m=10；总的楼层数用 n 表示，n=7；在某层电梯不停的概率用 p 表示，$p=(1-1/n)^m$。理论的期望为 $E(X)=np(1-p)$。用 count 表示电梯停的次数，初值为 0。

（2）建立一个列表 x，其中的元素表示每层电梯的状态。先将每层电梯的状态置 0。若电梯在第 j 层停下，则将列表 x 的第 j 个元素赋值为 1，说明电梯停了一次。若 j=1，则计数 count 加 1。最后得到的 count 值就是本次模拟实验的电梯停的次数。

（3）将模拟实验重复 N=5000 次，则电梯停的平均次数为 count/N。将该值与 $E(X)$的理论值比较。

3. 程序代码

```
import random
#总的实验次数
N=5000
#总人数
m=10
#总的楼层数
n=7
#在某层电梯不停的概率
p=(1-1/n)**m
#在某层电梯停的概率
q=1-p
#计算期望的理论值
EX=n*q
#电梯停的层数
count=0
x=[]
for i in range(1,N+1):
    #将每层电梯的状态置 0
    for j in range(1,n):
        x.insert(j,0)
    for k in range(1,m+1) :
        #电梯在第 j 层停，将 j 赋值为 1
        j=random.randint(1, n)
        #将列表 x 的第 j 个元素赋值为 1
        x.insert(j,1)
    #如果列表 x 的第 j 个元素为 1，说明电梯停了一次
    for j in range(1,n+1):
        if x[j]==1:
            count+=1
#在 N 次模拟实验中电梯停的平均次数
frequency=count/N
#计算相对误差
error=abs(EX-frequency)/EX
print('期望的理论值为',EX,'期望的模拟值为',frequency,'误差为',error)
```

4. 运行结果

```
期望的理论值为 5.501591790790845    期望的模拟值为 5.506    误差为 0.0008012606854137118
```

由运行结果可知，理论值和模拟值的误差很小。

实验 7.2.2　配对问题

某人写了 n 封发往不同地址的信，需要将信放在写有地址的 n 个信封中（为了进行随机模拟，可取 n=10），每个信封装了一封信，信放进了相应的信封，称为完成了一个配对。试求：

（1）至少有一封信完成了配对的概率。

（2）求配对数的期望。

1. 理论分析

（1）记 $A_i=\{\text{第}i\text{封信完成了配对}\}$，$i=1,2,\cdots,n$，则所求概率为 $P(A_1\cup A_2\cup\cdots\cup A_n)$。因为 $P(A_1)=P(A_2)=\cdots=P(A_n)=\dfrac{1}{n}$，$P(A_1A_2)=P(A_1A_3)=\cdots=P(A_{n-1}A_n)=\dfrac{1}{n(n-1)}$，$P(A_1A_2A_3)=P(A_1A_2A_4)=\cdots=P(A_{n-2}A_{n-1}A_n)=\dfrac{1}{n(n-1)(n-2)},\cdots,P(A_1A_2\cdots A_n)=\dfrac{1}{n!}$。

所以有

$$P\left(\bigcup_{i=1}^{n}A_i\right)=\sum_{i=1}^{n}P(A_i)-\sum_{1\leqslant i<j\leqslant n}P(A_iA_j)+\sum_{1\leqslant i<j<k\leqslant n}P\left(A_iA_jA_k\right)+\cdots+(-1)^{n-1}P\left(A_1A_2\cdots A_n\right)$$

$$=1-\frac{1}{2!}+\frac{1}{3!}-\frac{1}{4!}+\cdots+(-1)^{n-1}\frac{1}{n!}\approx 1-\mathrm{e}^{-1}$$

（2）针对该问题使用随机变量分解。将配对数 X 分解成若干个简单随机变量的和。一共 n 封信，设 $X=X_1+X_2+\cdots+X_n$，$X_i=0$ 表示第 i 封信没有放在第 i 个信封中，$X_i=1$ 表示第 i 封信放在第 i 个信封中，完成一个配对。由题意可得，$P(X_i=0)=1-\dfrac{1}{n}$，$P(X_i=1)=\dfrac{1}{n}$，求得 $E(X_i)=\dfrac{1}{n}$，故 $E(X)=n\times\dfrac{1}{n}=1$，这就是配对数的期望。

2. 实验步骤

（1）建立一个列表 x，令 $x[i]=i$，即第 i 封信对应第 i 个信封。

（2）完成 1~n 这 n 个数的随机排列。具体思路如下:

① 先令 $k=n$，在 1~n−1 中任意选取一个 j，然后交换 $x[n]$与 $x[j]$的值，实现一个对换。

② 再令 $k=n-1$，在 1~n−2 中任意选取一个 j，然后交换 $x[n-1]$与 $x[j]$的值，实现一个对换。

③ 依次进行，直到 k=1 停止。

这就是随机投点法。

（3）计算配对数。若 $x[i]=i$，即第 i 封信对应第 i 个信封，则完成一个配对，统计一共有多少个配对。

将（1）～（3）重复 N 次，计算总的配对数和平均配对数。平均配对数就是频率。期望模拟值等于频率，理论值为 1，比较两个值。

（4）计算至少有一个配对的频率。

（5）计算 $1/m!$，从而算出至少有一个配对的理论概率。

（6）计算至少有一个配对的理论概率的极限值 $1-\mathrm{e}^{-1}$。将（4）～（6）三个结果输出，并比较。

3. 程序代码

```
import random
import math
#总的实验次数
N=50000
#信的总数
n=10
number=0
x={}
#将第 i 封信配对第 i 个信封
for i in range(1,n+1):
    x[i]=i
#交换值
#利用随机投点法产生随机排列
def exchange(x):
    k=n
    for j in range(1,k+1):
        temp=0
        s=random.randint(1, k)
        temp=x[s]
        x[s]=x[k]
        x[k]=temp
        k-=1
    return x
#计算配对数
def compute(x):
    k=0
    for j in range(1,n+1):
        if x[j]==j:
            k+=1
    return k
#计算 m 阶乘的倒数
def compute1(m):
    k=1
    #计算阶乘
    for j in range(1,m+1):
        k=k*j
    k=1/k
    return k
#主程序
s=0
for i in range(1,N+1):
    y=exchange(x)
    k=compute(y)
    #统计配对的数目
    number+=k
    #统计至少有一个配对的次数
```

```
        if k>=1:
            s+=1
    #模拟的期望值
    EX=number/N
    #至少有一个配对的频率
    frequency=s/N
    #计算至少有一个配对的理论概率
    sum=0
    for i in range(1,n+1):
        if(i%2==1):
            sum+=compute1(i)
        else:
            sum-=compute1(i)
    probility=sum
    print('（1）至少一个信装对的模拟频率值',frequency,'至少一个信装对的真实概率值为',probility,'至少一个信装对的真实的概率的极限值',1-math.exp(-1),'（2）期望的真实值为',1,'期望模拟的值为',EX)
```

4．运行结果

```
    （1）至少一个信装对的模拟频率值 0.63618    至少一个信装对的真实概率值为 0.6321205357142857  至少一个信装对的真实的概率的极限值为 0.6321205588285577
    （2）期望的真实值为 1  期望模拟的值 1.01
```

实验 7.2.3　卡片号码和问题

袋中有 n 张卡片，记有号码 1,2,⋯,n。现从中有放回地抽出 k 张卡片，求号码之和 X 的期望。（为了随机模拟，取 k=6，n=10。）

1．理论分析

设 X_i 表示第 i 次抽取的卡片的号码（$i=1,2,\cdots,k$），则 $X=X_1+X_2+\cdots+X_k$。因为是有放回地抽出卡片，所以 X_i 之间相互独立，所以第 i 次抽到号码为 m 的卡片的概率为 $P\{X_i=m\}=\dfrac{1}{n}$，$m=1,2,\cdots,n$，$i=1,2,\cdots,k$，即 X_i 的分布律为 $P\{X_i=m\}=\dfrac{1}{n}$，$m=1,2,\cdots,n$，所以 $E(X_i)=\dfrac{1}{n}(1+2+\cdots+n)=\dfrac{n+1}{2}$，故 $E(X)=E(X_1+\cdots+X_k)=\dfrac{k(n+1)}{2}$。取 k=6，n=10，则 $E(X)=\dfrac{6(10+1)}{2}=33$。

2．实验步骤

（1）随机取 k 个 1～n 的数字，表示号码，计算号码和。

（2）将该实验重复进行 N 次，统计号码和及号码和出现的频数。用号码和乘以号码和出现的频率得到的就是号码和的期望的模拟值。

3．程序代码

```
import random
```

```
import numpy as np
N =10000
n=10
k=6
#将每次随机出现的数字放入列表
X = []
def count():
    s=0
    for i in range(1,k+1):
        #产生一个介于 1～n 的随机数
        y = random.randint(1, n)
        #计算抽取了 k 次后号码的和 s
        s+=y
        #将抽取了 k 次号码后的号码放在 X 中
        X.append(y)
    return s
X1=[]
for i in range(1,N+1):
    #计算抽取了 k 次后号码的和 s
    b=count()
    #X1 中放了 N 次重复实验中出现的所有的号码和
    X1.append(b)
#统计 X1 中每个数字出现的次数，放在 c 中，不同的元素放在 X2 中，计算期望的模拟值
X2 = []
m=0
c=0
a=[]
d=0
for j in X1:
    if j not in X2:
        X2.append(j)
        m+=1
        c=X1.count(j)
        #计算 j 出现的频率
        c=c/N
        #计算 j*j 频率
        c=c*j
        #求和，模拟期望值
        d=d+c
#理论期望值
p=k*(n+1)/2
print('频率值为',d,'理论值为',p,'误差为',np.abs(d-p)/p)
```

4. 运行结果

```
频率值为 33.066700000000004    理论值为 33.0    误差为 0.0020212121212122255
```

实验 7.2.4　进货问题

某超市在中秋节前后出售月饼，每售出 1kg 月饼获利润 1.5 元。若到中秋节之后尚有剩余月饼，则每千克剩余月饼净亏损 0.5 元。设月饼的销售量 X 是一随机变量，在区间[30,49]上服从均匀分布。为使超市售卖月饼获得利润的期望最大，问超市应进多少货？

1. 理论分析

设超市应进货量为 a，用 X 表示销售数，销售 X 所得的利润记为 Y，则 Y 是随机变量，且有 $Y=g(X)=\begin{cases}1.5X-0.5(a-X), & X<a\\ 1.5a, & X\geqslant a\end{cases}$，$X$ 的密度函数为 $f(x)=\dfrac{1}{20}$，$30<x<50$，$E(Y)=\int_{30}^{a}\left(1.5x-0.5\left(a-x\right)\right)\dfrac{1}{20}\mathrm{d}x+\int_{a}^{50}1.5a\dfrac{1}{20}\mathrm{d}x=\dfrac{1}{20}(-a^2+90a-900)$，由于 $\dfrac{\mathrm{d}E(Y)}{\mathrm{d}a}=\dfrac{1}{20}(-2a+90)=0$，得 $a=45$，且 $\dfrac{\mathrm{d}^2E(Y)}{\mathrm{d}a^2}=-\dfrac{1}{10}<0$。

即当 $a=45$ 时，获得利润的期望最大。

2. 实验步骤

（1）定义利润函数 profit(a,b)，a 表示进货量，b 表示需求量，则有

$$Y=\begin{cases}1.5b-0.5\left(a-b\right), & b<a\\ 1.5a, & X\geqslant b\end{cases}$$

（2）用列表 X 表示利润，先将列表 X 中的元素都赋初值为 0。b 为区间[30,40]内的随机数，令 a 分别取区间[30,90]内的每一个数，将利润函数的结果累加后放入列表 X 中。

（3）将实验重复进行 N 次。将列表 X 中的 20 个数均除以 N，得到的就是平均利润。输出进货数及相应的利润。从结果中找到取得最大利润对应的进货数即可。

3. 程序代码

```
import numpy as np
N =10000
#将每次随机出现的数字放入列表
X =[]
#求利润，a 表示进货量，b 表示需求量
def profit(a,b):
    if a<=b:
        s=1.5*a
    else:
        s=1.5*b-0.5*(a-b)
    return s
for i in range(0,20):
    X.append(0)
for i in range(1,N+1):
    #需求量
    b=np.random.randint(30,50)
    #进货量
```

```
    for a in range(30,50):
        X[a-30]+=profit(a,b)
for a in range(0,20):
    X[a]=X[a]/N
#i 表示列表的下标，j 表示下标对应的值
for i,j in enumerate(X):
    a=i+30
    p=j
    print("进货量为",a,"利润为",p)
```

4．运行结果

```
进货量为 30 利润为 45.0
进货量为 31 利润为 46.4026
进货量为 32 利润为 47.7056
进货量为 33 利润为 48.9106
进货量为 34 利润为 50.017
进货量为 35 利润为 51.0212
进货量为 36 利润为 51.9172
进货量为 37 利润为 52.7122
进货量为 38 利润为 53.4076
进货量为 39 利润为 54.0048
进货量为 40 利润为 54.5044
进货量为 41 利润为 54.9094
进货量为 42 利润为 55.2172
进货量为 43 利润为 55.4246
进货量为 44 利润为 55.5322
进货量为 45 利润为 55.5462
进货量为 46 利润为 55.456
进货量为 47 利润为 55.269
进货量为 48 利润为 54.9776
进货量为 49 利润为 54.5844
```

由运行结果可知，当进货量为 45 时，利润值最大，为 55.5462。

四、练习

练习 7.4　摸球问题

设一个袋子中装有 m 个颜色不同的球，每次从中任取一个，有放回地摸取 n 次，用 X 表示 n 次摸球所摸得的不同颜色的球的数目，求 $E(X)$。（为了随机模拟，可取 m=8，n=10。）

1．理论分析

将随机变量 X 分解，$X_i=1$ 表示第 i 种颜色的球至少被摸到一次，$X_i=0$ 表示第 i 种颜色的球一次没有被摸到，$i=1,2,\cdots,m$，则 $X=\sum_{i=1}^{m}X_i$。由 $P(X_i=0)=\left(1-\frac{1}{m}\right)^n$，$P(X_i=1)=$

$1-P(X_i=0)=1-\left(1-\frac{1}{m}\right)^n$，得 $E(X_i)=1-\left(1-\frac{1}{m}\right)^n$，$E(X)=mE(X_i)=m\left(1-\left(1-\frac{1}{m}\right)^n\right)$。当 m=8，n=10 时，期望值为 5.895，约等于 6 种。

2. 实验步骤

（1）总的颜色的数用 m 表示，令 m=8；n 表示进行的实验次数，令 n=10。摸到某个颜色的球的概率用 p 表示，$p=1-\left(1-\frac{1}{m}\right)^n$。期望的理论值为 $E(X)=m\left(1-\left(1-\frac{1}{m}\right)^n\right)$。用 count 表示某颜色的球被摸到的次数，初值为 0。

（2）创建一个列表 x，其中的元素表示每种颜色的球的状态。将每种颜色的球的初始状态置 0。如果摸到第 j 种颜色的球，则将列表 x 的第 j 个元素赋值为 1。判断列表 x 的第 j 个元素是否等于 1，若等于 1，则说明这种颜色的球被至少摸到过一次，计数 count 加 1。最后得到的 count 值就是本次模拟实验所摸得的不同颜色的球的数目。

练习 7.4　程序代码

（3）将模拟实验重复 N=5000 次，则摸得球的颜色的数目为 count/N。将该值与期望的理论值相比较。

3. 运行结果

```
期望的理论值为 5.895395390689373，期望的模拟值为 5.5516，误差为 0.05831591740773335
```

由运行结果可知，理论值和模拟值的误差相对较小。

练习 7.5　停车问题

一辆载有 20 位旅客的民航送客车自机场开出，旅客有 10 个车站可以下车。若到达一个车站没有旅客下车就不停车，用 X 表示停车的次数，求 $E(X)$（设每位旅客在各个车站下车是等可能的，且各旅客是否下车相互独立）。

1. 理论分析

该问题使用随机变量分解。将停车次数 X 分解成若干个简单随机变量的和。一共 10 个车站，可以设 $X=X_1+X_2+\cdots+X_{10}$，$X_i=0$ 表示在第 i 个车站没有人下车，$X_i=1$ 表示在第 i 个车站至少有一人下车。任一旅客在第 i 个车站不下车的概率为 $\frac{9}{10}$，因此 20 位旅客都不在第 i 个车站下车的概率为 $\left(\frac{9}{10}\right)^{20}$，在第 i 个车站有人下车的概率为 $1-\left(\frac{9}{10}\right)^{20}$，也就是 $P(X_i=0)=\left(\frac{9}{10}\right)^{20}$，$P(X_i=1)=1-\left(\frac{9}{10}\right)^{20}$，$i$=1,2,⋯,10，由此可得 $E(X_i)=1-\left(\frac{9}{10}\right)^{20}$，$i$=1,2,⋯,10，进而可得 $E(X)=E(X_1)+E(X_2)+\cdots+E(X_{10})=10\left(1-\left(\frac{9}{10}\right)^{20}\right)$=8.784。

2．实验步骤

（1）送客车从机场出发时载有的旅客数用 m 表示，m=20；车站的个数用 n 表示，n=10；在某个车站不停车的概率用 p 表示，$p=0.9^{20}$。期望的理论值为 $E(X)=np(1-p)$。用 count 表示送客车停车的次数，初值为 0。

（2）创建一个列表 x，其中的元素表示每一个车站送客车的状态。将每一个车站送客车的状态置 0。如果送客车在第 j 个车站停车，则将列表 x 的第 j 个元素赋值为 1。列表 x 的第 j 个元素为 1，说明送客车停了一次，则计数 count 加 1。最后得到的 count 值就是本次模拟实验的送客车停车的次数。

练习 7.5　程序代码

（3）将模拟实验重复 $N=5000$ 次，则送客车停车的平均次数为 count/N。将该值与期望的理论值比较即可。

3．运行结果

```
期望的理论值为 8.784233454094307 期望的模拟值为 8.7814
误差为 0.0003225613377780996
```

由运行结果可知，理论值和模拟值的误差很小。

五、拓展阅读

1．同类问题

（1）有 n 名战士各有一支枪，各枪外形完全相同，在一次夜间紧急集合中，每名战士随机地取了一支枪，求：①至少有一名战士拿到自己的枪的概率；②拿到自己枪的战士的人数。

（2）有 n 个人参加晚会，每人带一件礼物，各人的礼物互不相同，晚会随机抽取礼物，求：①至少有一人抽到自己的礼物的概率；②抽到自己的礼物的人数。

上述两个问题和实验 7.2.2 属于同一类。理论分析和编程的程序完全相同。

2．使用计算机模拟的方法计算复杂积分的数值

在求定积分的过程中如果被积函数的原函数不好求，那么求定积分的问题将是一个非常麻烦的问题。针对这种情况可将求定积分问题转化为求随机变量函数的期望问题。若待求的积分为 $\int_I p(x)\mathrm{d}x$，且被积函数很难求出原函数，则可设随机变量 X 的密度函数为 $f(x)$，将积分转化为 $\int_I p(x)\mathrm{d}x=\int_I \frac{p(x)}{f(x)}f(x)\mathrm{d}x=E\left(\frac{p(x)}{f(x)}\right)$，即转化为求 $\frac{p(x)}{f(x)}$ 的期望。由定积分的定义可知，$\hat{E}\left(\frac{p(x)}{f(x)}\right)=\frac{1}{n}\sum_{i=1}^{n}\frac{p(x_i)}{f(x_i)}$，用期望的估计值来代替期望，可求得复杂积分在某个区间上的数值。

使用蒙特卡罗方法求积分有两种方法：随机投点法和样本平均法。蒙特卡洛方法可以在很多场合应用，模拟样本数越大，求得的模拟值越接近于真实值，但样本数的增加会使计算量大幅上升。

实验 8

中心极限定理

一、实验目的

1．验证中心极限定理。
2．学会使用 Python 作图进行动态演示。

二、实验要求

1．复习独立同分布的中心极限定理和棣莫佛—拉普拉斯中心极限定理。
2．画图演示中心极限定理。

三、知识链接

中心极限定理研究的是独立随机变量和的极限分布为正态分布的问题。

1．林德伯格—列维定理（Lindberg-Levy）（独立同分布的中心极限定理）

设 $X_1, X_2, \cdots, X_n, \cdots$ 是独立同分布的随机变量序列，且 $E(X_i)=\mu$，$D(X_i)=\sigma^2$，$i=1,2,\cdots,n,\cdots$，则 $\lim\limits_{n\to\infty} P\left\{\dfrac{\sum\limits_{i=1}^{n} X_i - n\mu}{\sigma\sqrt{n}} \leqslant x\right\} = \int_{-\infty}^{x} \dfrac{1}{\sqrt{2\pi}} \mathrm{e}^{-t^2/2} \mathrm{d}t$，即 $\dfrac{\sum\limits_{i=1}^{n} X_i - n\mu}{\sqrt{n}\sigma} \dot{\sim} N(0,1)$。

2．棣莫佛—拉普拉斯中心极限定理

设随机变量 Y_n 服从参数为 (n,p) $(0<p<1)$ 的二项分布，则对任意 x 有 $\lim\limits_{n\to\infty} P\left\{\dfrac{Y_n - np}{\sqrt{np(1-p)}} \leqslant x\right\} = \int_{-\infty}^{x} \dfrac{1}{\sqrt{2\pi}} \mathrm{e}^{-\frac{t^2}{2}} \mathrm{d}t = \Phi(x)$，即 $\dfrac{Y_n - np}{\sqrt{np(1-p)}} \dot{\sim} N(0,1)$。

四、实验内容

1．实验思想

设 $X_1,X_2,\cdots,X_n,\cdots$ 独立且都服从参数为 3 的泊松分布，由泊松分布的可加性可知，$\sum_{i=1}^{n} X_i \sim P(3n)$。画出泊松分布 $X\sim P(3n)$ 和正态分布 $X\sim N(3n,3n)$ 的图像，对两者进行比较。

2．实验步骤

（1）先取 $n=1,2,\cdots,40$，画出参数为 $3n$ 的泊松分布的分布律图像。

（2）在同一坐标系下画出期望和方差均为 $3n$ 的正态分布的密度函数图像。

（3）令 n 越来越大，观察泊松分布的分布律图像和正态分布的密度函数图像是否重合。

3．程序代码

```
from matplotlib import pyplot as plt
import numpy as np
from scipy import stats
plt.rcParams['font.sans-serif'] = [u'SimHei']
plt.rcParams['axes.unicode_minus'] = False
fig=plt.figure()
ax=fig.add_subplot(1,1,1)
lam=1
plt.ion()
x1=np.arange(0,40)
for n in range(0,30,1):
    y1=stats.poisson.pmf(x1,n*lam)
    y2=stats.norm.pdf(x1,n*lam,np.sqrt(n*lam))
    ax.cla()
    ax.plot(x1,y1,"r--",label=r'泊松分布')
    ax.plot(x1,y2,color='b',label=r'正态分布')
    #调整标签的大小和位置
    plt.legend(loc='upper right',fontsize=10)
    plt.pause(0.1)
```

4．输出图像

泊松分布的分布律和正态分布的密度函数的近似关系的最终图像如图 8-1 所示。

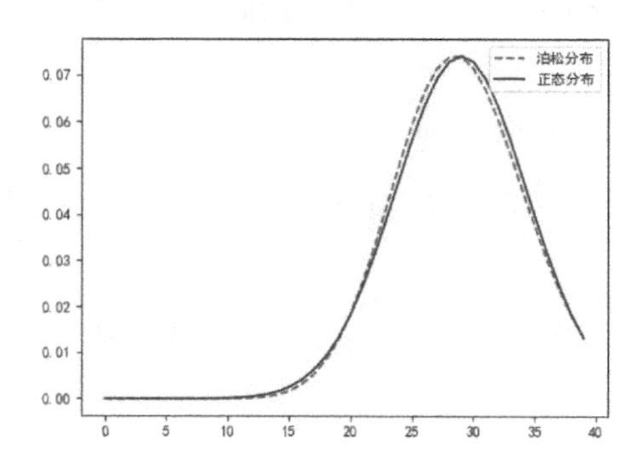

图 8-1 泊松分布的分布律和正态分布的密度函数的近似关系的最终图像

图 8-1（彩图）

5. 结果分析

通过动态演示图像，发现随着 n 的增大，泊松分布的分布律图像和正态分布的密度函数图像越来越接近。

五、练习

练习 8.1　程序代码

练习 8.1　指数分布验证中心极限定理

1. 实验题目

设 $X_1,X_2,\cdots,X_n,\cdots$ 独立且都服从参数为 1 的指数分布，则 $\sum_{i=1}^{n} X_i \sim N(n,n)$ 。

2. 实验思想

设 $X_1,X_2,\cdots,X_n,\cdots$ 独立且都服从参数为 1 的指数分布，则 $X_1+X_2+\cdots+X_n \sim \mathrm{Ga}(n,1)$ 。画出伽玛分布 $X\sim \mathrm{Ga}(n,1)$ 和正态分布 $X\sim N(n,n)$ 的图像，对两者进行比较。

3. 实验步骤

（1）取 $n=1,2,\cdots,50$，使用 stats.gamma.pdf()画出参数为$(n,1)$的伽玛分布的分布律图像。

（2）使用 stats.norm.pdf()画出期望为 n 和方差为 n 的正态分布的密度函数图像。

（3）令 n 越来越大，观察伽玛分布的分布律图像和正态分布的密度函数图像是否重合。

4. 输出图像

伽玛分布的分布律图像和正态分布的密度函数的近似关系的最终图像如图 8-2 所示。

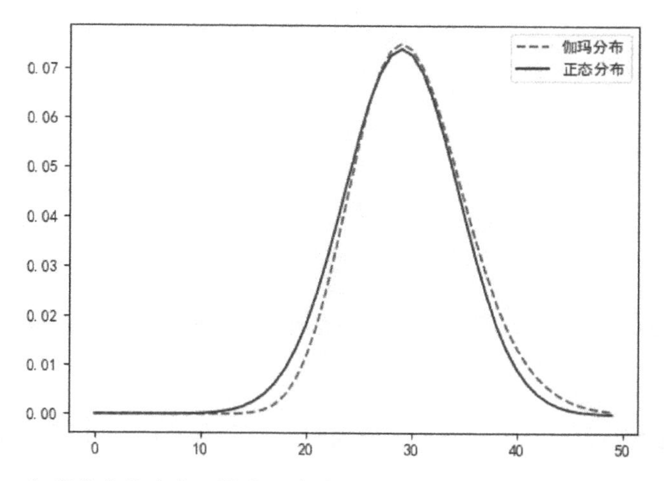

图 8-2　伽玛分布的密度函数和正态分布的密度函数的近似关系的最终图像

图 8-2（彩图）

5. 结果分析

通过动态演示图像，发现指数分布的和的分布即伽玛分布的分布律图像与正态分布的密度函数图像非常接近。

练习 8.2 0-1 分布验证中心极限定理

1. 实验题目

设 $X_1, X_2, \cdots, X_n, \cdots$ 独立且都服从参数为 p=0.5 的 0-1 分布，则 $\sum_{i=1}^{n} X_i \dot{\sim} N(0.5n, 0.25n)$。

2. 实验思想

由棣莫佛—拉普拉斯定理中心极限定理可知，当 n 很大时，$b(n,p) \dot{\sim} N(np, np(1-p))$，即二项分布的分布律的极限分布为正态分布。当 $X_1, X_2, \cdots, X_n, \cdots$ 独立且都服从参数为 p=0.5 的 0-1 分布时，$\sum_{i=1}^{n} X_i \sim b(n, 0.5)$。只需验证二项分布的极限分布为正态分布 $\sum_{i=1}^{n} X_i \dot{\sim} N(0.5n, 0.25n)$。

练习 8.2 程序代码

3. 实验步骤

（1）取 $n = 1, 2, \cdots, 50$，p=0.5，画出二项分布 $X \sim b(n, p)$的分布律图像。

（2）画出期望为 np 和方差为 $np(1-p)$的正态分布的密度函数图像。

（3）令 n 越来越大，观察二项分布的分布律图像和正态分布的密度函数图像是否重合。

4. 输出图像

二项分布的分布律和正态分布的密度函数的近似关系的最终图像如图 8-3 所示。

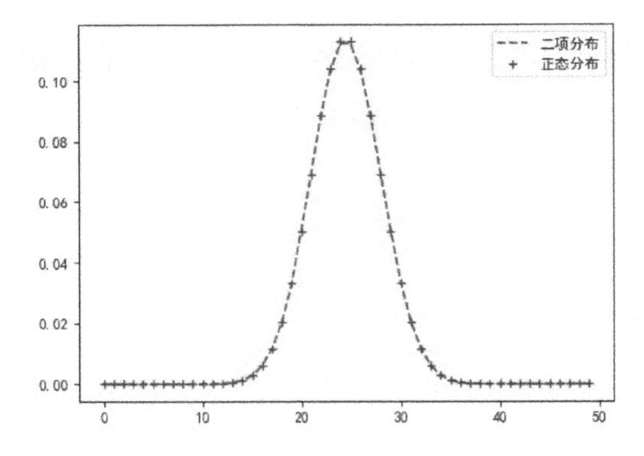

图 8-3（彩图）

图 8-3 二项分布的分布律和正态分布的密度函数的近似关系的最终图像

5. 结果分析

通过动态演示图像可以看出，当 n 比较大时，二项分布的分布律图像和正态分布的密度函数图像将重合。

六、拓展阅读

中心极限定理是讨论大量独立随机变量的和的分布以正态分布为极限分布的定理，是数理统计和误差分析的理论基础，指出了大量独立随机变量的和的分布函数以概率收敛于正态分布的分布函数。

棣莫弗于 1716 年前后对 n 重伯努利实验中每次实验事件 A 出现的概率为 1/2 的情况进行了讨论，于 1733 年使用正态分布估计了大量抛掷硬币时正面向上事件出现的次数的分布。1812 年，法国数学家拉普拉斯推广了棣莫弗的理论，指出二项分布可用正态分布逼近。1901 年，俄国数学家李雅普诺夫用一般的分布定义了中心极限定理。

中心极限定理有广泛的实际应用背景。在自然界中，一些现象受到许多相互独立的随机因素的影响。例如，在进行观测时，会有许多随机因素影响观测结果，有些随机因素是由测量仪器产生的，如测量仪器可能会受到温度、湿度或者风力的影响；有些随机因素是人为操作导致的，如测量误差。当每个因素产生的影响都很微小时，所有因素造成的总的影响可以看作是服从正态分布的。中心极限定理从数学上证明了这一现象。

用观察值的平均值，即样本均值作为随机变量的期望的估计是一种常用的方法，如从某个地区随机抽取 5000 个人，然后将这 5000 个人的平均寿命作为该地区的人均寿命的近似值是合适的。某地区的平均工资也是通过统计部分具有代表性的人的工资计算出来的。这些近似值的取法是在求数理统计中的矩估计，而矩估计的理论基础就是辛钦大数定律。当样本容量足够大时，对于非正态分布的参数的区间估计也是以中心定理为理论基础的。

实验 9

参数估计

实验 9.1　矩估计和极大似然估计

一、实验目的

1．掌握矩估计和极大似然估计的计算方法。
2．会使用 Python 中的符号计算进行矩估计和极大似然估计的计算。

二、实验要求

1．复习矩估计的基本思想。
2．复习极大似然估计的核心思想。
3．使用公式进行参数的点估计，包括矩估计和极大似然估计。

三、知识链接

1．矩估计

1）矩估计的基本思想

设 $X_1,X_2,\cdots,X_n$ 是来自总体 X 的样本，如果总体 X 的 k 阶原点矩 $E(X^k)$ 存在，根据辛钦大数定律，在 $E(X^k)$ 未知的情况下，将样本的 k 阶原点矩 $A_k=\frac{1}{n}\sum\limits_{i=1}^{n}X_i^k$ 作为总体 k 阶原点矩 $E(X^k)$ 的估计量，将样本的 k 阶中心矩 $B_k=\frac{1}{n}\sum\limits_{i=1}^{n}(X_i-\bar{X})^k$ 作为总体 k 阶中心矩 $E(X-E(X))^k$ 的估计量，这就是矩估计法的基本思想。简而言之就是用样本的矩去估计总体相应的矩。

2）矩估计法

设总体 X 的分布函数为 $F(x;\theta_1,\theta_2,\cdots,\theta_k)$，其中，$\theta_1,\theta_2,\cdots,\theta_k$ 是未知参数；$E(X^k)$ 存在且

是$\theta_1,\theta_2,\cdots,\theta_k$的函数，记$\mu_j=E(X^j)=f_j(\theta_1,\theta_2,\cdots,\theta_k)$，$j=1,2,\cdots,k$，有

$$\begin{cases}\mu_1=f_1(\theta_1,\theta_2,\cdots,\theta_k)\\ \mu_2=f_2(\theta_1,\theta_2,\cdots,\theta_k)\\ \cdots\cdots\\ \mu_k=f_k(\theta_1,\theta_2,\cdots,\theta_k)\end{cases} \tag{9-1}$$

将此方程组的解记为

$$\begin{cases}\theta_1=g_1(\mu_1,\mu_2,\cdots,\mu_k)\\ \theta_2=g_2(\mu_1,\mu_2,\cdots,\mu_k)\\ \cdots\cdots\\ \theta_k=g_k(\mu_1,\mu_2,\cdots,\mu_k)\end{cases}$$

用A_l替换μ_l，$l=1,2,\cdots,k$，得到

$$\begin{cases}\hat{\theta}_1=\theta_1(A_1,A_2,\cdots,A_k)\\ \hat{\theta}_2=\theta_2(A_1,A_2,\cdots,A_k)\\ \cdots\cdots\\ \hat{\theta}_k=\theta_k(A_1,A_2,\cdots,A_k)\end{cases}$$

把它们分别作为参数$\theta_1,\theta_2,\cdots,\theta_k$的估计量，称为矩估计量，矩估计量的观测值称为矩估计值。

对于给定的样本观测值，先手动求出方程组（9-1），然后将$\mu_1,\mu_2,\cdots,\mu_k$换成$A_1,A_2,\cdots,A_k$。解方程组即可求出$\theta_1,\theta_2,\cdots,\theta_k$。对于连续型随机变量，如果在求期望的过程中含参数的定积分，那么可以先计算积分，再使用 Python 中的包来求。

2．极大似然估计

极大似然估计的核心思想是：认为当前发生的事件在一次实验中发生的概率最大。

步骤：先写出似然函数$L(\theta)=L(\theta;x_1,x_2,\cdots,x_n)=\prod\limits_{i=1}^{n}f(x_i;\theta)$，对其取对数；再对参数$\theta$求导数，令其为 0，解方程求出$\theta$的极大似然估计量。

四、实验内容

实验 9.1.1　二项分布参数的矩估计

总体X服从二项分布，即$X\sim b(m,p)$，$X_1,X_2,\cdots,X_n$为来自总体的样本，样本观测值为 1，2，2，3，5，3，4，5，6，求参数m和p的矩估计。

1．理论分析

根据矩估计原理可得，$\begin{cases}\mu_1=E(X)=mp\\ \mu_2=E(X^2)=mp(1-p)+(mp)^2\end{cases}$，将参数$m$和$p$用$\mu_1$和$\mu_2$表示，

得$mp=\mu_1$，$\mu_2=\mu_1(1-p)+\mu_1^2$，从而得出$p=1-\dfrac{\mu_2-\mu_1^2}{\mu_1}$，$\hat{p}=1-\dfrac{B_2}{\overline{X}}$，$\hat{m}=\dfrac{\overline{X}^2}{\overline{X}-B_2}$。经计算得

$\overline{X}=3.44$，$B_2=2.469$， $\hat{p}$=1$-\dfrac{2.469}{3.44}$=0.282， $\hat{m}$=$\dfrac{3.44^2}{3.44-2.469}$=12.187。

2. 实验步骤

（1）使用公式计算样本的均值和二阶样本中心矩；也可以利用 Python 中的包来计算。

（2）列出方程组$\begin{cases} mp-M_1=0 \\ mp-mp^2-M_2=0 \end{cases}$，其中，$M_1=\overline{X}$，$M_2=B_2$。

（3）解方程组，令初值为 m=19，概率 p=0.3。

3. 程序代码

```
#导入解方程组的包
from scipy.optimize import fsolve
data=[1,2,2,3,5,3,4,5,6]
l=len(data)
#计算样本均值
s1=0
s2=0
for i in range(0,l):
    k=data[i]
    s1=s1+k
M1=s1/l
#计算样本二阶中心矩
for i in range(0,l):
    k=data[i]
    s2=s2+(k-M1)**2
B2=s2/l
#解方程组求解 m 和 p
#定义方程组
def func(i):
    m, p = i[0], i[1]
    return [
             m*p-M1,
             m*p-m*p**2-B2
            ]
#解方程组
r = fsolve(func,[19, 0.3])
print('一阶原点矩=',M1,'二阶中心矩=',B2,'解=',r)
#验证结果
print('理论分析的计算结果为',M1**2/(M1-B2),1-B2/M1)
```

4. 运行结果

```
一阶原点矩= 3.4444444444444446 二阶中心矩= 2.469135802469136 解= [12.16455696
0.2831]
理论分析的计算结果为 12.164556962025319   0.2831541218637992
```

由运行结果可知，样本均值为 3.444 444 444 444 444 6，二阶中心矩为 2.469 135 802 469 136，参数 m 和 p 的矩估计值分别为 12.164 556 96 和 0.283 154 12。根据理论分析结果可知，m 和 p 的矩估计值分别为 12.164 556 962 025 319 和 0.283 154 121 863 799 2。程序运行结果和理论分析结果非常接近。

实验 9.1.2　正态分布参数的矩估计

总体 X 服从正态分布，即 $X\sim N(\mu,\sigma^2)$，$X_1,X_2,\cdots,X_n$ 为来自总体的样本，样本观测值为 100，130，120，138，110，110，115，134，120，122，110，120，115，162，130，130，110，147，122，131，110，138，124，122，126，120，130，求参数 μ,σ^2 的矩估计。

1. 理论分析

由矩估计原理可得，$\begin{cases}\mu_1=E(X)=\mu \\ \mu_2=E(X^2)=\sigma^2+\mu^2\end{cases}$，将参数 μ 和 σ^2 用 μ_1 和 μ_2 表示，即 $\mu=\mu_1$，$\sigma^2=\mu_2-\mu_1^2$，从而得出 $\hat{\mu}=\bar{X}$，$\hat{\sigma}^2=B_2$。代入样本观测值，得 $\hat{\mu}=\bar{X}=123.926$，$\hat{\sigma}^2=B_2=165.032$。

2. 实验步骤

（1）使用公式计算样本的均值和二阶样本中心矩；也可以使用 Python 中的包来计算。

（2）列出方程组 $\begin{cases}\mu-M_1=0 \\ \sigma^2-B_2=0\end{cases}$，其中，$M_1=\bar{X}$。

（3）令初值为 $\mu=5$，$\sigma^2=0.3$，解方程组。

3. 程序代码

```
from scipy.optimize import fsolve
data=[100,130,120,138,110,110,115,134,120,122,110,120,115,162,
130,130,110,
147,122,131,110,138,124,122,126,120,130]
l=len(data)
#计算样本均值
s1=0
s2=0
for i in range(0,l):
    k=data[i]
    s1=s1+k
M1=s1/l
#计算样本二阶中心矩
for i in range(0,l):
    k=data[i]
    s2=s2+(k-M1)**2
B2=s2/l
#解方程组求解 μ 和 σ²
#定义方程组
def func(i):
```

```
    mu, sigma2= i[0], i[1]
    return [
            mu-M1,
            sigma2-B2
           ]
#解方程组
r = fsolve(func,[5, 0.3])
#输出结果并验证
print('样本均值为',M1,'二阶中心矩为',B2,'方程组的解为',r)
```

4. 运行结果

```
样本均值为 123.92592592592592    二阶中心矩为 165.03155006858708    方程组的解为
[123.92592593 165.03155007]
```

由运行结果可知，参数的矩估计 $\hat{\mu}$=123.92592593,$\hat{\sigma}^2=165.03155$，与理论分析值完全相同。

实验 9.1.3 一般分布参数的矩估计

设总体 X 的密度函数为 $f(x)=(\theta+1)x^{\theta}$， $0<x<1$，其中， $\theta>-1$，是未知参数。$X_1,X_2,\cdots,X_n$ 是取自总体 X 的样本，样本观测值为 0.1，0.4，0.5，0.3，0.2，求参数 θ 的矩估计值。

1. 理论分析

由矩估计的计算方法和期望公式可得， $\mu_1=E(X)=\int_0^1 x(\theta+1)x^{\theta}\mathrm{d}x=(\theta+1)\int_0^1 x^{\theta+1}\mathrm{d}x=\dfrac{\theta+1}{\theta+2}$，解得 $\theta=\dfrac{2\mu_1-1}{1-\mu_1}$，故 $\hat{\theta}=\dfrac{2\bar{X}-1}{1-\bar{X}}$，这就是 θ 的矩估计量。代入样本观测值可得 $\bar{X}=0.3$，则矩估计值为-0.5714。

2. 实验步骤

（1）将 x，θ 定义为符号变量，使用公式计算样本的均值。

（2）解方程 $M_1-\dfrac{\theta+1}{\theta+2}=0$，得到参数 θ 的矩估计值。

3. 程序代码

```
import sympy
#在使用符号变量时，需要先导入符号，定义 θ 为符号
from sympy.abc import theta
#给出样本观测值
data=[0.1,0.4,0.5,0.3,0.2]
#样本容量
l=len(data)
#计算样本均值
s1=0
for i in range(0,l):
    k=data[i]
```

```
    s1=s1+k
M1=s1/l
print('均值为',M1)
#解方程：M1=（θ+1）/（θ+2），求出θ
r = sympy.solve((theta+1)/(theta+2)-M1,theta)
print('方程的解为',r,(2*M1-1)/(1-M1))
```

4．运行结果

```
均值为 0.3
方程的解为 [-0.571428571428571]  -0.5714285714285715
```

由程序运行结果可知，参数 θ 的矩估计值为-0.571 428 571 428 571 5；根据理论分析结果可知，参数 θ 的矩估计值为-0.5714，两个值很接近。

实验 9.1.4　0-1 分布参数的极大似然估计

已知总体 X 服从参数为 p 的 0-1 分布，从总体中抽取容量为 6 的样本，样本的观测值为 0，0，1，1，0，1，求参数 p 的极大似然估计量。

1．理论分析

似然函数为 $L(p)=\prod_{i=1}^{n}p^{x_i}(1-p)^{1-x_i}=p^{\sum_{i=1}^{n}x_i}(1-p)^{n-\sum_{i=1}^{n}x_i}$，对数似然函数为 $\ln L(p)=\sum_{i=1}^{n}x_i\ln p+\left(n-\sum_{i=1}^{n}x_i\right)\ln(1-p)$。令 $\frac{\mathrm{d}\ln L(p)}{\mathrm{d}p}=\frac{\sum_{i=1}^{n}x_i}{p}-\frac{n-\sum_{i=1}^{n}x_i}{1-p}=0$，求得 p 的极大似然估计量为 $\hat{p}=\frac{1}{n}\sum_{i=1}^{n}X_i=\bar{X}$。将样本观测值代入，求得样本均值为 0.5，即参数为 p 的极大似然估计值为 0.5。

2．实验步骤

（1）将参数 p 符号化，使用公式计算样本的均值。

（2）写出似然函数；把样本观测值分别代入密度函数中的 x，计算 $L(p)=P(X_1=x_1)P(X_2=x_2)\cdots P(X_n=x_n)$。可以使用 np.prod()函数来计算所有元素的乘积。

（3）使用 sympy.log()函数完成对数计算。

（4）对似然函数中的参数 p 求导数，使用 sympy.diff(lnL,p)函数完成计算。

（5）令 $\frac{\mathrm{d}\ln L(p)}{\mathrm{d}p}=0$，使用 sympy.solve()函数求解方程。将结果和理论分析值进行比较。

3．程序代码

```
import numpy as np
import sympy
p=0.5
data=[0,0,1,1,0,1]
l=len(data)
X=[]
```

```
#将 p 符号化
p=sympy.symbols('p',positive=True)
for i in range(0,l):
  k=data[i]
  #分布律或密度函数
  f=(p**k)*((1-p)**(1-k))
  #X 的元素为 f(x1),f(x2),…,f(xn)
  X.append(f)
#求似然函数，np.prod()函数用来计算所有元素的乘积，对于有多个维度的数组可以指定轴
#如用 axis=1 指定计算每一行的乘积
L=np.prod([X])
print('似然函数为',L)
#取对数
lnL=sympy.expand_log(sympy.log(L))
print('对数似然函数为',lnL)
diff=sympy.diff(lnL,p)
print('微分方程为',diff)
#利用 solve()函数解方程，利用 diff()函数计算微分，用 diff(func,var,n)函数计算高阶微分
solve=sympy.solve(diff)
print('解为',solve,'均值为',np.mean(data))
```

4. 运行结果

```
似然函数为 p**3*(-p + 1)**3
对数似然函数为 3*log(p) + log((-p + 1)**3)
微分方程为 -3/(-p + 1) + 3/p
解为 [1/2]    均值为 0.5
```

前面三个运行结果为中间步骤输出结果，由运行结果可知，极大似然估计值为 0.5；由理论分析结果可知，参数为 p 的极大似然估计值为 0.5；两个数值一样。

实验 9.1.5 泊松分布参数的极大似然估计

已知总体 X 服从泊松分布，从总体中抽取容量为 6 的样本，样本的观测值为 1，2，1，1，5，1，求 λ 的极大似然估计值。

1. 理论分析

似然函数为 $L(\lambda)=\prod_{i=1}^{n}\frac{\mathrm{e}^{-\lambda}\lambda^{x_i}}{x_i!}$， 对数似然函数为 $\ln L(\lambda)=\sum_{i=1}^{n}x_i\ln\lambda-n\lambda-\sum_{i=1}^{n}\ln(x_i!)$。令 $\frac{\mathrm{d}\ln L(\lambda)}{\mathrm{d}\lambda}=\frac{\sum_{i=1}^{n}x_i}{\lambda}-n=0$，求得 λ 的极大似然估计量为 $\hat{\lambda}=\frac{1}{n}\sum_{i=1}^{n}X_i=\bar{X}$。代入样本观测值，求得 $\bar{X}=1.83$，参数为 λ 的极大似然估计值为 1.83。

2. 实验步骤

（1）将参数符号化，使用公式计算样本的均值。

（2）写出似然函数；把密度函数中的 x 分别代入样本观测值，计算 $L(p)=P(X_1=x_1)P(X_2=x_2)\cdots P(X_n=x_n)$。可以使用 np.prod()函数来计算所有元素的乘积。

（3）使用 sympy.log()函数完成取对数。

（4）对似然函数中的参数 λ 求导数，使用 sympy.diff(lnL,lamb)函数完成计算。

（5）令 $\frac{\mathrm{d}\ln L(\lambda)}{\mathrm{d}\lambda}=0$，使用 sympy.solve()函数求解方程，将结果和理论分析值进行比较。

3. 程序代码

```
import numpy as np
import sympy
data=[1,2,1,1,5,1]
#将λ符号化
lamb=sympy.symbols('lamb',positive=True)
l=len(data)
X=[]
#计算阶乘，定义阶乘函数为 factorial
def factorial(n):
    s=1
    for k in range (1,n+1):
        s=s*k
    return s
for i in range(0,l):
  k=data[i]
  #分布律或密度函数
  f=lamb**(k)*np.e**(-lamb)/factorial(k)
  X.append(f)
#求似然函数，用 np.prod()函数来计算所有元素的乘积，对于有多个维度的数组可以指定轴
#如用 axis=1 指定计算每一行的乘积。利用 subs 函数可实现 i 替换 x
L=np.prod(X)
print('似然函数为',L)
#取对数
lnL=sympy.expand_log(sympy.log(L))
print('对数似然函数为',lnL)
diff=sympy.diff(lnL,lamb)
print('微分方程为',diff)
#利用 solve()函数解方程，利用 diff()函数计算微分，用 diff(func,var,n)函数计算高阶微分
solve=sympy.solve(diff)
print('解为',solve,'均值为',np.mean(data))
```

4. 运行结果

```
似然函数为 2.71828182845905**(-6*lamb)*lamb**11/240
对数似然函数为 -6.0*lamb + 11*log(lamb) - log(240)
微分方程为 -6.0 + 11/lamb
解为 [1.83333333333333]
```

```
均值为 1.8333333333333333
```

由运行结果可知，参数λ的极大似然估计值为1.83；由理论分析结果可知，参数λ的极大似然估计值为1.83；两个数值一样。

实验 9.1.6 二项分布参数的极大似然估计

已知总体 X 服从参数为$(20, p)$的二项分布，从总体中抽取容量为 8 的样本，样本的观测值为1，2，4，2，3，5，6，8，求参数 p 的极大似然估计。

1. 理论分析

似然函数为 $L(p)=\prod_{i=1}^{n} C_m^{x_i} p^{x_i}(1-p)^{n-x_i}=\prod_{i=1}^{n} C_m^{x_i} p^{\sum_{i=1}^{n} x_i}(1-p)^{nm-\sum_{i=1}^{n} x_i}$，对数似然函数为 $\ln L(p)=\ln \prod_{i=1}^{n} C_m^{x_i}+\sum_{i=1}^{n} x_i \ln p+\left(nm-\sum_{i=1}^{n} x_i\right)\ln(1-p)$。令 $\frac{\mathrm{d}\ln L(p)}{\mathrm{d}p}=\frac{\sum_{i=1}^{n} x_i}{p}-\frac{nm-\sum_{i=1}^{n} x_i}{1-p}=0$，$m$=20，代入样本观测值，求得参数 p 的极大似然估计量 $\hat{p}=\frac{1}{n}\sum_{i=1}^{n} X_i / m=\bar{X}/m=$ 3.875/20=0.19375。

2. 实验步骤

（1）将参数p符号化，使用公式计算样本的均值。

（2）写出似然函数；把样本观测值分别代入密度函数中的 x，计算 $L(p)=f(x_1)f(x_2)\cdots f(x_n)$。可以使用 np.prod()函数来计算所有元素的乘积。

（3）对似然函数中的参数p取对数，使用 sympy.log()函数完成对数计算。

（4）使用 sympy.diff(lnL,p)函数完成求导计算。

（5）写出方程$\frac{\mathrm{d}\ln L(p)}{\mathrm{d}p}=0$，使用 sympy.solve()函数求解方程，将结果和理论分析值进行比较。

3. 程序代码

```
import numpy as np
import sympy
m=20
data=[1,2,4,2,3,5,6,8]
l=len(data)
X=[]
#将 p 符号化
p=sympy.symbols('p',positive=True)
def factorial(n):
    s=1
    for i in range(1,n+1):
        s=s*i
    return s
```

```
#计算组合数
def combinateC(n,m):
    c=factorial(n)/(factorial(m)*factorial(n-m))
    return c
for i in range(0,l):
  k=data[i]
#分布律或密度函数
  f=combinateC(m,k)*(p**k)*((1-p)**(m-k))
  X.append(f)
#求似然函数，用np.prod()函数来计算所有元素的乘积
L=np.prod([X])
print('似然函数为',L)
#取对数
lnL=sympy.expand_log(sympy.log(L))
print('对数似然函数为',lnL)
diff=sympy.diff(lnL,p)
print('微分方程为',diff)
#用solve()函数解方程，用diff()函数计算微分，用diff(func,var,n)函数计算高阶微分
solve=sympy.solve(diff)
print('解为',solve,'均值为',np.mean(data)/m)
```

4. 运行结果

```
似然函数为 3.01877321369123e+26*p**31*(-p + 1)**129
对数似然函数为 31*log(p) + log((-p + 1)**129) + 60.97206294607
微分方程为 -129/(-p + 1) + 31/p
解为 [31/160]   均值为 0.19375
```

由运行结果可知，参数 p 的极大似然估计值为31/160，$\bar{X}/m=3.875/20=0.19375$；由理论分析结果可知，参数 p 的极大似然估计值为0.193 75；两个值一样。

五、练习

练习9.1　已知密度函数时的总体参数的矩估计

设总体 X 的密度函数为 $f(x)=2(\theta-x)/\theta^2$，$0<x<\theta$，其中，$\theta$ 是未知参数。从总体中抽取容量为7的样本，样本的观测值为2，3，3，5，6，8，9，求参数 θ 的矩估计量。

1. 理论分析

$\mu_1=E(X)=\int_0^\theta \frac{2x(\theta-x)}{\theta^2}\mathrm{d}x=\frac{\theta}{3}$，解得 $\theta=3\mu_1$，故 $\hat{\theta}=3\bar{X}$ 为参数 θ 的矩估计量。代入样本观测值，求得参数 θ 的矩估计值为15.428 57。

2. 实验步骤

（1）使用公式计算样本的均值。

（2）把 x，θ 定义成符号变量。写出密度函数 $f(x)=2(\theta-x)/\theta^2$。

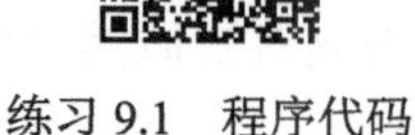

练习9.1　程序代码

（3）使用 integrate(xf (x), (x, 0, θ))函数计算 $E(X)$。

（4）解方程 $E(X)=M_1$，求参数 θ 的矩估计值。

3. 运行结果

```
X 的期望= theta/3
θ 的矩估计量为 [15.4285714285714]  理论分析的计算结果为 15.42857142857143
```

由运行结果可知，θ 的矩估计值为 15.428 571 428 571 4，与理论分析的计算结果非常接近。

练习 9.2　一般分布参数的矩估计

设总体 X 的密度函数为 $f(x)=\dfrac{2(\lambda-x)}{\lambda^2}$，$0<x<\lambda$，其中，$\lambda$ 是未知参数。从总体中抽取容量为 6 的样本，样本观测值为 1，2，5，10，3，3，求参数 λ 的矩估计值。

1. 理论分析

$\mu_1=E(X)=\int_0^{\lambda}x\dfrac{2(\lambda-x)}{\lambda^2}\mathrm{d}x=\dfrac{\lambda}{3}$，解得 $\lambda=3\mu_1$，故 $\hat{\lambda}=3\bar{X}$ 为 λ 的矩估计量。将样本观测值代入，求得 λ 的矩估计值为 12。

2. 实验步骤

练习 9.2　程序代码

（1）将 x，λ 定义为符号变量，计算样本的均值。

（2）令 $y=xf(x)=\dfrac{2x(\lambda-x)}{\lambda^2}$，使用 sympy.integrate(y,(x,0,lamb))计算 X 的期望，得 $E(X)=\lambda/3$。

（3）解方程 $M_1-\dfrac{\lambda}{3}=0$，求得参数 λ 的矩估计值。

3. 运行结果

```
X 的期望= lamb/3
λ 的矩估计量为 [12.0000000000000]
```

由运行结果可知，参数λ的矩估计值为 12。

结论：参数λ的矩估计值为 12。

练习 9.3　指数分布参数的极大似然估计

练习 9.3　程序代码

设总体 X 服从参数为 λ 的指数分布，其中，λ 是未知参数。从总体中抽取容量为 6 的样本，样本观测值为 1，2，1，1，5，1，求参数 λ 的极大似然估计值。

1. 理论分析

似然函数为 $L(\lambda)=\lambda^n\mathrm{e}^{-\lambda\sum_{i=1}^{n}x_i}$，对数似然函数为 $\ln L(\lambda)=n\ln\lambda-\lambda\sum_{i=1}^{n}x_i$，求关于 λ 的导数，得到对数似然方程，令其等于 0，则有 $\dfrac{\mathrm{d}\ln L(\lambda)}{\mathrm{d}\lambda}=\dfrac{n}{\lambda}-\sum_{i=1}^{n}x_i=0$，解方程，可得 λ 的极大似然估

计量为 $\hat{\lambda}=\frac{n}{\sum_{i=1}^{n}x_i}=\frac{1}{\bar{X}}$，将样本观测值代入，求得参数$\lambda$的极大似然估计值为 0.545。

2. 实验步骤

（1）将 λ 表示为符号变量，计算样本均值。

（2）求似然函数。把样本观测值分别代入密度函数中的 x，计算 $L(\lambda)=f(x_1)f(x_2)\cdots f(x_n)$。可以使用 np.prod()函数来计算所有元素的乘积。

（3）用 sympy.log()函数完成取对数计算。

（4）用 sympy.diff(lnL,lamb)函数完成求导计算。

（5）用 sympy.solve()函数求解方程。

3. 运行结果

```
似然函数为 2.71828182845905**(-11*lamb)*lamb**6
对数似然函数为 -11.0*lamb + 6*log(lamb)
微分方程为 -11.0 + 6/lamb
解为 [0.545454545454545]     均值为 0.5454545454545455
```

由运行结果可知，参数的极大似然估计值为 0.545 454 545 454 545 5。

练习 9.4 正态分布参数的极大似然估计

经测定某批矿砂的五个样品中镍含量为：1，2，2，1，5，1，单位为%，设测定值服从正态分布，即 $X\sim N(\mu,\sigma^2)$，求参数 μ 和 σ^2 的极大似然估计值。

1. 理论分析

似然函数为 $L(\mu,\sigma^2)=\frac{1}{(2\pi\sigma^2)^{\frac{n}{2}}}\exp\left\{-\frac{1}{2\sigma^2}\sum_{i=1}^{n}(x_i-\mu)^2\right\}$，对数似然函数为 $\ln L(\mu,\sigma^2)=-\frac{n}{2}\ln(2\pi)-\frac{n}{2}\ln\sigma^2-\frac{1}{2\sigma^2}\sum_{i=1}^{n}(x_i-\mu)^2$，分别求关于 μ 和 σ^2 的偏导数，得如下对数似然方程组：

$$\begin{cases}\dfrac{\partial\ln L(\mu,\sigma^2)}{\partial\mu}=\dfrac{1}{\sigma^2}\sum_{i=1}^{n}(x_i-\mu)=0\\[2ex]\dfrac{\partial\ln L(\mu,\sigma^2)}{\partial\sigma^2}=-\dfrac{n}{2\sigma^2}+\dfrac{1}{2\sigma^4}\sum_{i=1}^{n}(x_i-\mu)^2=0\end{cases}$$

解上述方程组得 μ 和 σ^2 的极大似然估计量分别为 $\hat{\mu}=\frac{1}{n}\sum_{i=1}^{n}X_i=\bar{X}$，$\hat{\sigma}^2=\frac{1}{n}\sum_{i=1}^{n}(X_i-\bar{X})^2=B_2$，分别代入样本观测值得 $\hat{\mu}=\bar{X}=2$，$\hat{\sigma}^2=1.414$。若期望 μ 已知，则方差 σ^2 的极大似然估计量为 $\hat{\sigma}^2=\frac{1}{n}\sum_{i=1}^{n}(X_i-\mu)^2$。

练习 9.4 程序代码

2. 实验步骤

（1）将 μ和σ^2 表示为符号变量，计算样本均值。

（2）求似然函数。把样本观测值分别代入密度函数中的 x，计算 $L=f(x_1)f(x_2)\cdots f(x_n)$。可以使用 np.prod()函数来计算所有元素的乘积。

（3）用 sympy.log()函数完成取对数计算。

（4）用 sympy.diff()函数完成求导计算。

（5）用 sympy.solve()函数求解方程。

（6）按照上述步骤计算期望μ的极大似然估计值。

（7）当期望μ已知时，令μ等于已知值，计算方差的极大似然估计值；若期望μ未知，令μ等于样本均值，再计算方差的极大似然估计值。

3．运行结果

（1）计算期望μ的极大似然估计：

```
[{mu: 2.00000000000000}]   2.0
```

由运行结果可知，期望μ的极大似然估计值为 2。

（2）期望μ已知时求方差的极大似然估计，如果期望未知，先用（1）计算期望的估计值：

```
极大似然估计为 [1.41421356237310]  二阶中心矩为 1.4142135623730951
```

由运行结果可知，期望μ的计算似然估计为 2，方差σ^2的极大似然估计为 1.414 213 562 373 095 1。

练习 9.5　均匀分布参数的极大似然估计

总体 X 服从均匀分布，即 $X\sim U(a,b)$，从中抽取容量为 6 的样本，分别为 1，2，2，2，4，3，求参数 a 和 b 的极大似然估计。

1．理论分析

似然函数为 $L(a,b)=\dfrac{1}{(b-a)^n}$，$a<x_i<b$，取对数得 $\ln L(a,b)=-n\ln(b-a)$，$\dfrac{\partial \ln L(a,b)}{\partial a}=\dfrac{n}{b-a}\neq 0$，$\dfrac{\partial \ln L(a,b)}{\partial b}=-\dfrac{n}{b-a}\neq 0$，常规方法失效。由于 $L(a,b)$ 分别为 a 的单调增函数，b 的单调减函数，则 a 和 b 的极大似然估计量为 $\hat{b}=x_{(n)}$，$\hat{a}=x_{(1)}$。

2．实验步骤

通过理论分析可知，常规的求极大似然估计的方法不适用于本习题，但是在编写程序时仍需写出这部分内容。

（1）将 a，b 表示为符号变量。

（2）求似然函数。把样本观测值分别代入密度函数中的 x，计算 $L(a,b)=f(x_1)f(x_2)\cdots f(x_n)=\left(\dfrac{1}{b-a}\right)^n$。

练习 9.5　程序代码

（3）用 sympy.log()函数完成取对数计算。

（4）用 sympy.diff()函数完成求导计算。

（5）用 sympy.solve()函数求解方程。输出结果，发现为空。

（6）令 b=np.max(data)，a=np.min(data)，从而得出 a 和 b 的极大似然估计值。

3．运行结果

```
关于 a 的方程的解为 []
关于 b 的方程的解为 []
参数a为 1  参数b为 4
```

六、拓展阅读

在机器学习中，无论有监督还是无监督，无论判别模型还是生成模型，只要和概率有关，最终模型是预测概率的，都会应用到极大似然估计。与极大似然估计关系最密切的是 EM 算法（极大期望算法）。

极大似然判断法在疟疾病例判断方面具有一定的使用价值，而且方便、实用、快捷。范志成等人发表了一篇名为《极大似然法在疟疾病例判断及血检对象筛选中的应用》的论文。他们从疟疾病例和非疟疾病例中选择疾病症候群，通过专业知识和统计学检验，评估和筛选对疾病有诊断价值的症候群，计算各症候在疟疾病例和非疟疾病例中出现的概率，建立极大似然法进行判断。利用该方法对襄州区疾病预防控制中心 2013 年 1—9 月的 30 例就诊病例进行判别，判别结果为 1 例为疟疾病例，其余 29 例为非疟疾病例；以疟原虫快速诊断试纸法作为诊断标准，诊断结果显示 30 例疑似病例全部为阴性。

极大似然法在疫情预测中也是非常有用的。加拿大约克大学吴建宏教授带领的团队建立了传播动力学模型，研究者利用下一代矩阵得到了在控制措施生效情况下的基本再生数控制表达式（基本再生数表示一个病例在进入易感人群时在理想状态下感染的二代病例个数，反映了传染病暴发的潜力和严重程度）。用马尔可夫链蒙特卡罗方法（MCMC）来拟合模型，并采用自适应的 Metropolis-Hastings（M-H）算法执行 MCMC 过程。除了这种基于模型的参数估计方法，还能采用极大似然法对基本再生数进行估计。基于模型方法算得的基本再生数为 6.47，基于极大似然法算得的基本再生数为 6.39。虽然具体数字有所不同，但这两项研究都表明，病毒的传染能力和速率是前所未有的，在家自行隔离是必需的。

实验 9.2　区间估计

一、实验目的

1．学会使用 Python 计算正态总体参数的置信区间。
2．使用公式计算需要使用的统计量，如样本均值、样本方差等，复习常见统计量的公式。
3．针对每种情况编写通用的程序，之后只需修改置信水平和样本数据即可获得结果。

二、实验要求

1．使用公式计算样本均值、样本方差。
2．使用公式计算置信区间。

三、知识链接

设总体 X 的分布中含有未知参数 θ， $X_1,X_2,\cdots,X_n$ 是来自总体 X 的样本，如果对于给定的常数 $\alpha\in(0,1)$，存在两个统计量 $\hat{\theta}_1=\hat{\theta}_1(X_1, X_2,\cdots, X_n)$ 及 $\hat{\theta}_2=\hat{\theta}_2(X_1, X_2, \cdots, X_n)$ 使得 $P\{\hat{\theta}_1<\theta<\hat{\theta}_2\}=1-\alpha$，则称随机区间 $(\hat{\theta}_1,\hat{\theta}_2)$ 为参数 θ 的置信水平为 $1-\alpha$ 的置信区间，$\hat{\theta}_1$ 和 $\hat{\theta}_2$ 分别称为置信下限及置信上限。

从定义可以看出，置信区间 $(\hat{\theta}_1,\hat{\theta}_2)$ 包含参数真值的概率为 $1-\alpha$，如果有许多组样本观察值，那么相应地就有许多具体的区间估计值，这些区间中有 $100(1-\alpha)\%$ 的区间包含未知参数的真值，有 $100\alpha\%$ 的区间不包含未知参数的真值。

设总体 $X\sim N(\mu, \sigma^2)$， $X_1,X_2,\cdots,X_n$ 是来自总体 X 的样本，求 μ 及 σ^2 的置信区间。

1. 单个正态总体参数的区间估计

（1）当总体方差已知时，单个正态总体期望的置信区间。

选择枢轴量为 $Z=\dfrac{\overline{X}-\mu}{\sigma/\sqrt{n}}\sim N(0, 1)$，置信水平为 $1-\alpha$ 的置信区间为

$$\left(\overline{X}-Z_{\frac{\alpha}{2}}\frac{\sigma}{\sqrt{n}},\ \overline{X}+Z_{\frac{\alpha}{2}}\frac{\sigma}{\sqrt{n}}\right) \tag{9-2}$$

（2）当总体方差未知时，单个正态总体期望的置信区间。

选择枢轴量为 $t=\dfrac{\overline{X}-\mu}{S/\sqrt{n}}\sim t(n-1)$，置信水平为 $1-\alpha$ 的置信区间为

$$\left(\overline{X}-t_{\frac{\alpha}{2}}(n-1)\frac{S}{\sqrt{n}},\ \overline{X}+t_{\frac{\alpha}{2}}(n-1)\frac{S}{\sqrt{n}}\right) \tag{9-3}$$

（3）当总体期望未知时， 单个正态总体方差的置信区间。

选择枢轴量为 $\dfrac{(n-1)S^2}{\sigma^2}\sim\chi^2(n-1)$，置信水平为 $1-\alpha$ 的置信区间为

$$\left(\frac{(n-1)S^2}{\chi^2_{\frac{\alpha}{2}}(n-1)},\ \frac{(n-1)S^2}{\chi^2_{1-\frac{\alpha}{2}}(n-1)}\right) \tag{9-4}$$

（4）当总体期望已知时，单个正态总体方差的置信区间。

选择枢轴量为 $\chi^2=\sum\limits_{i=1}^{n}\left(\dfrac{X_i-\mu}{\sigma}\right)^2\sim\chi^2(n)$，置信水平为 $1-\alpha$ 的置信区间为

$$\left(\frac{\sum\limits_{i=1}^{n}(X_i-\mu)^2}{\chi^2_{\frac{\alpha}{2}}(n)},\frac{\sum\limits_{i=1}^{n}(X_i-\mu)^2}{\chi^2_{1-\frac{\alpha}{2}}(n)}\right) \tag{9-5}$$

2. 两个正态总体参数的区间估计

设 $X_1,X_2,\cdots,X_n$ 是来自总体 $X\sim N(\mu_1,\sigma_1^2)$ 的样本，$Y_1,Y_2,\cdots,Y_m$ 是来自总体 $Y\sim N(\mu_2,\sigma_2^2)$ 的样本，且两样本相互独立，$\overline{X}$ 和 $\overline{Y}$ 分别为两个样本的样本均值，S_1^2 和 S_2^2 分别为两个样本的样本方差，求 $\mu_1-\mu_2$ 及 σ_1^2/σ_2^2 的置信区间。

（1）当σ_1^2和σ_2^2均已知时，$\mu_1-\mu_2$的置信水平为$1-\alpha$的置信区间。

选择枢轴量为$Z=\dfrac{(\overline{X}-\overline{Y})-(\mu_1-\mu_2)}{\sqrt{\dfrac{\sigma_1^2}{n}+\dfrac{\sigma_2^2}{m}}}\sim N(0,\ 1)$，$\mu_1-\mu_2$的置信水平为$1-\alpha$的置信区间为

$$\left(\overline{X}-\overline{Y}-Z_{\frac{\alpha}{2}}\sqrt{\frac{\sigma_1^2}{n}+\frac{\sigma_2^2}{m}},\ \overline{X}-\overline{Y}+Z_{\frac{\alpha}{2}}\sqrt{\frac{\sigma_1^2}{n}+\frac{\sigma_2^2}{m}}\right) \tag{9-6}$$

（2）当$\sigma_1^2=\sigma_2^2=\sigma^2$未知时，$\mu_1-\mu_2$的置信水平为$1-\alpha$的置信区间。

选择枢轴量为$t=\dfrac{(\overline{X}-\overline{Y})-(\mu_1-\mu_2)}{S_{\mathrm{w}}\sqrt{\dfrac{1}{n}+\dfrac{1}{m}}}\sim t(n+m-2)$，其中$S_{\mathrm{w}}=\sqrt{\dfrac{(n-1)S_1^2+(m-1)S_2^2}{m+n-2}}$。

$\mu_1-\mu_2$的置信水平为$1-\alpha$的置信区间为

$$\left(\overline{X}-\overline{Y}-t_{\frac{\alpha}{2}}(n+m-2)S_{\mathrm{w}}\sqrt{\frac{1}{n}+\frac{1}{m}},\ \overline{X}-\overline{Y}+t_{\frac{\alpha}{2}}(n+m-2)S_{\mathrm{w}}\sqrt{\frac{1}{n}+\frac{1}{m}}\right) \tag{9-7}$$

若区间内包含 0，则可以认为$\mu_1=\mu_2$。

（3）当μ_1和μ_2未知时，方差比σ_1^2/σ_2^2的置信水平为$1-\alpha$的置信区间。

采用枢轴量为$F=\dfrac{S_1^2/\sigma_1^2}{S_2^2/\sigma_2^2}\sim F(n-1,m-1)$，对给定的置信水平$1-\alpha$，方差比$\sigma_1^2/\sigma_2^2$的置信区间为

$$\left(\frac{S_1^2/S_2^2}{F_{\frac{\alpha}{2}}(n-1,\ m-1)},\frac{S_1^2/S_2^2}{F_{1-\frac{\alpha}{2}}(n-1,\ m-1)}\right) \tag{9-8}$$

若区间内包含 1，则可以认为$\sigma_1^2=\sigma_2^2$。

四、实验内容

实验 9.2.1　当总体方差已知时，单个正态总体期望的置信区间

从一批产品中抽取 9 件产品，测得其质量（单位：kg）为 6.0，5.7，5.8，6.5，7.0，6.3，5.6，6.1，5.0，设该产品的质量X服从方差为 1 的正态分布，求其期望μ置信水平为 0.95 的置信区间。

1. 理论分析

产品的重量服从正态分布，统计量为$Z=\dfrac{\overline{X}-\mu}{\sigma/\sqrt{n}}\sim N(0,1)$，$\mu$的置信区间公式为$\left(\overline{X}-Z_{\frac{\alpha}{2}}\dfrac{\sigma}{\sqrt{n}},\overline{X}+Z_{\frac{\alpha}{2}}\dfrac{\sigma}{\sqrt{n}}\right)$，经计算，$\overline{X}=6$，$Z_{0.025}=1.96$，则$\mu$的置信水平为 0.95 的置信区间为$\left(6-1.96\times\dfrac{1}{3},6+1.96\times\dfrac{1}{3}\right)$，即(5.347,6.653)。

2. 实验步骤

（1）输入数据，根据置信水平写出 α，使用 st.norm.ppf(1-alpha/2)函数求 $Z_{\alpha/2}$。

（2）使用公式计算样本均值和样本方差。

（3）使用式（9-2）求出置信区间。

3. 程序代码

```
import scipy.stats as st
import numpy as np
data=[6,5.7,5.8,6.5,7,6.3,5.6,6.1,5]
def norm_mean_interval(sigma,confidence):
    alpha=1-confidence
    n=len(data)
    z_percentile=st.norm.ppf(1-alpha/2)
    #计算均值
    s1=0
    for i in range(0,n):
      k=data[i]
      s1=s1+k
    mean=s1/n
    #方差已知，求 μ 的置信区间
    lower=mean-z_percentile*sigma/np.sqrt(n)
    upper=mean+z_percentile*sigma/np.sqrt(n)
    return(lower,upper)
a=norm_mean_interval(sigma=1,confidence=0.95)
print('置信区间为',a)
```

4. 运行结果

```
置信区间为 (5.346676718199817, 6.6533213281800183)
```

实验 9.2.2　当总体方差未知时，单个正态总体期望的置信区间

已知某种小麦的株高服从正态分布，从这种小麦中随机抽取 9 株，计算其株高（单位：cm）分别为 60，57，58，65，70，63，56，61，50，求小麦的平均株高置信水平为 0.95 的置信区间。

1. 理论分析

总体的方差 σ^2 未知，期望 μ 的置信水平为 $1-\alpha$ 的置信区间为 $\left(\overline{X}-t_{\frac{\alpha}{2}}(n-1)\frac{S}{\sqrt{n}},\overline{X}+t_{\frac{\alpha}{2}}(n-1)\frac{S}{\sqrt{n}}\right)$，$\alpha=0.05$，$n=9$，$t_{\frac{\alpha}{2}}(n-1)=t_{0.025}(8)=2.306$，经计算得 $\overline{X}=\frac{1}{9}\sum_{i=1}^{9}X_i=60$，$S^2=\frac{1}{8}\sum_{i=1}^{9}(X_i-\overline{X})^2=33$，由此得 $t_{\frac{\alpha}{2}}(n-1)\frac{S}{\sqrt{n}}=2.306\times\frac{\sqrt{33}}{3}=4.42$。所以期望 μ 的置信水平为 $1-\alpha$ 的置信区间为(55.58,64.42)。

2. 实验步骤

（1）输入数据，根据置信水平写出 α，使用 st.t.ppf(1-alpha/2,n-1)函数求 $t_{\alpha/2}(n-1)$。

（2）使用公式计算样本均值和样本方差。

（3）使用式（9-3）求出置信区间。

3. 程序代码

```
import scipy.stats as st
import numpy as np
data=[60,57,58,65,70,63,56,61,50]
def t_mean_interval(confidence):
    alpha=1-confidence
    n=len(data)
    z_percentile=st.norm.ppf(1-alpha/2)
    t_percentile=st.t.ppf(1-alpha/2,n-1)
    #计算均值
    s1=0
    s2=0
    for i in range(0,n):
      k=data[i]
      s1=s1+k
    mean=s1/n
    #计算样本方差
    for i in range(0,n):
      k=data[i]
      s2=s2+(k-mean) **2
    std=np.sqrt(s2/(n-1))
    #方差未知，求μ的置信区间，n<30
    if n<30:
      lower_limit=mean-t_percentile*std/np.sqrt(n)
      upper_limit=mean+t_percentile*std/np.sqrt(n)
    #方差未知，求μ的置信区间，n>30
    if n>=30:
      lower_limit=mean-z_percentile*std/np.sqrt(n)
      upper_limit=mean+z_percentile*std/np.sqrt(n)
    return(lower_limit,upper_limit)
a=t_mean_interval(confidence=0.95)
print('置信区间为',a)
```

4. 运行结果

```
置信区间为 (55.584338261041687, 64.415661738958306)
```

实验 9.2.3 当总体期望未知时，单个正态总体方差的置信区间

铂球的引力服从正态总体，样本观测值为 6.683，6.681，6.676，6.678，6.679，6.672，求

总体方差的置信水平为 0.9 的置信区间。

1．理论分析

将样本观测值代入$\left(\frac{(n-1)S^2}{\chi^2_{\frac{\alpha}{2}}(n-1)},\frac{(n-1)S^2}{\chi^2_{1-\frac{\alpha}{2}}(n-1)}\right)$，查卡方分布的分位数表得分位数为$\chi^2_{0.05}(5)=11.07$，$\chi^2_{0.95}(5)=1.145$，而样本方差为$7.4833\times10^{-5}$，由此得置信区间为$(6.8\times10^{-6}, 6.5\times10^{-5})$。

2．实验步骤

（1）输入数据，根据置信水平写出 α，使用 st.chi2.ppf(1-alpha/2,n-1) 函数和 st.chi2.ppf(alpha/2,n-1)函数求出 $\chi^2_{1-\alpha/2}(n-1)$ 和 $\chi^2_{\alpha/2}(n-1)$。

（2）使用公式计算样本均值和样本方差。

（3）使用式（9-4）求出置信区间。

3．程序代码

```
import scipy.stats as st
data=[6.683,6.681,6.676,6.678,6.679,6.672]
#求方差的置信区间
def onekafanginterval(mu,confidence):
    alpha=1-confidence
    n=len(data)
    kf_percentile1=st.chi2.ppf(1-alpha/2,n-1)
    kf_percentile2=st.chi2.ppf(alpha/2,n-1)
    kf_percentile3=st.chi2.ppf(1-alpha/2,n)
    kf_percentile4=st.chi2.ppf(alpha/2,n)
    s1=0
    s2=0
    s3=0
    #期望未知，求方差的置信区间，n<30
    if n<30 and mu==None:
        #计算均值
        for i in range(0,n):
            k=data[i]
            s1=s1+k
        mean=s1/n
        #计算样本方差
        for i in range(0,n):
           k=data[i]
           s2=s2+(k-mean)**2
        lower=s2/kf_percentile1
        upper=s2/kf_percentile2
    #期望已知，求方差的置信区间，n<30
    if n<30 and mu!=None:
         for i in range(0,n):
```

```
            k=data[i]
            s3=s3+(k-mu)**2
        lower=s3/kf_percentile3
        upper=s3/kf_percentile4
    return(lower,upper)
b=onekafanginterval(None,0.9)
print('置信区间为',b)
```

4．运行结果

```
置信区间为 (6.7597081364429471e-06, 6.5329451306569492e-05)
```

由运行结果可知，置信区间为$(6.7597081364429471\times10^{-6}, 6.5329451306569492\times10^{-5})$。

实验 9.2.4　当总体期望已知时，单个正态总体方差的置信区间

已知总体 X 服从正态分布，且总体的期望为 6.5，从中抽取容量为 10 的样本，样本观测值为 7.5，2，12.1，8.8，9.4，7.3，1.9，2.8，7，7.3，求总体方差置信水平为 0.95 的置信区间。

1．理论分析

将样本观测值代入$\left(\dfrac{\sum_{i=1}^{n}(X_i-\mu)^2}{\chi^2_{\frac{\alpha}{2}}(n)},\dfrac{\sum_{i=1}^{n}(X_i-\mu)^2}{\chi^2_{1-\frac{\alpha}{2}}(n)}\right)$，查卡方分布的分位数表得分位数为 $\chi^2_{0.025}(10)=20.4832$，$\chi^2_{0.975}(10)=3.2470$，得置信区间为(5.013,31.626)。

2．实验步骤

（1）输入数据，根据置信水平写出 α，使用 st.chi2.ppf(1-alpha/2,n)函数和 st.chi2.ppf (alpha/2,n)函数求 $\chi^2_{1-\alpha/2}(n)$ 和 $\chi^2_{\alpha/2}(n)$。

（2）计算$\sum_{i=1}^{n}(X_i-\mu)^2$。

（3）使用式（9-5）求出置信区间。

3．程序代码

```
import scipy.stats as st
data=[7.5,2,12.1,8.8,9.4,7.3,1.9,2.8,7,7.3]
#求方差的置信区间
def onekafanginterval(mu,confidence):
    alpha=1-confidence
    n=len(data)
    kf_percentile1=st.chi2.ppf(1-alpha/2,n-1)
    kf_percentile2=st.chi2.ppf(alpha/2,n-1)
    kf_percentile3=st.chi2.ppf(1-alpha/2,n)
    kf_percentile4=st.chi2.ppf(alpha/2,n)
    s1=0
```

```
    s2=0
    s3=0
    #期望未知，求方差的置信区间，n<30
    if n<30 and mu==None:
        #计算均值
        for i in range(0,n):
            k=data[i]
            s1=s1+k
        mean=s1/n
        #计算样本方差
        for i in range(0,n):
           k=data[i]
           s2=s2+(k-mean)**2
        lower=s2/kf_percentile1
        upper=s2/kf_percentile2
    #期望未知，求方差的置信区间，n<30
    if n<30 and mu!=None:
         for i in range(0,n):
            k=data[i]
            s3=s3+(k-mu)**2
         lower=s3/kf_percentile3
         upper=s3/kf_percentile4
    return(lower,upper)
b=onekafanginterval(6.5,0.95)
print('置信区间为',b)
```

4．运行结果

```
置信区间为 (5.0133823596441323, 31.626381540688353)
```

实验 9.2.5　当两个总体的方差均已知时，均值差的置信区间

为比较两个小麦品种的产量，选择 18 块条件相似的实验田，采用相同的耕作方法进行实验，结果播种甲品种小麦的 8 块实验田的亩产量和播种乙品种小麦的 10 块实验田的亩产量（单位：kg/亩）分别为：

甲品种：628，583，510，554，612，523，530，615。

乙品种：535，433，398，470，567，480，498，560，503，426。

假设亩产量均服从正态分布，分别为$N(\mu_1,\sigma_1^2)$，$N(\mu_2,\sigma_2^2)$，且σ_1=0.6，σ_2=1，试求这两个品种的小麦的平均亩产量差的置信区间（α=0.05）。

1．理论分析

已知σ_1=0.6，σ_2=1，$n_1=8$，$\overline{X}=569.375$，$n_2=10$，$\overline{Y}=487$，将计算结果代入$\left(\overline{X}-\overline{Y}-Z_{\frac{\alpha}{2}}\sqrt{\frac{\sigma_1^2}{n_1}+\frac{\sigma_2^2}{n_2}},\ \overline{X}-\overline{Y}+Z_{\frac{\alpha}{2}}\sqrt{\frac{\sigma_1^2}{n_1}+\frac{\sigma_2^2}{n_2}}\right)$，查标准正态分布的分位数表得$Z_{0.025}=1.96$，从而有$\mu_1-\mu_2$置信度为95%的置信区间为(81.629, 83.121)。

2. 实验步骤

（1）输入两组数据，根据置信水平写出 α，使用 st.norm.ppf(1-alpha/2)函数求 $Z_{\alpha/2}$。

（2）分别计算两个样本的样本均值和样本方差。

（3）使用式（9-6）求出置信区间。

3. 程序代码

```
import scipy.stats as st
import numpy as np
data1=[628,583,510,554,612,523,530,615]
data2=[535,433,398,470,567,480,498,560,503,426]
#当总体方差已知时，求 μ1-μ2 的置信区间
def twomean_z_interval(sigma1,sigma2,confidence):
    alpha=1-confidence
    n1=len(data1)
    n2=len(data2)
    z_percentile=st.norm.ppf(1-alpha/2)
    #计算均值
    s1=0
    s2=0
    for i in range(0,n1):
      k=data1[i]
      s1=s1+k
    mean1=s1/n1
    for i in range(0,n2):
      k=data2[i]
      s2=s2+k
    mean2=s2/n2
    #print(mean1,mean2)
    #方差已知，求 μ 的置信区间
    lower_limit=mean1-mean2-z_percentile*np.sqrt(sigma1**2/n1+sigma2**2/n2)
    upper_limit=mean1-mean2+z_percentile*np.sqrt(sigma1**2/n1+sigma2**2/n2)
    return(lower_limit,upper_limit)
a=twomean_z_interval(sigma1=0.6,sigma2=1,confidence=0.95)
print('置信区间为',a)
```

4. 运行结果

```
置信区间为 (81.6286679499039, 83.1213320500961)
```

实验 9.2.6 当两个总体的方差未知但是相等时，均值差的置信区间

为比较两个小麦品种的产量，选择 18 块条件相似的实验田，采用相同的耕作方法进行实验，结果播种甲品种小麦的 8 块实验田的亩产量和播种乙品种小麦种的 10 块实验田的亩产量（单位：kg/亩）分别为：

甲品种：628，583，510，554，612，523，530，615。

乙品种：535，433，398，470，567，480，498，560，503，426。

假设亩产量均服从正态分布，分别为$N(\mu_1,\sigma^2)$，$N(\mu_2,\sigma^2)$，试求这两个品种的小麦平均亩产量差的置信区间(α=0.05)。

1．理论分析

根据给定的两组样本观测值可知，$n_1=8$，$\overline{X}=569.375$，$S_1^2=2\,140.5536$，$n_2=10$，$\overline{Y}=487$，$S_2^2=3\,256.2222$，$S_w=\sqrt{\dfrac{7\times 569.375+9\times 3\,256.2222}{16}}$=52.4880，将计算结果代入$\left(\overline{X}-\overline{Y}-t_{\frac{\alpha}{2}}(n_1+n_2-2)S_w\sqrt{\dfrac{1}{n_1}+\dfrac{1}{n_2}},\ \overline{X}-\overline{Y}+t_{\frac{\alpha}{2}}(n_1+n_2-2)S_w\sqrt{\dfrac{1}{n_1}+\dfrac{1}{n_2}}\right)$中。

查t分布的分位数表，得$t_{\frac{\alpha}{2}}(n_1+n_2-2)=t_{0.025}(16)=2.1199$，从而有$\mu_1-\mu_2$置信度为95%的置信区间为(29.5953,135.1547)。

2．实验步骤

（1）输入两组数据，根据置信水平写出α，使用 st.t.ppf(1-alpha/2,n1+n2-2)函数求$t_{\frac{\alpha}{2}}(n_1+n_2-2)$。

（2）分别计算两个样本的样本均值和样本方差，再使用公式计算

$$S_w=\sqrt{\frac{(n_1-1)S_1^2+(n_2-1)S_2^2}{n_1+n_2-2}}$$

（3）使用式（9-7）求出置信区间。

3．程序代码

```
import scipy.stats as st
import numpy as np
data1=[628,583,510,554,612,523,530,615]
data2=[535,433,398,470,567,480,498,560,503,426]
#当总体方差未知但是相等时，求 μ1-μ2 的置信区间
def twomean_t_interval(confidence):
    alpha=1-confidence
    n1=len(data1)
    n2=len(data2)
    z_percentile=st.norm.ppf(1-alpha/2)
    t_percentile=st.t.ppf(1-alpha/2,n1+n2-2)
    #计算均值
    s1=0
    s2=0
    for i in range(0,n1):
      k=data1[i]
      s1=s1+k
    mean1=s1/n1
    for i in range(0,n2):
      k=data2[i]
      s2=s2+k
```

```
    mean2=s2/n2
    #计算样本方差
    s3=0
    s4=0
    for i in range(0,n1):
      k=data1[i]
      s3=s3+(k-mean1)**2
    for i in range(0,n2):
      k=data2[i]
      s4=s4+(k-mean2)**2
    sw=np.sqrt((s3+s4)/(n1+n2-2))
    #print(mean1,mean2,s3/(n1-1),s4/(n2-1),sw)
    #方差已知，求μ1-μ2的置信区间
    if n1<30 and n2<30:
      lower_limit=mean1-mean2-t_percentile*sw*np.sqrt(1/n1+1/n2)
      upper_limit=mean1-mean2+t_percentile*sw*np.sqrt(1/n1+1/n2)
    #方差未知，求μ1-μ2的置信区间，n>30
    if n1>30 or n2>30:
      lower_limit=mean1-mean2-z_percentile*np.sqrt(s3/n1+s4/n2)
      upper_limit=mean1-mean2+z_percentile*np.sqrt(s3/n1+s4/n2)
    return(lower_limit,upper_limit)
b=twomean_t_interval(0.95)
print('置信区间为',b)
```

4．运行结果

```
置信区间为 (29.469605700453847, 135.28039429954615)
```

实验 9.2.7　当两个总体的期望未知时，方差比的置信区间

某车间有两台自动机床加工一类套筒，假设套筒直径服从正态分布。现在从两台机床加工的产品中分别抽取 5 个和 6 个套筒进行检查，得其直径数据如下（单位：cm）：

甲机床：5.06，5.08，5.03，5.00，5.07。

乙机床：4.98，5.03，4.97，4.99，5.02，4.95。

试求两机床加工套筒直径的方差比置信水平为 0.95 的置信区间。

1．理论分析

方差比 σ_A^2/σ_B^2 的置信水平为$1-\alpha$的置信区间为$\left(\dfrac{S_1^2/S_2^2}{F_{\frac{\alpha}{2}}(n_1-1,\ n_2-1)},\dfrac{S_1^2/S_2^2}{F_{1-\frac{\alpha}{2}}(n_1-1,\ n_2-1)}\right)$，其中，$n_1=5$，$n_2=6$，$\alpha$=0.05，查 F 分布的分位数表得 $F_{0.025}(4,5)=7.39$，$F_{0.975}(4,\ 5)=\dfrac{1}{F_{0.025}(5,\ 4)}$ $=\dfrac{1}{9.36}$=0.1068，据此得 S_1^2=0.00107，$S_2^2=0.00092$，所以方差比的置信水平为 0.95 的置信区间为(0.1574,10.8913)。

2．实验步骤

（1）输入两组数据，根据置信水平写出 α，使用 st.f.ppf(1-alpha/2,n1-1,n2-1)函数和 st.f.ppf(alpha/2,n1-1,n2-1)函数求出 F 分布的分位数。

（2）分别计算两个样本的样本均值和样本方差。

（3）使用式（9-8）求出置信区间。

3．程序代码

```
import scipy.stats as st
data1=[5.06,5.08,5.03,5.00,5.07]
data2=[4.98,5.03,4.97,4.99,5.02,4.95]
n1=len(data1)
n2=len(data2)
#当总体期望已知时，求方差比的置信区间
def twovariance_interval1(confidence):
    alpha=1-confidence
    F_percentile1=st.f.ppf(1-alpha/2,n1-1,n2-1)
    F_percentile2=st.f.ppf(alpha/2,n1-1,n2-1)
    #计算均值
    s1=0
    s2=0
    for i in range(0,n1):
      k=data1[i]
      s1=s1+k
    mean1=s1/n1
    for i in range(0,n2):
      k=data2[i]
      s2=s2+k
    mean2=s2/n2
    #计算样本方差
    s3=0
    s4=0
    for i in range(0,n1):
      k=data1[i]
      s3=s3+(k-mean1)**2
    s3=s3/(n1-1)
    for i in range(0,n2):
      k=data2[i]
      s4=s4+(k-mean2)**2
    s4=s4/(n2-1)
    #print(s3,s4)
    #当总体的期望未知时，求方差比的置信区间
    lower_limit=(s3/s4)*(1/F_percentile1)
    upper_limit=(s3/s4)*(1/F_percentile2)
    return(lower_limit,upper_limit)
```

```
a=twovariance_interval1(confidence=0.95)
print('置信区间为',a)
```

4. 运行结果

```
置信区间为 (0.15742575310687468, 10.891286709690119)
```

五、练习

练习 9.6 产品长度的置信区间

某一批产品的长度服从 $N(\mu,0.05)$，从该产品里随机抽出 9 个，测得其长度（单位：cm）如下：14.6，15.1，14.9，14.8，15.2，15.1，14.8，15.0，14.7，若该产品长度的方差不变，求平均长度 μ 置信水平为 0.95 的置信区间。

1. 理论分析

产品的长度 X 服从正态分布，总体的方差已知，所以 μ 的置信区间为 $\left(\bar{X}-Z_{\frac{\alpha}{2}}\frac{\sigma}{\sqrt{n}},\bar{X}+Z_{\frac{\alpha}{2}}\frac{\sigma}{\sqrt{n}}\right)$，经计算 $\bar{X}=14.911$，查标准正态分布的分位数表得 $Z_{0.025}=1.96$，μ 的置信水平为 0.95 的置信区间为 $\left(14.911-1.96\times\frac{\sqrt{0.05}}{3},14.911+1.96\times\frac{\sqrt{0.05}}{3}\right)$，即 $(14.765,15.057)$。

2. 实验步骤

练习 9.6 程序代码

（1）输入数据，根据置信水平写出 α，使用 st.norm.ppf(1-alpha/2)函数求出 $Z_{\alpha/2}$。

（2）使用公式计算样本均值和样本方差。

（3）使用式（9-2）求出置信区间。

3. 运行结果

```
置信区间为 (14.765024021015012, 15.057198201207207)
```

练习 9.7 汽车的轮胎耐磨性的置信区间

为了研究汽车轮胎的耐磨性，随机抽取 16 只轮胎，每只轮胎行驶到磨坏为止，记录行驶的里程（单位是 km），分别为：41 250，40 187，43 175，41 010，39 265，41 872，42 654，41 287，38 970，40 200，42 550，41 095，40 680，43 500，39 775，40 400，这些数据符合正态分布，求平均磨损程度置信水平为 0.95 的单侧置信下限。

1. 理论分析

总体的方差 σ^2 未知，μ 的置信水平为 $1-\alpha$ 的置信区间为 $\bar{X}-t_{\alpha}(n-1)\frac{S}{\sqrt{n}}$，$\alpha=0.05$，$n=9$，$t_{\alpha}(n-1)=t_{0.05}(8)=1.753$，经计算得 $\bar{X}=41116.875$，$S^2=1813985.45$，由此得

$t_\alpha(n-1)\dfrac{S}{\sqrt{n}}=1.753\times\dfrac{1346.84}{4}$=590.25263。所以 μ 的置信水平为 $1-\alpha$ 的置信下限为 40 526.62。

2. 实验步骤

练习 9.7　程序代码

（1）输入数据，根据置信水平写出 α，使用 st.t.ppf(1-alpha,n-1)函数求出 $t_\alpha(n-1)$。

（2）使用公式计算样本均值和样本方差。

（3）使用式 $\bar{X}-t_\alpha(n-1)\dfrac{S}{\sqrt{n}}$ 求出置信区间的下限。

3. 运行结果

```
置信区间下限为 40526.6042003
```

练习 9.8　铜丝折断力的置信区间

已知某厂一车间生产铜丝的折断力服从正态分布，生产一直比较稳定。今从产品中随机抽出 10 根铜丝检查折断力，测得数据（单位：kg）如下：280，278，276，284，276，285，276，278，290，282，求该车间的铜丝的折断力方差置信水平为 0.95 的置信区间。

1. 理论分析

铜丝的折断力服从正态分布，在总体期望未知时，方差的置信区间为 $\left(\dfrac{(n-1)S^2}{\chi^2_{0.025}(9)},\dfrac{(n-1)S^2}{\chi^2_{0.975}(9)}\right)$，所以 σ^2 置信水平为 0.95 的置信区间为 $\left(\dfrac{198.5}{19.023},\dfrac{198.5}{2.7}\right)$，即(10.43,73.5)。

2. 实验步骤

练习 9.8　程序代码

（1）输入数据，根据置信水平写出 α，使用 st.chi2.ppf(1-alpha/2,n-1)函数和 st.chi2.ppf(alpha/2,n-1)函数求出 $\chi^2_{1-\alpha/2}(n-1)$ 和 $\chi^2_{\alpha/2}(n-1)$。

（2）使用公式计算样本均值和样本方差。

（3）使用式（9-4）求出置信区间。

3. 运行结果

```
置信区间为 (10.434864269024741, 73.50791432178352)
```

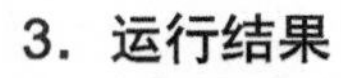练习 9.9　尼古丁含量均值差的置信区间

一卷烟厂向检验室送去 A 和 B 两种烟草，检验尼古丁的含量是否相同，从 A 和 B 两种烟草中各随机抽取质量相同的五支烟进行检验，测得尼古丁的含量（单位：mg）为：

A 种烟草：24，27，26，21，24。

B 种烟草：27，28，23，31，26。

据经验知，尼古丁含量服从正态分布，且 A 种烟草的方差 5，B 种烟草的方差为 8。求两种烟草的尼古丁含量差置信水平为 0.95 的置信区间。

1. 理论分析

因为尼古丁含量服从正态分布，且两个总体的方差已知，所以置信区间为$\left(\bar{X}-\bar{Y}-Z_{\frac{\alpha}{2}}\sqrt{\frac{\sigma_1^2}{m}+\frac{\sigma_2^2}{n}},\bar{X}-\bar{Y}+Z_{\frac{\alpha}{2}}\sqrt{\frac{\sigma_1^2}{m}+\frac{\sigma_2^2}{n}}\right)$，$\bar{X}$=24.4，$\bar{Y}$=27，$Z_{0.025}$=1.96，$\sqrt{\frac{5}{5}+\frac{8}{5}}=\sqrt{2.6}$，代入式（9-6）得均值差置信水平为 0.95 的置信区间为(−5.76,0.56)。

2. 实验步骤

练习 9.9 程序代码

（1）输入两组数据，根据置信水平写出 α，使用 st.norm.ppf(1-alpha/2)函数求出 $Z_{\frac{\alpha}{2}}$。

（2）分别计算两个样本的样本均值和样本方差。

（3）使用式（9-6）求出置信区间。

3. 运行结果

```
置信区间为 (-5.7603469641488321, 0.56034696414882879)
```

练习 9.10 学习成绩均值差的置信区间

为了考察两个专业的学生的概率论与数理统计课程的学习情况，每个专业随机选择 8 名同学进行测试，这 16 名同学的成绩分别为：

专业一：86，87，56，93，84，93，75，79。

专业二：80，79，58，91，77，82，74，66。

假设成绩服从正态分布，分别为$N(\mu_1,\sigma^2)$，$N(\mu_2,\sigma^2)$，σ^2未知，求$\mu_1-\mu_2$置信水平为 0.95 的置信区间。

1. 理论分析

有两个正态总体，已知$\sigma_1^2=\sigma_2^2$，但其值未知，求期望差$\mu_1-\mu_2$的置信区间，应使用式（9-7）。由给定的两组样本观测值可知，$n_1=8$，$\bar{X}=81.625$，$S_1^2=145.696$，$n_2=8$，$\bar{Y}=75.875$，$S_2^2=102.125$，$S_w^2=\frac{7\times145.696+7\times102.125}{14}=123.910$，$\bar{X}-\bar{Y}=81.625-75.875=5.75$，查 t 分布的分位数表，得 $t_{\frac{\alpha}{2}}(n_1+n_2-2)=t_{0.025}(14)=2.1448$，从而 $\Delta=t_{\frac{\alpha}{2}}(n_1+n_2-2)S_w\sqrt{\frac{1}{n_1}+\frac{1}{n_2}}=2.1448\sqrt{123.91\times\left(\frac{1}{8}+\frac{1}{8}\right)}=11.94$，故 $\mu_1-\mu_2$ 置信水平为 0.95 的置信区间为 $(\bar{X}-\bar{Y}-\Delta,\bar{X}-\bar{Y}+\Delta)=(5.75-11.94,5.75+11.94)=(-6.19,17.69)$。

2. 实验步骤

练习 9.10 程序代码

（1）输入两组数据，根据置信水平写出 α，使用 st.t.ppf(1-alpha/2, n1+n2-2)函数求出 $t_{\alpha/2}(n_1+n_2-2)$。

（2）分别计算两个样本的样本均值和样本方差，再使用公式计算

$$S_w = \sqrt{\frac{(n_1-1)S_1^2+(n_2-1)S_2^2}{n_1+n_2-2}}。$$

（3）使用公式（9-7）求出置信区间。

3．运行结果

```
置信区间为 (-6.1873668374253938, 17.687366837425394)
```

练习 9.11　滚珠直径的方差比的置信区间

有两台车床生产同一种型号的滚珠，根据以往经验可以认为，这两台车床生产的滚珠的直径均服从正态分布。现从这两台车床的产品中分别抽取 8 颗滚珠和 9 颗滚珠，测得滚珠的直径（单位：mm）如下：

甲车床：15.0，14.5，15.2，15.5，14.8，15.1，15.2，14.8。

乙车床：15.2，15.0，14.8，15.2，15.0，15.0，14.8，15.1，14.8。

求两台车床生产的滚珠方差比的置信区间，置信水平为 0.95。

练习 9.11　程序代码

1．理论分析

由于滚珠直径服从正态分布，方差比的置信区间公式为$\left(\frac{S_1^2}{S_2^2}\frac{1}{F_{0.025}(8,8)},\frac{S_1^2}{S_2^2}\frac{1}{F_{0.975}(8,8)}\right)$，

$S_1^2=0.095536$，$S_2^2=0.026111$，$F_{0.025}(7,8)$=4.53，$F_{0.975}(7,8)$=$\frac{1}{F_{0.975}(8,7)}=\frac{1}{4.9}$=0.204，所以$\sigma^2$的置信度 0.95 的置信区间为(0.8077,17.9355)。

2．实验步骤

（1）输入两组数据，根据置信水平写出 α，使用 st.f.ppf(1-alpha/2,n1-1,n2-1)函数和 f_percentile2=st.f.ppf(alpha/2,n1-1,n2-1)函数求出 F 分布的分位数。

（2）分别计算两个样本的样本均值和样本方差。

（3）使用式（9-8）求出置信区间。

3．运行结果

```
置信区间为 (0.80794178606901157, 17.925779043625887)
```

六、拓展阅读

研制疫苗时需要进行临床实验。在设计临床实验时需要考虑免疫原性。如果将抗体阳转率作为主要评价指标，可综合分析对照疫苗既往临床研究结果，对抗体阳转率进行保守估计，一般取其双侧 95%置信区间下限的$\frac{1}{20}$~$\frac{1}{10}$作为率差的等效/非劣效界值。若采用率比法，抗体阳转率率比（实验疫苗/对照疫苗）的双侧 95%置信区间（等效区间）应包含在(0.8,1.25)内；抗体阳转率率比（实验疫苗/对照疫苗）的单侧 97.5%置信区间（非劣效区间）下限应不低于 0.8。

实验 10

假设检验

实验 10.1　单个正态总体参数的假设检验

一、实验目的

1. 当总体方差已知时，对单个正态总体的期望进行假设检验。
2. 当总体方差未知时，对单个正态总体的期望进行假设检验。
3. 当总体期望未知时，对单个正态总体的方差进行假设检验。
4. 学会使用 Python 进行假设检验。

二、实验要求

1. 复习 Z 检验、t 检验、卡方检验的原假设（H_0）和备择假设（H_1）的双侧、左侧、右侧三种提法。
2. 会写这三种检验的统计量和拒绝域。
3. 会用这三种检验解决实际问题。

三、知识链接

实际推断原理：小概率事件在一次实验中几乎不可能发生。
实际推断原理是进行假设检验的依据。

1. 检验的 p 值（尾概率）

在一个假设检验问题中，利用观测值能够做出拒绝 H_0 的最小显著性水平称为检验的 p 值。
引进检验的 p 值的好处如下。

首先，由于检验的 p 值比较客观，避免了事先确定显著性水平；其次，由检验的 p 值与人们心目中的显著性水平 α 进行比较可以很容易得出检验的结论：若 $\alpha \geqslant p$，则在显著性水

平 α 下拒绝 H_0；若 $\alpha<p$，则在显著性水平 α 下接受 H_0。如今的统计软件对检验问题一般都会给出检验的 p 值。

2．总体的期望的假设检验

1）Z 检验的统计量和拒绝域

设总体 $X \sim N(\mu,\sigma^2)$，$X_1, X_2,\cdots, X_n$ 是总体 X 的容量为 n 的一个样本，其样本均值和样本方差分别为 $\bar{X}$ 和 S^2。检验统计量为 $Z=\dfrac{\bar{X}-\mu}{\sigma/\sqrt{n}}$，当 H_0 成立时，$Z_0=\dfrac{\bar{X}-\mu_0}{\sigma/\sqrt{n}}\sim N(0,1)$。

（1）H_0：$\mu=\mu_0$，H_1：$\mu\neq\mu_0$（双侧检验），拒绝域为 $W=\{|Z|>Z_{\alpha/2}\}$，若使用 p 值法，则 $p=P\{|Z|>|Z_0|\}=2(1-\Phi(|Z_0|))$。

（2）H_0：$\mu\geqslant\mu_0$，H_1：$\mu<\mu_0$（左侧检验），拒绝域为 $W=\{Z<-Z_\alpha\}$，若使用 p 值法，则 $p=P\{Z<Z_0\}=\Phi(Z_0)$。

（3）H_0：$\mu\leqslant\mu_0$，H_1：$\mu>\mu_0$（右侧检验），拒绝域为 $W=\{Z>Z_\alpha\}$，若使用 p 值法，则 $p=P\{Z>Z_0\}=1-\Phi(Z_0)$。

2）t 检验的统计量和拒绝域

检验统计量为 $t=\dfrac{\bar{X}-\mu}{S/\sqrt{n}}$，当 H_0 成立时，$t_0=\dfrac{\bar{X}-\mu_0}{S/\sqrt{n}}\sim N(0,1)$。

（1）H_0：$\mu=\mu_0$，H_1：$\mu\neq\mu_0$（双侧检验），拒绝域为 $W=\{|t|>t_{\alpha/2}(n-1)\}$，若使用 p 值法，则 $p=P\{|t|>|t_0|\}=2(1-F_t(|t_0|))$。

（2）H_0：$\mu\geqslant\mu_0$，H_1：$\mu<\mu_0$（左侧检验），拒绝域为 $W=\{t<-t_\alpha(n-1)\}$，若使用 p 值法，则 $p=P\{t<t_0\}=F_t(t_0)$。

（3）H_0：$\mu\leqslant\mu_0$，H_1：$\mu>\mu_0$（右侧检验），拒绝域为 $W=\{t>t_\alpha(n-1)\}$，若使用 p 值法，则 $p=P\{t>t_0\}=1-F_t(t_0)$。

3．总体方差的假设检验

1）总体期望未知时，对总体方差的假设检验（卡方检验）

检验统计量为 $\chi^2=\dfrac{(n-1)\ S^2}{\sigma^2}$，当 H_0 成立时，$\chi_0^2=\dfrac{(n-1)\ S^2}{\sigma_0^2}\sim\chi^2(n-1)$。

（1）H_0：$\sigma^2=\sigma_0^2$，H_1：$\sigma^2\neq\sigma_0^2$（双侧检验），拒绝域为 $\{\chi^2>\chi_{\alpha/2}^2(n-1)\}\cup\{\chi^2<\chi_{1-\alpha/2}^2(n-1)\}$，若使用 p 值法，则 $p=2\min\left\{F_{\chi^2}(\chi_0^2),1-F_{\chi^2}(\chi_0^2)\right\}$。

（2）H_0：$\sigma^2\geqslant\sigma_0^2$，$H_1$：$\sigma^2<\sigma_0^2$（左侧检验），拒绝域为 $W=\{\chi^2<\chi_{1-\alpha}^2(n-1)\}$，若使用 p 值法，则 $p=1-F_{\chi^2}(\chi_0^2)$。

（3）H_0：$\sigma^2\leqslant\sigma_0^2$，$H_1$：$\sigma^2>\sigma_0^2$（右侧检验），拒绝域为 $W=\{\chi^2>\chi_\alpha^2(n-1)\}$，若使用 p 值法，则 $p=F_{\chi^2}(\chi_0^2)$。

2）总体期望已知时，对总体方差的假设检验（卡方检验）

检验统计量为 $\chi^2=\sum\limits_{i=1}^{n}\dfrac{(X_i-\mu)^2}{\sigma^2}$，当 H_0 成立时，$\chi_0^2=\sum\limits_{i=1}^{n}\dfrac{(X_i-\mu)^2}{\sigma_0^2}\sim\chi^2(n)$。

（1） H_0： $\sigma^2=\sigma_0^2$ ， H_1： $\sigma^2\neq\sigma_0^2$ （双侧检验），拒绝域为 $W=\{\chi^2>\chi^2_{\alpha/2}(n)\}\cup\{\chi^2<\chi^2_{1-\alpha/2}(n)\}$，若使用 p 值法，则 $p=2\min\left\{F_{\chi^2}(\chi_0^2),1-F_{\chi^2}(\chi_0^2)\right\}$。

（2） H_0： $\sigma^2\geqslant\sigma_0^2$， H_1： $\sigma^2<\sigma_0^2$（左侧检验），拒绝域为 $W=\{\chi^2<\chi^2_{1-\alpha}(n)\}$，若使用 p 值法，则 $p=1-F_{\chi^2}(\chi_0^2)$。

（3） H_0： $\sigma^2\leqslant\sigma_0^2$， H_1： $\sigma^2>\sigma_0^2$（右侧检验），拒绝域为 $W=\{\chi^2>\chi^2_{\alpha}(n)\}$，若使用 p 值法，则 $p=F_{\chi^2}(\chi_0^2)$。

四、实验内容

实验 10.1.1 电动车的电瓶质量的检验——双侧 Z 检验

由经验可知，某种电动车的电瓶的质量符合 $X\sim N(20,0.05)$，采用新技术后，抽测了 8 个电瓶，测得质量如下：19.8，20.3，20.4，19.9，20.2，19.6，20.5，20.1[单位为斤（1 斤=500g）]。已知方差不变，问采用新技术后电瓶的平均质量是否仍为 20 斤（$\alpha=0.05$）。

1．理论分析

该实验为方差 σ^2 已知，求单个正态总体期望的假设检验。统计假设为 $H_0:\mu=20$，$H_1:\mu\neq 20$，统计量为 $Z=\dfrac{\bar{X}-\mu_0}{\sigma/\sqrt{n}}$，在 H_0 成立的条件下，Z 服从标准正态分布。拒绝域为 $W=\{|Z|\geqslant Z_{\alpha/2}\}$，在显著性水平 α=0.05 下，$Z_{0.025}$=1.96。计算得 $\bar{X}=20.1$，$Z=\dfrac{20.1-20}{\sqrt{0.05/8}}=1.265$，因为 $Z=1.265<Z_{0.05}=1.96$，故接受 H_0，采用新技术后电瓶的平均质量仍为 20 斤。

2．实验步骤

（1）计算样本均值、样本方差。

（2）计算统计量 $Z=\dfrac{\bar{X}-\mu_0}{\sigma/\sqrt{n}}$ 的值 Z_0。

（3）求标准正态分布的分位数值 $Z_{\alpha/2}$，和统计量的值进行比较，得出结论。

（4）利用公式 $p=2(1-\Phi(|Z_0|))$，计算检验的 p 值，并与显著性水平 α 进行比较，对应命令为 p1=2-2*st.norm.cdf(abs(Z0))。

3．程序代码

```
import scipy.stats as st
import numpy as np
data=[19.8,20.3,20.4,19.9,20.2,19.6,20.5,20.1]
n=len(data)
mu0=20
#单个样本 Z 检验，使用公式
def oneztest(sigma,alpha):
    #计算均值
```

```
    s1=0
    for i in range(0,n):
      k=data[i]
      s1=s1+k
    mean=s1/n
    #使用公式计算统计量的值
    z= (mean-mu0 )/(sigma/np.sqrt(n))
    #利用分位数进行检验
    z_percentile=st.norm.ppf(1-alpha/2)#Z1-α/2
    print('统计量的值为',z,'标准正态分布的分位数为',z_percentile,'均值为',mean)
    #根据拒绝域判断
    if(abs(z)<z_percentile):
      print('接受原假设')
    else:
      print('拒绝原假设')
    #利用 p 值进行检验
    p=2*(1-st.norm.cdf(abs(z)))
    print('检验的 p 值为',p)
    #根据 p 值判断
    if(p>alpha):
      print('接受原假设')
    else:
      print('拒绝原假设')
a=oneztest(np.sqrt(0.05),0.05)
```

4. 运行结果

```
统计量的值为 1.26491106407 标准正态分布的分位数为 1.95996398454
均值为 20.1
接受原假设
检验的 p 值为 0.205903210732
接受原假设
```

实验 10.1.2　电子元件的寿命的检验——左侧 Z 检验

要求某种电子元件的使用寿命不得低于 1000 小时，现在从一批电子元件中随机抽取 25 件，测得其寿命平均值为 950 小时，已知该种元件寿命服从标准差 $\sigma=100$ 的正态分布，试在显著性水平 0.05 下确定这批产品是否合格。

1. 理论分析

设元件寿命 $X\sim N(\mu,\sigma^2)$，$\sigma^2=1000$，$n=25$，$\overline{X}=950$，$\alpha=0.05$，检验 $\mathrm{H}_0:\mu=1000$，$\mathrm{H}_1:\mu<1000$，在方差 σ^2 已知条件下，统计量 $Z=\dfrac{\overline{X}-1000}{\sigma/\sqrt{n}}\sim N(0,1)$，拒绝域为 $W=\{Z<-Z_{0.05}\}$，$Z_{0.05}=1.645$，而 $Z=\dfrac{950-1000}{100/\sqrt{25}}=\dfrac{-50}{20}=-2.5<-1.645$，拒绝 H_0，所以认为这批产品不合格。

2. 实验步骤

（1）计算样本均值、样本方差。

（2）计算统计量 $Z=\dfrac{\overline{X}-\mu_0}{\sigma/\sqrt{n}}$ 的值 Z_0。

（3）求出标准正态分布的分位数值 Z_α，与统计量的值进行比较，得出结论。

（4）利用公式 $\Phi(Z_0)$，计算检验的 p 值，与显著性水平 α 进行比较，对应命令为 p=st.norm.cdf(Z0)。

3. 程序代码

```
import scipy.stats as st
import numpy as np
n=25
mu0=1000
sigma=100
def oneztestleft(alpha):
    z_percentile=-st.norm.ppf(1-alpha)
    mean=950
    z= (mean-mu0 )/(sigma/np.sqrt(n))
    print('统计量的值为',z,'标准正态分布的分位数为',z_percentile,'均值为',mean)
    if(abs(z)<z_percentile):
      print('接受原假设')
    else:
      print('拒绝原假设')
    #利用p值进行检验
    #检验的p值
    p=st.norm.cdf(z)
    print('检验的p值为',p)
    #根据p值判断
    if(p>alpha):
      print('接受原假设')
    else:
      print('拒绝原假设')
a=oneztestleft(0.05)
```

4. 运行结果

```
统计量的值为-2.5    标准正态分布的分位数为 -1.64485362695    均值为 950
拒绝原假设
检验的p值为 0.00620966532578
拒绝原假设
```

实验 10.1.3　减肥药对体重的影响的检验——双侧 t 检验

为了检测某种减肥药对体重有无影响，寻找 10 名志愿者服用减肥药，并测量志愿者在服药前后的体重，经计算得体重差值如下：6，8，4，6，-3，7，2，6，-2，-1，假设服药前后人的体重差值服从正态分布。在显著性水平 α=0.05 下能否认为该药物能够改变人的体重？

1．理论分析

用 X 表示服药前后人的体重差值，则有 $X \sim N(\mu,\sigma^2)$。方差 σ^2 未知，因此采用 t 检验法。假设为 $H_0:\mu=0$，$H_1:\mu\neq0$，统计量 $t=\dfrac{\bar{X}-\mu_0}{S/\sqrt{n}}\sim t(9)$，在显著性水平 α=0.05 下，$t_{0.025}(9)=2.2622$。拒绝域为 $W=\{|t|>t_{0.025}(9)\}$。经计算得 $\bar{X}=3.3$，$S^2=16.233$，$t=\dfrac{3.3-0}{\sqrt{16.233/10}}=2.59$，因为 t=2.59>2.2622，故拒绝 H_0。

2．实验步骤

（1）计算样本均值、样本方差。

（2）计算统计量 $t=\dfrac{\bar{X}-\mu_0}{S/\sqrt{n}}$ 的值 t_0。

（3）求出标准正态分布的分位数值 $t_{\alpha/2}(n-1)$，和统计量的值进行比较，得出结论。

（4）利用公式 $p=2(1-t(|t_0|))$，计算检验的 p 值，并与显著性水平 α 进行比较，对应命令为 p=2-2*st.t.cdf(abs(t),n-1)。

3．程序代码

1）方法 1：使用公式，对应程序如下：

```
import numpy as np
from scipy.stats import t
alpha = 0.05
data= [6,8,4,6,-3,7,2,6,-2,-1]
m=np.mean(data)
s=np.std(data,ddof=1)
print('样本平均值=',m)
print('样本标准差=',s)
mu0=0
#使用公式
n= len(data)
t1=t.ppf(1-alpha/2, df=n-1)
c= (m- mu0)*np.sqrt(n)/ s
print('t 值=',c,'分位数=',t1)
if(abs(c)<t1):
    print('接受原假设')
else:
    print('拒绝原假设')
#利用 p 值进行检验
p=2*(1-t.cdf(abs(c),n-1))
print('检验的 p 值为',p)
#根据 p 值判断
if(p>alpha):
    print('接受原假设')
```

```
else:
    print('拒绝原假设')
```

2）方法 2：使用现成的统计包里的程序如下：

```
import numpy as np
import scipy.stats as st
alpha = 0.05
data= [6,8,4,6,-3,7,2,6,-2,-1]
mu0=0
n= len(data)
m=np.mean(data)
s=np.std(data, ddof = 1)
t,p_two1 = st.ttest_1samp(data,mu0)
#手动计算 c 值
c=(m- mu0)*np.sqrt(n)/s
print('t 值=',t,'包中的双尾检验的 p 值',p_two1)
if(p_two1 < alpha):
    print('拒绝原假设')
else:
    print('接受原假设')
#手动计算 p 值
p1=2-2*st.t.cdf(abs(t),n-1)
print('手动计算 p 值=',p1,'手动计算 t 值=',c)
```

4. 运行结果

1）方法 1 运行结果

```
样本平均值= 3.3
样本标准差= 4.029061098237818
t 值= 2.5900615612703937 分位数= 2.2621571627409915
拒绝原假设
检验的 p 值为 0.029210523815492717
拒绝原假设
```

2）方法 2 运行结果

```
t 值= 2.5900615612703937   统计包中的双尾检验的 p 值 0.02921052381549256
拒绝原假设
手动计算 p 值= 0.029210523815492717 手动计算 t 值= 2.5900615612703937
```

注意，np.std()函数在求标准差时默认是除以 n 的，即二阶样本中心矩，是有偏的。np.std(data,ddof=1)函数求得的是样本方差，是无偏的。pandas.std()默认是除以 n-1 的，即样本方差，是无偏的。若想求二阶样本中心矩，则需要使用 pandas.std(data,ddof=0)函数。

实验 10.1.4　枪弹的初始速率的检验——左侧 t 检验

有一批枪弹，出厂时其初始速率服从正态分布 $v \sim N(950,\sigma^2)$，经过较长时间储存，取 9 发枪弹测试其初始速率，得到样本值如下：914，920，910，934，953，945，912，924，940。由经验可知，枪弹经储存后其初始速率仍然服从正态分布，是否可以认为这批枪弹的初始速率有显著降低？

1. 理论分析

该实验方差σ^2未知，因此采用t检验法。统计假设为$H_0: \mu \geqslant 950$，$H_1: \mu < 950$，统计量为$t = \dfrac{\bar{X} - \mu_0}{S / \sqrt{n}} \sim t(8)$，在显著性水平 α=0.05 下，$t_{0.05}(8) = 1.8595$。拒绝域为$W = \{t < -t_{0.05}(8)\}$。经计算得$\bar{X} = 928$，$S = 15.612$，$t = \dfrac{928 - 950}{\sqrt{243.7345 / 9}} = -4.2275$，因为 t=−4.2275<−1.8595，故拒绝H_0，认为枪弹的初始速率有显著降低。

2. 实验步骤

（1）计算样本均值、样本方差。

（2）计算统计量$t = \dfrac{\bar{X} - \mu_0}{S / \sqrt{n}}$的值$t_0$。

（3）求出t分布的分位数值$-t_\alpha(n-1)$，并与统计量的值进行比较，得出结论。

（4）利用公式$p = F_t(t_0)$，计算检验的 p 值，并与显著性水平α进行比较，对应命令为 p=st.t.cdf(t,n-1) 。

3. 程序代码

```
import scipy.stats as st
import numpy as np
data= [914,920,910,934,953,945,912,924,940]
n=len(data)
mu0=950
def onettestleft(alpha):
    t_percentile=st.t.ppf(alpha,n-1)
    #计算均值
    s1=0
    s2=0
    for i in range(0,n):
      k=data[i]
      s1=s1+k
    mean=s1/n
    #计算样本方差
    for i in range(0,n):
      k=data[i]
      s2=s2+(k-mean)**2
    std=np.sqrt(s2/(n-1))
    t= (mean-mu0 )/(std/np.sqrt(n))
    print('统计量t值为',t,'t分位数为',t_percentile,'标准差为',std,'均值为',mean)
    if(t>t_percentile):
      print('接受原假设')
```

```
    else:
      print('拒绝原假设')
    #利用 p 值进行检验
    p=st.t.cdf(t,n-1)
    print('检验的 p 值为',p)
    if(p>alpha):
       print('接受原假设')
    else:
       print('拒绝原假设')
a=onettestleft(0.05)
```

4. 运行结果

```
    统计量 t 值为 -4.2273832604543005      t 分位数为 -1.8595480375228428    标准差为
15.612494995995995 均值为 928.0
    拒绝原假设
    检验的 p 值为 0.0014433151077694 5
    拒绝原假设
```

实验 10.1.5　饲料养鸡的质量检验——右侧 t 检验

已知鸡在用精料饲养时，经若干天平均增长质量为 2kg。现对一批鸡改用粗料饲养，同时改进饲养方法。经过同样长的饲养期后从用精料饲养的鸡和用粗料饲养的鸡中各随机抽取 10 只，测得增长质量分别为（单位：kg）：2.15，1.85，1.90，2.05，1.95，2.30，2.35，2.50，2.25，1.90。由经验可知，同一批鸡增长的质量服从正态分布 $X \sim N(\mu,\sigma^2)$，试判断关于这一批鸡增长的质量的假设 $\mathrm{H}_0:\mu=2$，$\mathrm{H}_1:\mu>2$ （α =0.1）是否成立。

1. 理论分析

假设 $\mathrm{H}_0:\mu=2$，$\mathrm{H}_1:\mu>2$，取 $t=\dfrac{\bar{X}-\mu_0}{S/\sqrt{n}}$ 作为统计量，在 H_0 成立的条件下，$\dfrac{\bar{X}-\mu_0}{S/\sqrt{n}}\sim t(9)$。经计算得：$\bar{X}=2.12$，$S^2=0.05$，$S=0.224$，查 t 分布的分位数表得：$t_{0.10}(9)=1.3830$，$t=\dfrac{2.12-2}{0.224/\sqrt{10}}=1.694$，拒绝域为 $W=\{t>t_{\frac{\alpha}{2}}(n-1)\}$，$t=1.694>1.3830$，所以拒绝 H_0，认为 H_1 成立，即 $\mu_1>2$。

2. 实验步骤

（1）计算样本均值、样本方差。

（2）计算统计量 $t=\dfrac{\bar{X}-\mu_0}{S/\sqrt{n}}$ 的值 t_0。

（3）求出 t 分布的分位数值 $t_\alpha(n-1)$，和统计量的值进行比较，得出结论。

（4）利用公式 $p=1-F_t(t_0)$，计算检验的 p 值，并与显著性水平 α 进行比较，相应命令为 p=1-st.t.cdf(t,n-1)。

3. 程序代码

```
import scipy.stats as st
import numpy as np
data= [2.15,1.85, 1.90,2.05,1.95,2.30,2.35,2.50, 2.25,1.90]
n=len(data)
mu0=2
def onettestright(alpha):
    t_percentile=st.t.ppf(1-alpha,n-1)
    #计算均值
    s1=0
    s2=0
    for i in range(0,n):
      k=data[i]
      s1=s1+k
    mean=s1/n
    #计算样本方差
    for i in range(0,n):
      k=data[i]
      s2=s2+(k-mean)**2
    std=np.sqrt(s2/(n-1))
    t= (mean-mu0 )/(std/np.sqrt(n))
    print('统计量 t 值为',t,'t 分位数为',t_percentile,'标准差为',std,'均值为',mean)
    if(t<t_percentile):
      print('接受原假设')
    else:
      print('拒绝原假设')
    #利用 p 值进行检验
    p=1-st.t.cdf(t,n-1)
    print('检验的 p 值为',p)
    #根据 p 值判断
    if(p>alpha):
        print('接受原假设')
    else:
        print('拒绝原假设')
a=onettestright(0.1)
```

4. 运行结果

```
统计量 t 值为 1.6951737936528353 t 分位数为 1.3830287383964925 标准差为
0.2238551118717442 均值为 2.1199999999999997
拒绝原假设
检验的 p 值为 0.06214078978936366
拒绝原假设
```

实验 10.1.6　显像管寿命波动性的检验——双侧卡方检验

某厂家生产的一种显像管的寿命服从正态分布 $X \sim N(\mu,\sigma^2)$，今从一批产品中抽取 9 只显像管，测得指标数据为：100，110，101，105，95，98，80，114，100。

（1）当总体均值为 100 时，检验 $\sigma^2=8^2$（取 α=0.05）。

（2）当总体均值未知时，检验 $\sigma^2=8^2$（取 α=0.05）。

1. 理论分析

提出 H_0：σ^2=64，H_1：$\sigma^2\neq 64$，$\bar{X}$=100.33，S^2=93.75。

（1）已知 $\mu=100$，$\chi^2=\sum_{i=1}^{n}\frac{(X_i-\mu)^2}{\sigma_0^2}\sim\chi^2(n)$，临界值 $\chi^2_{0.975}(9)$=2.7，$\chi^2_{0.025}(9)$=19.022，检验统计量的值 $\chi^2=\sum_{i=1}^{n}\frac{(X_i-\mu)^2}{\sigma_0^2}=\sum_{i=1}^{9}\frac{(X_i-100)^2}{64}$=11.73438，由于 $\chi^2_{0.975}(9)<\chi^2<\chi^2_{0.025}(9)$，故接受 H_0。

（2）在 μ 未知时，临界值 $\chi^2_{0.975}(8)$=2.18，$\chi^2_{0.025}(8)$=17.534，检验统计量的值 $\chi^2=\frac{(n-1)S^2}{\sigma_0^2}$=11.71875，由于 $\chi^2_{0.975}(8)<\chi^2<\chi^2_{0.025}(8)$，故接受 H_0。

2. 实验步骤

（1）计算样本均值、样本方差。

（2）计算统计量 $\chi^2=\sum_{i=1}^{n}\frac{(X_i-\mu)^2}{\sigma_0^2}$ 或 $\chi^2=\frac{(n-1)S^2}{\sigma_0^2}$ 值 χ_0^2。

（3）求出卡方分布的分位数值，和统计量的值进行比较，得出结论。

（4）利用公式 $p=2\min\left\{F_{\chi^2}(\chi_0^2),1-F_{\chi^2}(\chi_0^2)\right\}$，计算检验的 p 值，并与显著性水平 α 进行比较，对于第一问的命令为 2*(min(1-st.chi2.cdf(f,n),st.chi2.cdf(f,n)))，对于第二问的命令为 2*(min(1-st.chi2.cdf(f,n-1),st.chi2.cdf(f,n-1)))。

3. 程序代码

第一问的程序为：

```
import scipy.stats as st
data=[100,110,101,105,95,98,80,114,100]
n=len(data)
mu0=20
#单个总体卡方检验，使用公式
def onekafangtest(mu,sigma,alpha):
    #计算均值
    s1=0
    for i in range(0,n):
      k1=data[i]
      s1=s1+k1
    mean=s1/n
    #计算样本方差
    s2=0
    for i in range(0,n):
       k1=data[i]
```

```
      s2=s2+(k1-mu)**2
    #使用公式
    f=s2/(sigma**2)
    #利用分位数进行检验
    #1-α/2 分位数
    k_percentile1=st.chi2.ppf(1-alpha/2,n)
    #α/2 分位数
    k_percentile2=st.chi2.ppf(alpha/2,n)
    print('统计量的值为',f,'卡方分布的分位数为',k_percentile1,k_percentile2)
    #根据拒绝域判断
    if(k_percentile2<f<k_percentile1 ):
      print('接受原假设')
    else:
      print('拒绝原假设')
    #利用 p 值进行检验
    #检验的 p 值
    p=2*(min(1-st.chi2.cdf(f,n),st.chi2.cdf(f,n)))
    print('检验的 p 值为',p)
    #根据 p 值进行判断
    if(p>alpha):
      print('接受原假设')
    else:
      print('拒绝原假设')
a=onekafangtest(100,8,0.05)
```

第二问的程序为：

```
import scipy.stats as st
import numpy as np
data=[100,110,101,105,95,98,80,114,100]
n=len(data)
mu0=20
#单个总体卡方检验，使用公式
def onekafangtest(sigma,alpha):
    #计算均值
    s1=0
    for i in range(0,n):
      k1=data[i]
      s1=s1+k1
    mean=s1/n
    #计算样本方差
    s2=0
    for i in range(0,n):
        k1=data[i]
        s2=s2+(k1-mean)**2
    std=np.sqrt(s2/(n-1))
    #使用公式
```

```
        f=s2/(sigma**2)
        #利用分位数进行检验
        #1-α/2 分位数
        k_percentile1=st.chi2.ppf(1-alpha/2,n-1)
        #α/2 分位数
        k_percentile2=st.chi2.ppf(alpha/2,n-1)
        print('统计量的值为',f,'卡方分布的分位数为',k_percentile1,k_percentile2)
        #根据拒绝域判断
        if(k_percentile2<f<k_percentile1 ):
          print('接受原假设')
        else:
          print('拒绝原假设')
        #利用 p 值进行检验
        #检验的 p 值
        p=2*(min(1-st.chi2.cdf(f,n-1),st.chi2.cdf(f,n-1)))
        print('检验的 p 值为',p)
        #根据 p 值进行判断
        if(p>alpha):
          print('接受原假设')
        else:
          print('拒绝原假设')
    a=onekafangtest(8,0.05)
    a=onekafangtest(8,0.05)
```

4．运行结果

第一问的程序运行结果为：

```
统计量的值为 11.734375  卡方分布的分位数为 19.02276779864163 2.700389499980358
接受原假设
检验的 p 值为 0.45740309950217894
接受原假设
```

第二问的程序运行结果为：

```
统计量的值为 11.71875  卡方分布的分位数为 17.534546139484647
2.1797307472526515
接受原假设
检验的 p 值为 0.32840115692035354
接受原假设
```

五、练习

练习 10.1 感冒冲剂质量的 Z 检验

某种感冒冲剂规定每包质量为 12g，质量不足或质量过大都会导致严重后果。分析过去的生产数据可知，标准差为 2g，质检员抽取 25 包冲剂称重，平均每包的质量为 11.85g。假定感冒冲剂质量服从正态分布。取显著性水平为 $\alpha=0.05$，$Z_{0.025}=1.96$，检验每包感冒冲剂的质量是否符合标准要求。

1. 理论分析

统计假设为 $H_0: \mu=12$，$H_1: \mu \neq 12$，$\alpha = 0.05$，$n = 250$，$Z_{0.025} = 1.96$，$Z = \dfrac{\bar{x}-\mu_0}{\sigma/\sqrt{n}} = \dfrac{11.85-12}{2/\sqrt{25}} = -0.375$，$|Z| < 1.96$，接收 H_0，因此每包感冒冲剂的质量符合要求。

2. 实验步骤

（1）计算统计量 $Z = \dfrac{\bar{X}-\mu_0}{\sigma/\sqrt{n}}$ 的值 Z_0。

（2）求标准正态分布的分位数值 $Z_{\alpha/2}$，和统计量值进行比较，得出结论。

练习 10.1 程序代码

（3）利用公式 $p = 2(1-\Phi(|Z_0|))$ 计算检验的 p 值，并与显著性水平 α 进行比较，相应命令为 p=2-2*st.norm.cdf(abs(Z0))。

3. 运行结果

```
统计量的值为 -0.375000000000009 标准正态分布的分位数为 1.959963984540054
接受原假设
检验的 p 值为 0.7076604666545518
接受原假设
```

练习 10.2 加工工件所需时间的 Z 检验

一车床工人需要加工各种规格的工件，已知加工一工件所需时间服从正态分布 $N(\mu,\sigma^2)$，均值为 18min，标准差为 4.62min。现希望测定该车床工人对工作的厌烦是否影响了工作效率。测得以下数据：21.01，19.32，18.76，22.42，20.49，25.89，20.11，18.97，20.90，试依据这些数据（$\alpha = 0.05$，$Z_{0.05} = 1.645$）检验假设 $H_0: \mu \leqslant 18$，$H_1: \mu > 18$。

1. 理论分析

该检验是一个方差已知的正态总体的均值检验，属于右侧检验问题，检验统计量为 $Z = \dfrac{\bar{X}-18}{\sigma/\sqrt{n}}$，代入数据，得到 $Z = \dfrac{20.874-18}{4.62/\sqrt{9}} = 1.8665$。检验的临界值为 $Z_{0.05} = 1.645$。因为 $Z = 1.8665 > 1.645$，所以样本值落入拒绝域中，拒绝 H_0，因此可认为该车床工人加工一工件所需时间显著大于 18min。

2. 实验步骤

（1）计算样本均值、样本方差。

（2）计算统计量 $Z = \dfrac{\bar{X}-\mu_0}{\sigma/\sqrt{n}}$ 的值 Z_0。

练习 10.2 程序代码

（3）求标准正态分布的分位数值 $Z_\alpha(n-1)$，和统计量的值进行比较，得出结论。

（4）利用公式 $p = 1-\Phi(Z_0)$ 计算检验的 p 值，并与显著性水平 α 进行比较，相应命令为 p=1-st.norm.cdf(Z0)。

3. 运行结果

```
统计量的值为 1.8665223665223676 分位数为 -1.6448536269514729
均值为 20.874444444444446
拒绝原假设
检验的 p 值为 0.030984158893808345
拒绝原假设
```

练习 10.3 包装食品净重的 Z 检验

一家食品加工公司的质量管理部门规定，某种包装食品净重不得少于 20kg。由经验可知，净重近似服从标准差为 1.5kg 的正态分布。假定从一个由 30 包食品构成的随机样本中得到平均净重为 19.5kg，$\alpha=0.05$，$Z_{0.05}=1.645$，是否有充分证据证明这些包装食品的平均净重减少了。

1. 理论分析

把平均净重保持不变或增加作为 H_0 的内容，只要能否定 H_0，就能说明样本数据提供了充分证据证明平均净重减少了，于是有 $H_0:\mu\geqslant 20$，$H_1:\mu<20$。由于食品净重近似服从正态分布，故统计量 $Z=\dfrac{\overline{x}-\mu}{\sigma/\sqrt{n}}\sim N(0,1)$，$\alpha=0.05$，$Z_{0.05}=1.645$，当 $Z<Z_\alpha=-1.645$ 时，拒绝 H_0，计算得 $Z=\dfrac{\overline{x}-\mu}{\sigma/\sqrt{n}}=\dfrac{19.5-20}{1.5/\sqrt{30}}=-1.826$。由于 $Z<-Z_{0.05}=-1.645$，拒绝 H_0，因此能提供充分证据证明这些包装食品的平均净重减少了。

2. 实验步骤

练习 10.3 程序代码

（1）计算统计量 $Z=\dfrac{\overline{X}-\mu_0}{\sigma/\sqrt{n}}$ 的值 Z_0。

（2）求标准正态分布的分位数值 Z_α，和统计量的值进行比较，得出结论。

（3）利用公式 $p=\Phi(Z_0)$ 计算检验的 p 值，并与显著性水平 α 进行比较，相应命令为 p=st.norm.cdf(Z0)。

3. 运行结果

```
统计量的值为 -1.8257418583505538 标准正态分布的分位数为 -1.6448536269514722 均值为 19.5
拒绝原假设
检验的 p 值为 0.033944577430914495
拒绝原假设
```

练习 10.4 零件长度的 t 检验

从某种零件中抽取 5 件，测得其长度为（单位为 mm）：3.25，3.27，3.24，3.26，3.24，假设零件长度服从正态分布，在 $\alpha=0.01$ 下能否接受这批零件的长度为 3.25mm 的假设。

1．理论分析

假设为 $H_0: \mu_1 = \mu_0 = 3.25$，$H_1: \mu_1 \neq \mu_0$，统计量为 $t = \dfrac{\overline{X} - \mu_0}{S/\sqrt{n}} \sim t(4)$，拒绝域为 $W = \left\{ |t| > t_{\frac{\alpha}{2}}(n-1) \right\}$，计算得 $\overline{X} = 3.252$，$S = 0.013$，$n = 5$，$t_{0.005}(4) = 4.6041$，计算得 $t = \dfrac{3.252 - 3.25}{0.013/\sqrt{5}} = 0.344$，$t < t_{\frac{\alpha}{2}}$，接受 H_0，因此可认为这批零件的长度为 3.25mm。

2．实验步骤

练习 10.4　程序代码

（1）计算样本均值、样本方差。

（2）计算统计量 $t = \dfrac{\overline{X} - \mu_0}{S / \sqrt{n}}$ 的值 t_0。

（3）求标准正态分布的分位数值 $t_{\alpha/2}(n-1)$，和统计量的值进行比较，得出结论。

（4）利用公式 $p = 2(1 - F_t(t_0))$ 计算检验的 p 值，并与显著性水平 α 进行比较，相应命令为 p=2-2*st.t.cdf(t,n-1)。

3．运行结果

```
样本平均值= 3.252
样本标准差= 0.013038404810405173
t 值= 0.34299717028498317 分位数= 4.604094871415897
接受原假设
检验的 p 值为 0.7488684500235507
接受原假设
```

练习 10.5　麻疹疫苗效果的 t 检验

甲制药厂进行有关麻疹疫苗效果的研究，用 X 表示一个人注射这种疫苗后的抗体强度。假定 X 服从正态分布，与之竞争的乙制药厂生产的同种疫苗的平均抗体强度是 1.9。为证实甲制药厂生产的疫苗的平均抗体强度更高，从甲制药厂取容量为 16 的样本，测得 $\overline{x} = 2.225$，$S^2 = 0.2686667$，α=0.05，$t_{0.05}(15) = 1.7531$，检验甲制药厂生产的疫苗的平均抗体强度是否更高（α=0.05）。

1．理论分析

假设为 $H_0: \mu = 1.9$，$H_1: \mu > 1.9$，拒绝域为 $W = \{t > t_\alpha(n-1)\}$，统计量 $t = \dfrac{\overline{x} - \mu_0}{\dfrac{S}{\sqrt{n}}} = \dfrac{2.225 - 1.9}{\sqrt{\dfrac{0.2686667}{16}}} = 2.5081$，由于 t=2.5081>1.7531，故拒绝 H_0，即在 $\alpha = 0.05$ 下可以认为甲制药厂生产的疫苗的平均抗体强度更高。

练习 10.5　程序代码

2．实验步骤

（1）计算统计量 $t = \dfrac{\overline{X} - \mu_0}{S / \sqrt{n}}$ 的值 t_0。

（2）求出 t 分布的分位数值 $t_\alpha(n-1)$，和统计量的值进行比较，得出结论。

（3）利用公式 $p=1-F_t(t_0)$ 计算检验的 p 值，并与显著性水平 α 进行比较，相应命令为 p=1-st.t.cdf(t,n-1)。

3．运行结果

```
统计量 t 值为 2.5080513950491965        t 分位数为 1.7530503556925547
拒绝原假设
检验的 p 值为 0.01205965201950776
拒绝原假设
```

练习 10.6　溶液中水分的 t 检验

确定某种溶液中的水分，测得 10 个测定值的 $\bar{X}=0.452\%$，$S=0.035\%$，设总体服从正态分布，试在显著性水平为 5%下检验假设 $H_0:\mu\geqslant 0.5\%$，$H_1:\mu<0.5\%$。

1．理论分析

因为总体服从正态分布且总体方差未知，所以用 t 检验。检验统计量为 $t=\dfrac{\bar{X}-\mu_0}{S/\sqrt{n}}$，由题意得 $\bar{X}=0.452\%$，$S=0.035\%$，$t=\dfrac{0.452\%-0.5\%}{0.035\%/\sqrt{10}}=-4.337$，拒绝域为 $W=\{t<-t_\alpha(n-1)\}$，$t_{0.05}(9)=1.8331$。$t=-4.337<-1.8331$，拒绝 H_0。

2．实验步骤

练习 10.6　程序代码

（1）计算统计量 $t=\dfrac{\bar{X}-\mu_0}{S/\sqrt{n}}$ 的值 t_0。

（2）求出 t 分布的分位数值 $t_\alpha(n-1)$，和统计量的值进行比较，得出结论。

（3）利用公式 $p=F_t(t_0)$ 计算检验的 p 值，并与显著性水平 α 进行比较，相应命令为 p=st.t.cdf(t,n-1)。

3．运行结果

```
统计量 t 值为 -4.336837933945209        t 分位数为 -1.8331129326536337
拒绝原假设
检验的 p 值为 0.0009430787348059361
拒绝原假设
```

练习 10.7　电池的寿命的卡方检验

某电池的寿命在正常情况下服从正态分布 $N(\mu,\sigma^2)$，寿命的标准差小于 5 就可以认为电池是合格的。现生产 9 块电池，其寿命分别为：73.2，78.6，75.4，75.7，74.1，76.3，72.8，74.5，76.6，判断这批电池是否合格（$\alpha=0.01$）？

1．理论分析

统计假设为 $H_0:\sigma\leqslant 0.05$，H_1：$\sigma>0.05$，n=9，S=1.81873，选择统计量

$\chi^2=\frac{(n-1)S^2}{\sigma_0^2}=\frac{26.46}{25}=1.0584$，$\alpha$=0.01，查卡方分布的分位数表得 $\chi^2_{0.01}(8)=20.09$，拒绝域为 $W=\left\{\chi^2>\chi^2_\alpha(n-1)\right\}$，因为1.0584<20.09，所以接受 H_0，即这批电池是合格的。

2. 实验步骤

练习 10.7　程序代码

（1）计算样本均值、样本方差。

（2）计算统计量 $\chi^2=\frac{(n-1)S^2}{\sigma_0^2}$ 值 χ_0^2。

（3）求卡方分布的分位数值，和统计量的值进行比较，得出结论。

（4）利用公式 $p=1-F_{\chi^2}(\chi_0^2)$ 计算检验的 p 值，并与显著性水平 α 进行比较，相应命令为 p=1-st.chi2.cdf(f,n-1)。

3. 运行结果

```
统计量的值为 1.0584888888888875        卡方分布的分位数为 20.090235029663233
接受原假设
检验的 p 值为 0.9978511440511849
接受原假设
```

练习 10.8　产品质量的卡方检验

已知某产品的质量服从正态分布，从同一批产品中抽取 10 个产品测试其质量，测得数据为（单位为 kg）：280，278，276，284，276，285，276，278，290，282。是否可相信该产品的质量的方差为 25（$\alpha=0.05$）？

1. 理论分析

练习 10.8　程序代码

统计假设为 $H_0:\sigma^2=25$，$H_1:\sigma^2\neq 25$。针对给定的显著性水平 α =0.05，查卡方分布的分位数表得 $\chi^2_{0.975}(9)=2.7004$，$\chi^2_{0.025}(9)=19.0228$，拒绝域为 $W=\left\{\chi^2>\chi^2_{\frac{\alpha}{2}}(n-1)\right\}\cup\left\{\chi^2<\chi^2_{1-\frac{\alpha}{2}}(n-1)\right\}$。计算统计量 χ^2 的值。$\bar{X}=280.5$，$\sum_{i=1}^{10}(X_i-\bar{X})^2=198.5$，$\chi^2=\frac{198.5}{25}=7.94$，2.7004<$\chi^2$=7.94<19.0228，接受 H_0，因此可相信该产品的质量的方差为 25。

2. 实验步骤

（1）计算样本均值、样本方差。

（2）计算统计量 $\chi^2=\frac{(n-1)S^2}{\sigma_0^2}$ 值 χ_0^2。

（3）求卡方分布的分位数值，和统计量的值进行比较，得出结论。

（4）利用公式 $p=2\min\left\{F_{\chi^2}(\chi_0^2),1-F_{\chi^2}(\chi_0^2)\right\}$ 计算检验的 p 值，并与显著性水平 α 进行比较，相应命令为 2*(min(1-st.chi2.cdf(f,n-1),st.chi2.cdf(f,n-1)))。

3. 运行结果

```
统计量的值为 7.94    卡方分布的分位数为 19.02276779864163  2.700389499980358
接受原假设
检验的p值为 0.9195921237279523
接受原假设
```

练习 10.9　溶液水分的卡方检验

为确定某种溶液中的水分，测得 10 个测定值的 $\bar{X}=0.452\%$，$S=0.035\%$，设总体服从正态分布，试在显著性水平 5%下检验假设 $\mathrm{H}_0:\sigma\geqslant 0.04\%$，$\mathrm{H}_1:\sigma<0.0.4\%$。

1. 理论分析

检验统计量为 $\chi^2=\dfrac{(n-1)S^2}{\sigma_0^2}$。$S=0.035\%$，$n=10$，$\sigma_0=0.04\%$，代入检验统计量可得 $\chi^2=\dfrac{9\times(0.035\%)^2}{(0.04\%)^2}=6.890625$，拒绝域为 $W=\left\{\chi^2<\chi^2_{1-\alpha}(n-1)\right\}$，$\chi^2_{1-\alpha}(n-1)=\chi^2_{0.95}(9)=3.325$，$\chi^2>\chi^2_{1-\alpha}(n-1)$，接受 H_0。

2. 实验步骤

练习 10.9　程序代码

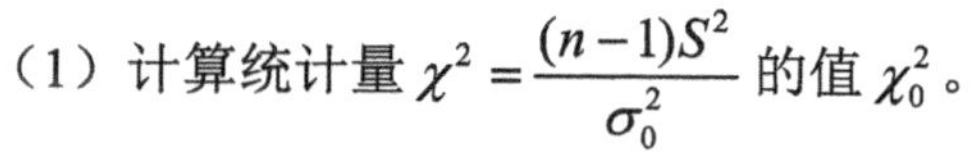

（1）计算统计量 $\chi^2=\dfrac{(n-1)S^2}{\sigma_0^2}$ 的值 χ_0^2。

（2）求卡方分布的分位数 $\chi^2_{1-\alpha}(n-1)$ 的值，和统计量的值进行比较，得出结论。

（3）利用公式 $p=F_{\chi^2}(\chi_0^2)$ 计算检验的 p 值，并与显著性水平 α 进行比较，相应命令为 p=st.chi2.cdf(f,n-1)。

3. 运行结果

```
统计量的值为 6.890625     卡方分布的分位数为 3.325112843066816
接受原假设
检验的p值为 0.35149412688057297
接受原假设
```

六、拓展阅读

在 20 世纪 20 年代一个夏日的午后，一群学者及他们的夫人（女友），正在英国剑桥的一张桌子旁悠闲地品茶。在品茶过程中，一位女士，穆里尔·布里斯托博士，发现午茶的调制顺序对味道有很大影响。把茶加进牛奶中和把牛奶加进茶中喝起来的味道完全不同。只要牛奶和茶的比例是固定的或是基本不变的，茶和牛奶两种物质混合结果的化学成分就不会因为调制顺序不同而产生不同，那么为什么喝起来味道不一样呢？对此，在座的大部分学者面带绅士的微笑，内心却不以为然。但身材瘦小嘴上留着灰白胡子的绅士却抓住了这个问题。此人便是在统计发展史上地位显赫的费希尔（Ronald Aylmer Fisher，1890—1962，伦敦人氏，英国统计学家）。费希尔沉思了一会，非常兴奋地说："让我们来检验这个命题。"在众位学者的帮助下，他开始进行实验。他们设计并调制出 10 杯不同的茶，其中 5 杯先放茶水再加牛奶，另外 5 杯先放牛奶再加茶水。这 10 杯茶放到 10 个外观完全相同的杯子中，按照随机的顺序一杯一杯拿给穆里尔・布里斯托博士品尝分辨（穆里尔・布里斯托博士事先并不知道每杯茶的调制顺序）。穆里尔・布里斯托博士在品尝后说出这杯茶是先放的茶水还是先放的牛奶。费希尔记录她的说法，以测试她能否分辨出不同的茶。

如果穆里尔・布里斯托博士并不能分辨出不同的茶，那么拿一杯茶给她品尝，她也有 50%的概率猜对这杯茶的调制顺序；如果给她两杯茶，那么她还是有猜对的可能；如果给她两杯调制顺序不同的茶，那么她可能一次全部猜错或全部猜对。即使穆里尔・布里斯托博士真的能分辨出不同的茶，但她也有可能弄错，或是茶水和牛奶没有混合好，或是茶水温度影响了味道，或是穆里尔・布里斯托博士喝了很多杯茶以后味觉已经不太灵敏。这就是费希尔提出来的实验设计思想，1935 年，费希尔完成了在科学实验理论和方法上具有划时代意义的一本书——《实验设计》，该书第 2 章描述了女士品茶实验。

实验 10.2　两个正态总体参数的假设检验

一、实验目的

1. 当两个总体方差均已知时，对两个正态总体的均值差进行假设检验。
2. 当两个总体方差未知但是相等时，对两个正态总体的均值差进行假设检验。
3. 当两个总体期望未知时，对两个正态总体的方差比进行假设检验。
4. 学会使用 Python 进行假设检验。

二、实验要求

1. 复习 Z 检验、t 检验、F 检验的 H_0 和 H_1 的双侧、左侧、右侧三种提法。
2. 会写这三种检验的统计量和拒绝域。
3. 会用这三种检验解决实际问题。

三、知识链接

设 $X_1,X_2,\cdots,X_{n_1}$ 和 $Y_1,Y_2,\cdots,Y_{n_2}$ 分别是来自总体 $X\sim N(\mu_1,\sigma_1^2)$ 和总体 $Y\sim N(\mu_2,\sigma_2^2)$ 的容量分别为 n_1 和 n_2 的样本，其样本均值和样本方差分别为 $\bar{X}=\frac{1}{n_1}\sum_{i=1}^{n_1}X_i$，$S_1^2=\frac{1}{n_1-1}\sum_{i=1}^{n_1}(X_i-\bar{X})^2$，$\bar{Y}=\frac{1}{n_2}\sum_{i=1}^{n_2}Y_i$，$S_2^2=\frac{1}{n_2-1}\sum_{i=1}^{n_2}(Y_i-\bar{Y})^2$，假设两个样本相互独立。

1．Z 检验的统计量和拒绝域

当两个总体的方差 σ_1^2 和 σ_2^2 已知时，对总体均值差 $\mu_1-\mu_2$ 进行假设检验。检验统计量为 $Z=\dfrac{\bar{X}-\bar{Y}-(\mu_1-\mu_2)}{\sqrt{\sigma_1^2/n_1+\sigma_2^2/n_2}}$，当 H_0 成立时，$\dfrac{\bar{X}-\bar{Y}}{\sqrt{\sigma_1^2/n_1+\sigma_2^2/n_2}}\sim N(0,1)$。

（1）H_0：$\mu_1=\mu_2$，H_1：$\mu_1\neq\mu_2$（双侧检验），拒绝域为 $W=\{|Z|>Z_{\alpha/2}\}$。

（2）H_0：$\mu_1\geqslant\mu_2$，H_1：$\mu_1<\mu_2$（左侧检验），拒绝域为 $W=\{Z<-Z_\alpha\}$。

（3）H_0：$\mu_1\leqslant\mu_2$，H_1：$\mu_1>\mu_2$（右侧检验），拒绝域为 $W=\{Z>Z_\alpha\}$。

2．t 检验的统计量和拒绝域

当两个总体的方差未知但是相等时，即 $\sigma_1^2=\sigma_2^2=\sigma^2$，对总体均值差 $\mu_1-\mu_2$ 进行假设检验。检验统计量为 $t=\dfrac{\bar{X}-\bar{Y}-(\mu_1-\mu_2)}{\sqrt{(\dfrac{1}{n_1}+\dfrac{1}{n_2})\dfrac{(n_1-1)S_1^2+(n_2-1)S_2^2}{n_1+n_2-2}}}$，当 H_0：$\mu_1=\mu_2$ 成立时，

$$t=\frac{\bar{X}-\bar{Y}}{\sqrt{(\dfrac{1}{n_1}+\dfrac{1}{n_2})\dfrac{(n_1-1)S_1^2+(n_2-1)S_2^2}{n_1+n_2-2}}}\sim t(n_1+n_2-2)。$$

（1）H_0：$\mu_1=\mu_2$，H_1：$\mu_1\neq\mu_2$（双侧检验），拒绝域为 $W=\{|t|>t_{\alpha/2}(n_1+n_2-2)\}$。

（2）H_0：$\mu_1\geqslant\mu_2$，H_1：$\mu_1<\mu_2$（左侧检验），拒绝域为 $W=\{t<-t_\alpha(n_1+n_2-2)\}$。

（3）H_0：$\mu_1\leqslant\mu_2$，H_1：$\mu_1>\mu_2$（右侧检验），拒绝域为 $W=\{t>t_\alpha(n_1+n_2-2)\}$。

3．大样本下的 Z 检验

当两个总体的方差 σ_1^2 和 σ_2^2 未知，但是样本容量比较大时，对总体均值差 $\mu_1-\mu_2$ 进行假设检验。检验统计量为 $Z=\dfrac{\bar{X}-\bar{Y}-(\mu_1-\mu_2)}{\sqrt{S_1^2/n_1+S_2^2/n_2}}$，当 H_0 成立时，$\dfrac{\bar{X}-\bar{Y}}{\sqrt{S_1^2/n_1+S_2^2/n_2}}\sim N(0,1)$。

（1）H_0：$\mu_1=\mu_2$，H_1：$\mu_1\neq\mu_2$（双侧检验），拒绝域为 $W=\{|Z|>Z_{\alpha/2}\}$。

（2）H_0：$\mu_1\geqslant\mu_2$，H_1：$\mu_1<\mu_2$（左侧检验），拒绝域为 $W=\{Z<-Z_\alpha\}$。

（3）H_0：$\mu_1\leqslant\mu_2$，H_1：$\mu_1>\mu_2$（右侧检验），拒绝域为 $W=\{Z>Z_\alpha\}$。

4．F 检验的统计量和拒绝域

1）当两个总体的均值未知时，对总体方差比的假设检验（F 检验）

检验统计量为 $F=\dfrac{S_1^2/\sigma_1^2}{S_2^2/\sigma_2^2}$，当 H_0 成立时，$F=\dfrac{S_1^2}{S_2^2}\sim F(n_1-1,n_2-1)$。

（1）H_0：$\sigma_1^2=\sigma_2^2$，H_1：$\sigma_1^2\neq\sigma_2^2$（双侧检验），拒绝域为 $W=\{F>F_{\alpha/2}(n_1-1,n_2-1)\}\cup\{F<F_{1-\alpha/2}(n_1-1,n_2-1)\}$。

（2）H_0：$\sigma_1^2\geqslant\sigma_2^2$，$H_1$：$\sigma_1^2<\sigma_2^2$（左侧检验），拒绝域为 $W=\{F<F_{1-\alpha}(n_1-1,n_2-1)\}$。

（3）H_0：$\sigma_1^2\leqslant\sigma_2^2$，$H_1$：$\sigma_1^2>\sigma_2^2$（右侧检验），拒绝域为 $W=\{F>F_\alpha(n_1-1,n_2-1)\}$。

2）当总体期望均已知时，对总体方差比的假设检验（F 检验）

检验统计量为 $\dfrac{\sum_{i=1}^{n_1}\dfrac{(X_i-\mu_1)^2}{n_1\sigma_1^2}}{\sum_{i=1}^{n_2}\dfrac{(Y_i-\mu_2)^2}{n_1\sigma_2^2}}$，当 H_0 成立时，$F=\dfrac{\sum_{i=1}^{n_1}(X_i-\mu_1)^2/n_1}{\sum_{i=1}^{n_2}(Y_i-\mu_2)^2/n_2}\sim F(n_1,n_2)$。

（1） H_0：$\sigma_1^2=\sigma_2^2$， H_1：$\sigma_1^2\neq\sigma_2^2$ （双侧检验），拒绝域为 $W=\{F>F_{\alpha/2}(n_1,n_2)\}\cup\{F<F_{1-\alpha/2}(n_1,n_2)\}$。

（2） H_0：$\sigma_1^2\geqslant\sigma_2^2$，$H_1$：$\sigma_1^2<\sigma_2^2$ （左侧检验），拒绝域为 $W=\{F<F_{1-\alpha}(n_1,n_2)\}$。

（3） H_0：$\sigma_1^2\leqslant\sigma_2^2$，$H_1$：$\sigma_1^2>\sigma_2^2$ （右侧检验），拒绝域为 $W=\{F>F_{\alpha}(n_1,n_2)\}$。

5．基于配对数据的 t 检验

有时为了比较两种产品、两种仪器或两种实验方法等的差异，常常在相同的条件下做对比实验，得到一批成对的观测值，对观测数据进行分析，根据分析结果做出推断，这种方法常称为配对分析法。配对分析法的设计有如下三种情况。

（1）配对两个受试对象进行 A，B 处理。

（2）同一受试对象或同一样本的两个部分进行 A，B 处理。

（3）同一受试对象处理前后的比较，如对高血压患者治疗前后进行对比。

有两个总体 X 和 Y，$X\sim N(\mu_1,\sigma_1^2)$，$Y\sim N(\mu_2,\sigma_2^2)$，且 X 与 Y 独立。提出假设 $H_0:\mu_1-\mu_2=0$，$H_1:\mu_1-\mu_2\neq0$。令 $Z=X-Y$，则 $Z\sim N(\mu_1-\mu_2,\sigma_1^2+\sigma_2^2)$，令 $\mu=\mu_1-\mu_2$，$\sigma^2=\sigma_1^2+\sigma_2^2$，此时 $Z\sim N(\mu,\sigma^2)$，此时假设转化为 $H_0:\mu=0$，$H_1:\mu\neq0$。统计量为 $Z=\dfrac{\bar{Z}}{S_Z/\sqrt{n}}$。

（1） H_0：$\mu_1=\mu_2$，H_1：$\mu_1\neq\mu_2$ （双侧检验），拒绝域为 $W=\{|t|>t_{\alpha/2}(n-1)\}$。

（2） H_0：$\mu_1\geqslant\mu_2$，H_1：$\mu_1<\mu_2$ （左侧检验），拒绝域为 $W=\{t<-t_{\alpha}(n-1)\}$。

（3） H_0：$\mu_1\leqslant\mu_2$，H_1：$\mu_1>\mu_2$ （右侧检验），拒绝域为 $W=\{t>t_{\alpha}(n-1)\}$。

四、实验内容

实验 10.2.1　铜丝抗拉强度的检验——双侧 Z 检验

从两个厂家生产的铜丝中各取 50 束做强度实验，得 $\bar{X}=1000$，$\bar{Y}=1010$，已知 $\sigma_1=80$，$\sigma_2=90$，验证两厂生产的铜丝的抗拉强度是否有显著差别（$\alpha=0.05$）。

1．理论分析

提出统计假设为 H_0：$\mu_1=\mu_2$，H_1：$\mu_1\neq\mu_2$，检验统计量为 $Z=\dfrac{\bar{X}-\bar{Y}}{\sqrt{\sigma_1^2/n_1+\sigma_2^2/n_2}}$，拒绝域 $W=\{|Z|>Z_{\alpha/2}\}$，由于 $\bar{X}=1000$，$\bar{Y}=1010$，计算检验统计量的值 $Z=\dfrac{\bar{X}-\bar{Y}}{\sqrt{\sigma_1^2/n_1+\sigma_2^2/n_2}}=\dfrac{1000-1010}{\sqrt{6400/50+8100/50}}=-0.5872$，由于 $|Z|<Z_{\alpha/2}=1.96$，故接受 H_0，即认为两厂钢丝的抗拉强

度没有显著差别。

2. 实验步骤

（1）计算统计量 $Z=\dfrac{\bar{X}-\bar{Y}}{\sqrt{\sigma_1^2/n_1+\sigma_2^2/n_2}}$ 的值 Z_0。

（2）求标准正态分布的分位数值 $Z_{\alpha/2}$，和统计量的值进行比较，得出结论。

（3）利用公式 $p=2(1-\Phi(|Z_0|))$ 计算检验的 p 值，并与显著性水平 α 进行比较，相应命令为 p=2-2*st.norm.cdf(abs(Z_0))。

3. 程序代码

```
import scipy.stats as st
import numpy as np
m=50
n=50
mu=0
#对两个样本进行 Z 检验
def twoztest(sigma1,sigma2,alpha):
    meanx=1000
    meany=1010
    #使用公式计算统计量的值
    z=(meanx-meany )/np.sqrt((sigma1**2)/m+(sigma2**2)/n)
    #利用分位数进行检验
    z_percentile=st.norm.ppf(1-alpha/2)#Z1-α/2
    print('统计量的值为',z,'标准正态分布的分位数为',z_percentile)
    #根据拒绝域进行判断
    if(abs(z)<z_percentile):
      print('接受原假设')
    else:
      print('拒绝原假设')
    #利用 p 值进行检验
    #检验的 p 值
    p=2*(1-st.norm.cdf(abs(z)))
    print('检验的 p 值为',p)
    #根据 p 值进行判断
    if(p>alpha):
      print('接受原假设')
    else:
      print('拒绝原假设')
a=twoztest(80,90,0.05)
```

4. 运行结果

```
统计量的值为 -0.5872202195147035 标准正态分布的分位数为 1.959963984540054
接受原假设
检验的 p 值为 0.5570558144094062
接受原假设
```

实验 10.2.2 白酒的酒精含量的检验——双侧 t 检验

某酒厂生产两种白酒，分别独立地从中抽取样本容量为 10 的酒测量酒精含量，测得样本均值和样本方差分别为 $\bar{X}=28$，$\bar{Y}=26$，$S_1^2=35.8$，$S_2^2=32.3$，假定酒精含量都服从正态分布且方差相同，在显著性水平 $\alpha=0.05$ 下，判断两种白酒的酒精含量有无显著差异。

1．理论分析

提出统计假设为 H_0: $\mu_1=\mu_2$，H_1: $\mu_1\neq\mu_2$，选取检验统计量 $t=\dfrac{\bar{X}-\bar{Y}}{\sqrt{\left(\dfrac{1}{n_1}+\dfrac{1}{n_2}\right)\dfrac{(n_1-1)S_1^2+(n_2-1)S_2^2}{n_1+n_2-2}}}\sim t(n_1+n_2-2)$，拒绝域为 $W=\{|t|>t_{\alpha/2}(n_1+n_2-2)\}$，计算得 t=0.7664，$t_{0.025}(18)=2.101$，$|t|<2.131$，接受 H_0，因此认为两种白酒的酒精含量没有显著差异。

2．实验步骤

（1）计算统计量 $t=\dfrac{\bar{X}-\bar{Y}}{\sqrt{\left(\dfrac{1}{n_1}+\dfrac{1}{n_2}\right)\dfrac{(n_1-1)S_1^2+(n_2-1)S_2^2}{n_1+n_2-2}}}$ 的值 t_0。

（2）求 t 分布的分位数值 $t_{\alpha/2}(n_1+n_2-2)$，和统计量的值进行比较，得出结论。

（3）利用公式 $p=2(1-F_t(|t_0|))$，计算检验的 p 值，并与显著性水平 α 进行比较，相应命令为 p=2-2*st.t.cdf(abs(t，n-1))。

3．程序代码

```
import numpy as np
from scipy.stats import t
m=10
n=10
#对两个样本进行 t 检验
def twottest(alpha):
    meanx=28
    meany=26
    sx2=35.8
    sy2=32.3
    s=np.sqrt((1/m)+(1/n))
    sw=np.sqrt(((m-1)*sx2+(n-1)*sy2)/(m+n-2))
    #使用公式计算统计量的值
    c= (meanx-meany )/(s*sw)
    #利用分位数进行检验
    t1=t.ppf(1-alpha/2, df=m+n-2)
    print('t 值=',c,'分位数=',t1)
    if(abs(c)<t1):
      print('接受原假设')
    else:
      print('拒绝原假设')
```

```
    #利用 p 值进行检验
    #检验的 p 值
    p=2*(1-t.cdf(abs(c),n-1))
    print('检验的 p 值为',p)
    #根据 p 值进行判断
    if(p>alpha):
       print('接受原假设')
    else:
       print('拒绝原假设')
a=twottest(0.05)
```

4．运行结果

```
t 值= 0.7664016652393474 分位数= 2.10092204024096
接受原假设
检验的 p 值为 0.4630646812633197
接受原假设
```

实验 10.2.3 白酒的酒精含量波动性的检验——双侧 *F* 检验

某酒厂生产两种白酒，分别独立地从中抽取样本容量为 10 的酒测量酒精含量，测得样本均值和样本方差分别为 $\bar{X}$=28，$\bar{Y}$=26，$S_1^2=35.8$，$S_2^2=32.3$，假定酒精含量都服从正态分布且方差相同，在显著性水平 α=0.05 下，判断两种酒的酒精含量的方差是否相等。

1．理论分析

统计假设为 $\mathrm{H_0}$：$\sigma_1^2=\sigma_2^2$，$\mathrm{H_1}$：$\sigma_1^2\neq\sigma_2^2$，由于两个正态总体的均值都未知，选取检验统计量 $F=\dfrac{S_1^2}{S_2^2}\sim F(n_1-1,n_2-1)$。两个临界值为 $F_{0.025}(9,9)=4.03$，$F_{0.975}(9,9)=\dfrac{1}{4.03}=0.248$，拒绝域为 $W=\{F>4.03\}\cup\{F<0.248\}$。计算统计量的值 $F=\dfrac{S_1^2}{S_2^2}$=1.10836，F 值落入接受域，故接受 $\mathrm{H_0}$，即认为两种酒的酒精含量的方差相等。

2．实验步骤

（1）计算统计量 $F=\dfrac{S_1^2}{S_2^2}$ 的值 F_0。

（2）求 F 分布的分位数值 $F_{\alpha/2}(n_1-1,n_2-1)$ 和 $F_{1-\alpha/2}(n_1-1,n_2-1)$，和统计量的值进行比较，得出结论。

（3）利用公式 $p=2\min(F_F(F_0),1-F_F(F_0))$ 计算检验的 p 值，并与显著性水平 α 进行比较，对应命令为 p=2*(min(1-st.f.cdf(c,n1-1,n2-1),st.f.cdf(c,n1-1,n2-1)))。

3．程序代码

```
import scipy.stats as st
m=10
n=10
```

```
#对两个总体进行 F 检验
def Ftest(alpha):
    meanx=28
    meany=26
    sx2=35.8
    sy2=32.3
    #使用公式
    c=sx2/sy2
    #利用分位数进行检验
    #α/2 分位数
    k_percentile1=st.f.ppf(1-alpha/2,m-1,n-1)
    #1-α/2 分位数
    k_percentile2=st.f.ppf(alpha/2,m-1,n-1)
    print('统计量的值为',c,'F 分布的分位数为',k_percentile1,k_percentile2)
    #根据拒绝域进行判断
    if(k_percentile2<c<k_percentile1):
      print('接受原假设')
    else:
      print('拒绝原假设')
    #利用 p 值进行检验
    p=2*(min(1-st.f.cdf(c,m-1,n-1),st.f.cdf(c,m-1,n-1)))
    print('检验的 p 值为',p)
    #根据 p 值进行判断
    if(p>alpha):
      print('接受原假设')
    else:
      print('拒绝原假设')
a=Ftest(0.05)
```

4. 运行结果

```
统计量的值为 1.108359133126935 F 分布的分位数为 4.025994158282978 0.24838585469445493
接受原假设
检验的 p 值为 0.8807096778873671
接受原假设
```

实验 10.2.4 降压药效果的检验——配对样本的 t 检验

某药厂新研发了一种治疗高血压的降压药，征集了 10 名高血压志愿者，对其服用该降压药前后的血压进行跟踪调研。先记录下这 10 个人服用该降压药前的血压，一个月后测量这 10 名志愿者服用降压药后的血压，数据如表 10-1 所示。对比服用降压药前后的血压，判断该降压药是否具有明显的降压效果。

表 10-1 实验 10.2.4 数据

志愿者编号	1	2	3	4	5
服药前血压	148	165	160	171	154

续表

服药后血压	104	96	103	103	90
志愿者编号	6	7	8	9	10
服药前血压	156	142	149	151	160
服药后血压	108	119	92	102	100

1．理论分析

用 X 及 Y 分别表示服用降压药前后的血压，有 $X \sim N(\mu_1, \sigma_1^2)$，$Y \sim N(\mu_2, \sigma_2^2)$，且 X 与 Y 独立。提出假设 $H_0: \mu_1 - \mu_2 = 0$，$H_1: \mu_1 - \mu_2 \neq 0$。令 $Z = X - Y$，则 $Z \sim N(\mu_1 - \mu_2, \sigma_1^2 + \sigma_2^2)$，令 $\mu = \mu_1 - \mu_2$，$\sigma^2 = \sigma_1^2 + \sigma_2^2$，此时 $Z \sim N(\mu, \sigma^2)$，此时假设转化为 $H_0: \mu = 0$，$H_1: \mu \neq 0$。

将服用降压药前后的血压数据对应相减，得到 Z 的样本值为 44，69，57，68，64，48，23，57，49，60，计算得 Z 的样本均值和样本方差为 $\overline{Z} = \frac{1}{10}\sum_{i=1}^{10} Z_i = 53.9$，$S_Z^2 = \sum_{i=1}^{10}(Z_i - \overline{Z})^2 / 9 = 188.544$，$t = (\overline{Z} - 0) / \sqrt{S_Z^2 / n} = 53.9 \times \sqrt{10} / \sqrt{188.544} \approx 12.413$。查 t 分布的分位数表得 $t_{0.025}(9) = 2.2622$，由于 $t = 12.413 > 2.2622$，因此拒绝 H_0，即认为这种降压药的降压效果明显。

2．实验步骤

（1）计算 $Z=X-Y$。

（2）计算统计量 $t = \dfrac{\overline{Z}}{S_Z / \sqrt{n}}$ 的值 t_0。

（3）求 t 分布的分位数值 $t_{\alpha/2}(n-1)$，和统计量的值进行比较，得出结论。

（4）利用公式 $p = 2(1 - F_t(|t_0|))$ 计算检验的 p 值，并与显著性水平 α 进行比较，对应命令为 p=2-2*st.t.cdf(abs(t, n-1))。

3．程序代码

```
import numpy as np
from scipy.stats import t
x=np.array([148,165,160,171,154,156,142,149,151,160])
y=np.array([104,96,103,103,90,108,119,92,102,100])
z=x-y
n=len(z)
#对配对样本进行 t 检验
def pairttest(alpha):
    meanz=np.mean(z)
    sz=np.std(z,ddof=1)
    #使用公式计算统计量的值
    c= meanz*np.sqrt(n)/sz
    #利用分位数进行检验
    t1=t.ppf(1-alpha/2, df=n-1)
    print('t 值=',c,'分位数=',t1,'样本均值',meanz,'样本方差',sz)
    if(abs(c)<t1):
      print('接受原假设')
```

```
    else:
      print('拒绝原假设')
    #利用p值进行检验
    #检验的p值
    p=2*(1-t.cdf(abs(c),n-1))
    print('检验的p值为',p)
    #根据p值进行判断
    if(p>alpha):
      print('接受原假设')
    else:
      print('拒绝原假设')
a=pairttest(0.05)
```

4．运行结果

```
t 值= 12.413146903223854 分位数= 2.2621571627409915 样本均值 53.9 样本方差
13.73114869355235
拒绝原假设
检验的p值为 5.768174127229742e-07
拒绝原假设
```

五、练习

练习 10.10　烟草中的尼古丁含量的 Z 检验

一卷烟厂向化验室送去 A、B 两种烟草，化验尼古丁的含量是否相同，从 A、B 两种烟草中各随机抽取质量相同的五份进行化验，测得尼古丁的含量（单位为 mg）为：

A：24，27，26，21，24。

B：27，28，23，31，26。

由经验可知，尼古丁含量服从正态分布，且 A 种烟草的方差为 5，B 种烟草的方差为 8。取 α =0.05，判断两种烟草的尼古丁含量是否有差异。

1．理论分析

设两种烟草的尼古丁平均含量分别为 μ_1 和 μ_2。统计假设为 $H_0:\mu_1=\mu_2$，$H_1:\mu_1\neq\mu_2$，在显著性水平 α =0.05 下，查标准正态分布的分位数表得 $Z_{0.025}$ =1.96，拒绝域为 $W=\left\{|Z|>Z_{\frac{\alpha}{2}}=Z_{0.025}=1.96\right\}$，经计算得 $\bar{X}=2.44$，$\bar{Y}=2.7$，$Z=\dfrac{\bar{X}-\bar{Y}}{\sqrt{\sigma_1^2/n_1+\sigma_2^2/n_2}}=\dfrac{2.44-2.7}{\sqrt{5/5+8/5}}=-1.612$，由于 $|Z|=1.612<1.96$，接受 H_0，因此认为两种烟草的尼古丁平均含量无显著差异。

2．实验步骤

练习 10.10　程序代码

（1）计算统计量 $Z=\dfrac{\bar{X}-\bar{Y}}{\sqrt{\sigma_1^2/n_1+\sigma_2^2/n_2}}$ 的值 Z_0。

（2）求标准正态分布的分位数值 $Z_{\alpha/2}$，和统计量的值进行比较，得出结论。

（3）利用公式 $p=2(1-\Phi(|Z_0|))$ 计算检验的 p 值，并与显著性水平 α 进行比较，相应命令为 p=2-2*st.norm.cdf(abs(Z0))。

3．运行结果

```
统计量的值为 -1.612451549659710 7 标准正态分布的分位数为 1.959963984540054
接受原假设
检验的 p 值为 0.10686371499337932
接受原假设
```

练习 10.11　温度对针织品断裂强力的影响的 t 检验

在针织品的漂白过程中，需要考察温度对针织品断裂强力（主要质量指标）的影响。为了判断 70℃与 80℃的影响有无差别，在这两个温度下分别重复做 8 次实验，得到如下数据（单位为 kg）：

70℃时的断裂强力：20.5，18.5，19.8，20.9，21.5，19.5，21.6，21.2。

80℃时的断裂强力：19.7，20.3，20.0，18.8，19.0，20.1，20.2，19.1。

假定断裂强力 $X\sim N(\mu_1,\sigma^2)$，$Y\sim N(\mu_2,\sigma^2)$，$\alpha=0.05$，$t_{0.025}(14)=2.145$，判断在 70℃下的断裂强力与在 80℃下的断裂强力是否有差异。

1．理论分析

练习 10.11　程序代码

提出实验假设 $H_0:\mu_1=\mu_2$，$H_1:\mu_1\neq\mu_2$。已知显著性水平为 $\alpha=0.05$，取 $t=\dfrac{\bar{X}-\bar{Y}}{\sqrt{\left(\dfrac{1}{n_1}+\dfrac{1}{n_2}\right)\dfrac{(n_1-1)S_1^2+(n_2-1)S_2^2}{n_1+n_2-2}}}\sim t(n_1+n_2-2)$ 为统计量，拒绝域为 $W=\{|t|>t_{1-\alpha/2}(n_1+n_2-2)\}$。计算 t 的观测值：$\bar{X}$=20.44，$(n_1-1)S_1^2=8.32$，$\bar{Y}$=19.65 $(n_2-1)S_2^2=2.5$，$t=\dfrac{20.44-19.65}{\sqrt{\dfrac{8.32+2.5}{14}}\sqrt{\dfrac{1}{8}+\dfrac{1}{8}}}=1.797$，因为 $|t|$=1.797< $2.145=t_{0.025}(14)$，接受 H_0，所以在 70℃下的断裂强力与在 80℃下的断裂强力没有显著差异。

2．实验步骤

（1）计算统计量 $t=\dfrac{\bar{X}-\bar{Y}}{\sqrt{\left(\dfrac{1}{n_1}+\dfrac{1}{n_2}\right)\dfrac{(n_1-1)S_1^2+(n_2-1)S_2^2}{n_1+n_2-2}}}$ 的值 t_0。

（2）求 t 分布的分位数值 $t_{\alpha/2}(n_1+n_2-2)$，和统计量的值进行比较，得出结论。

（3）利用公式 $p=2(1-F_t(|t_0|))$ 计算检验的 p 值，并与显著性水平 α 进行比较，对应命令为 p=2-2*st.t.cdf(abs(t, n-1))。

3．运行结果

```
t 值= 1.7916617965083708 分位数= 2.1447866879169273
```

```
接受原假设
检验的p值为 0.11629469349377675
接受原假设
```

练习 10.12　药材得率变化的 t 检验

某中药厂从某种药材中提取某种有效成分，为进一步提高得率（得率是药材中提取的有效成分的量与进行提取的药材的量的比），对提炼方法进行改革，现在对质量相同的同种药材用旧法与新法各做 10 次实验，其得率（单位为%）分别为：

旧法：75.5，77.3，76.2，78.1，74.3，72.4，77.4，78.4，76.7，76.0。

新法：77.3，79.1，79.1，81.0，80.2，79.1，82.1，80.0，77.3，79.1。

设这两样本分别取自 $N(\mu_1,\sigma_1^2)$ 与 $N(\mu_2,\sigma_2^2)$，且相互独立，方差不变，判断新法得率 μ_2 与旧法得率 μ_1 相比有何变化。已知 $\alpha=0.05$，$t_{0.05}(18)=1.73$。

1．理论分析

提出假设为 H_0：$\mu_1-\mu_2=0$；H_1：$\mu_1-\mu_2<0$，$S_W^2=\dfrac{(10-1)S_1^2+(10-1)S_2^2}{10+10-2}=2.775$，$t=\dfrac{\bar{X}-\bar{Y}}{S_W\sqrt{\dfrac{1}{n_1}+\dfrac{1}{n_2}}}=\dfrac{76.23-79.43}{\sqrt{2.775}\sqrt{\dfrac{1}{10}+\dfrac{1}{10}}}=-4.295$，$t=-4.295<-1.734=-t_{0.05}(18)$，拒绝 H_0，因此认为新法得率 μ_2 比旧法得率 μ_1 高。

练习 10.12　程序代码

2．实验步骤

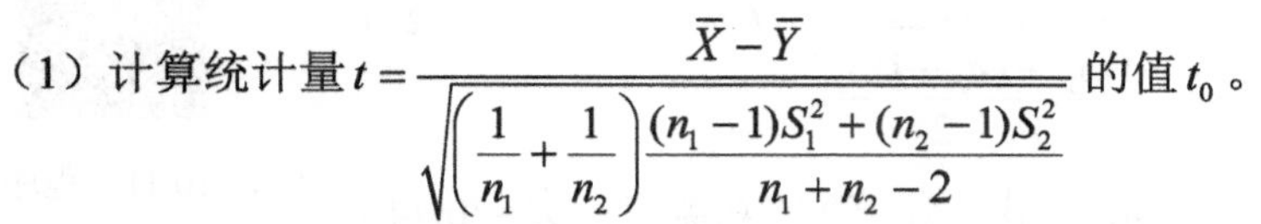

（1）计算统计量 $t=\dfrac{\bar{X}-\bar{Y}}{\sqrt{\left(\dfrac{1}{n_1}+\dfrac{1}{n_2}\right)\dfrac{(n_1-1)S_1^2+(n_2-1)S_2^2}{n_1+n_2-2}}}$ 的值 t_0。

（2）求 t 分布的分位数值 $t_{\alpha/2}(n_1+n_2-2)$，和统计量的值进行比较，得出结论。

（3）利用公式 $p=F_t(t_0)$ 计算检验的 p 值，并与显著性水平 α 进行比较，相应命令为 p=st.t.cdf(t, n-1)。

3．运行结果

```
t 值= -4.295742770569825 分位数= -1.734063606617536
拒绝原假设
检验的p值为 0.00021759273679199825
拒绝原假设
```

练习 10.13　滚珠的直径的波动性的 F 检验

有两台车床生产同一种型号的滚珠，根据以往经验可以认为，这两台车床生产的滚珠的直径均服从正态分布。现从这两台车床生产的滚环中分别抽出 8 个和 9 个滚珠，测得滚珠的直径（单位为 mm）为：

甲车床：15.0，14.5，15.2，15.5，14.8，15.1，15.2，14.8。

乙车床：15.2，15.0，14.8，15.2，15.0，15.0，14.8，15.1，14.8。

已知$\alpha=0.05$，$F_{0.025}(7,8)=4.53$，判断乙车床生产的滚珠直径的方差是否与甲车床生产的滚珠直径的方差相等。

1. 理论分析

设甲车床生产的滚珠的直径$X\sim N(\mu_1,\sigma_1^2)$，乙车床生产的滚珠的直径$Y\sim N(\mu_2,\sigma_2^2)$。提出假设$H_0:\sigma_1^2=\sigma_2^2$，$H_1:\sigma_1^2\neq\sigma_2^2$，$F_{0.975}(7,8)=\dfrac{1}{F_{0.025}(8,7)}=\dfrac{1}{4.9}=0.2041$，$F_{0.055}(7,8)=4.53$，拒绝域为$W=\left\{F>F_{\frac{\alpha}{2}}(n-1)\right\}\cup\left\{F<F_{1-\frac{\alpha}{2}}(n-1)\right\}$。计算统计量$F=\dfrac{S_1^2}{S_2^2}$的值，$n_1=8$，$n_2=8$，$\bar{X}=15.01$，$\bar{Y}=14.99$，$S_1^2=\dfrac{1}{7}\sum_{i=1}^{8}(X_i-\bar{X})^2=0.096$，$S_2^2=\dfrac{1}{8}\sum_{i=1}^{8}(Y_i-\bar{Y})^2=0.026$，$F=\dfrac{S_1^2}{S_2^2}=\dfrac{0.096}{0.026}=3.69$，由于$0.2041<3.69<4.53$，接受$H_0$，所以认为两车床生产的滚珠直径的方差相等。

练习 10.13 程序代码

2. 实验步骤

（1）计算统计量$F=\dfrac{S_1^2}{S_2^2}$的值F_0。

（2）求F分布的分位数值$F_{\alpha/2}(n_1-1,n_2-1)$与$F_{1-\alpha/2}(n_1-1,n_2-1)$，和统计量的值进行比较，得出结论。

（3）利用公式$p=2\min(F_F(F_0),1-F_F(F_0))$计算检验的$p$值，并与显著性水平$\alpha$进行比较，相应命令为 p=2*(min(1-st.f.cdf(c,n1-1,n2-1),st.f.cdf(c,n1-1,n2-1)))。

3. 运行结果

```
统计量的值为 3.6588145896656727 F分布的分位数为 4.528562147363858 0.20410909789534015
接受原假设
检验的p值为 0.08919169974926922
接受原假设
```

实验 10.3 非参数假设检验

一、实验目的

1. 学会使用 Python 进行拟合优度检验。
2. 学会使用 Python 进行独立性检验。
3. 学会使用 Python 进行秩和检验。

二、实验要求

1. 复习拟合优度检验、独立性检验和秩和检验统计假设的提法。

2．会写三种检验的统计量和拒绝域。

3．会用这三种检验解决实际问题。

三、知识链接

1．拟合优度检验

非参数假设检验指的是如果总体分布的类型是未知的，那么需要根据样本提供的信息对总体分布进行假设检验。卡方拟合优度检验是一种非常经典的非参数假设检验方法，由于使用的统计量是由皮尔逊首先提出的，因此卡方拟合优度检验也称为皮尔逊拟合优度检验。

统计假设为 H_0：$F(x)=F_0(x)$，H_1：$F(x)\neq F_0(x)$。其中，$F(x)$ 为总体 X 的分布函数（未知），$F_0(x)$ 为一个已知的分布函数（可能含几个未知参数）。

检验步骤如下：

（1）将总体 X 的取值范围分成 r 个互不重叠的小区间，记作 $A_1,A_2,\cdots,A_r$。

（2）把落入第 i 个小区间 A_i 的样本值的个数记作 n_i，称为实测频数，所有实测频数之和 $n_1+n_2+\cdots+n_r$ 等于样本容量 n。

（3）根据 H_0 中的理论分布，算出总体 X 的值落入每个小区间 A_i 的概率 p_i，np_i 就是落入区间 A_i 的样本观测值的理论频数。可以用实测频数与理论频数之间的差异衡量经验分布与理论分布之间的差异的大小。在 H_0 成立且为大样本的条件下，统计量 $\chi^2=\sum_{i=1}^{r}\frac{(n_i-np_i)^2}{np_i}\sim\chi^2(r-k-1)$，其中，$k$ 为 $F_0(x)$ 中未知参数的个数，拒绝域为 $W=\left\{\chi^2>\chi_\alpha^2\left(r-k-1\right)\right\}$。

皮尔逊定理是在 n 无限增大时推导出来的，因此在使用时要注意 n 应足够大，以及 np_i 不太小这两个条件。根据计算经验，要求 n 不小于 50，以及 np_i 不小于 5，否则需适当合并区间，以使 np_i 满足要求。

2．独立性检验

独立性检验又称为列联表分析，是卡方检验的一个重要应用，用于检验两个或两个以上因素之间是否具有独立性。当检验对象只有两个因素而且每个因素只有两项分类时，列联表就称为 2×2 列联表或四格表；若一个因素有 R 类，另一个因素有 C 类，则称这种表为 R×C 表。

总体中的个体可以按照两个属性 A 与 B 分类，A 有 r 个类，$A_1, A_2,\cdots, A_r$；B 有 s 个类，$B_1, B_2,\cdots, B_s$，从总体中抽取大小为 n 的样本，其中，$n_{i.}=\sum_{j=1}^{s}n_{ij}$，$n_{.j}=\sum_{i=1}^{r}n_{ij}$，$n=\sum_{i=1}^{r}\sum_{j=1}^{s}n_{ij}$。

统计假设为 H_0: A 和 B 独立，H_1: A 和 B 不独立。独立性检验的检验统计量为

$$\chi^2=\sum_{i=1}^{r}\sum_{j=1}^{s}\frac{(n_{ij}-np_{ij})^2}{np_{ij}}=\sum_{i=1}^{r}\sum_{j=1}^{s}\frac{(n_{ij}-np_{i.}p_{.j})^2}{np_{i.}p_{.j}}=\sum_{i=1}^{r}\sum_{j=1}^{s}\frac{\left(n_{ij}-\frac{n_{i.}n_{.j}}{n}\right)^2}{\frac{n_{i.}n_{.j}}{n}}$$

称为皮尔逊卡方统计量。若 H_0 成立，则 $\chi^2\sim\chi^2((r-1)(s-1))$。拒绝域为 $W=\left\{\chi^2>\chi_\alpha^2((r-1)(s-1))\right\}$。

3．秩和检验

秩和检验方法最早是由 Wilcoxon 提出的，主要用于比较两个独立样本的差异。

秩统计量指样本数据的排序等级。假设从总体中抽取容量为 n_1 和 n_2 的样本，将所有样本数据排序，得到一系列的秩，选取样本容量较小的一个样本的秩和作为秩和统计量，用 T 表示。秩和 T 的分布是一个间断而对称的分布，拒绝域为 $W=\{\{T\leqslant T_1\}\cup\{T\geqslant T_2\}\}$，若样本观测值得到的秩和 T 的值落入拒绝域，则表明两个样本差异显著。

当两个样本容量都大于 10 时，秩和 T 近似服从正态分布，即

$$X\dot{\sim}N\left(\frac{n_1(n_1+n_2+1)}{2},\frac{n_1n_2(n_1+n_2+1)}{12}\right)$$

当用 Z 检验时，统计量为 $Z=\dfrac{T-\dfrac{n_1(n_1+n_2+1)}{2}}{\sqrt{\dfrac{n_1n_2(n_1+n_2+1)}{12}}}\sim N(0,1)$，其中，$T$ 为容量较小的样本的秩和。

四、实验内容

实验 10.3.1　骰子质地均匀度的拟合优度检验

为了考察一颗骰子质地是否均匀，将该骰子投掷 120 次，得到结果如表 10-2 所示。

表 10-2　掷骰子结果

点数	1	2	3	4	5	6
出现次数	23	26	21	20	15	15

判断这个骰子质地是否均匀（α=0.05）。

1．理论分析

提出假设 $H_0:P_i=\dfrac{1}{6}$，$i=1,2,\cdots,6$。由题意可知，$n=120$，$np_i=20$。统计量为 $\chi^2=\sum\limits_{i=1}^{k}\dfrac{(n_i-np_i)^2}{np_i}$，$\chi^2=\dfrac{(23-20)^2+(26-20)^2+\cdots+(15-20)^2}{20}=4.8$，$\chi_\alpha^2(r-k-1)=\chi_{0.05}^2(5)=11.071$，由于 $\chi^2<11.071$，接受 H_0，因此认为骰子质地是均匀的。

2．实验步骤

（1）导入频数数据 X，概率用列表 p 表示，元素均为 1/6。

（2）概率 p_i=1/6，计算 np_i。若 np_i 小于 5，则将其与前面的 np_i 不小于 5 的组合并，计算最后的分组数。本实验没有合并组，所以卡方分布的自由度为 6−1=5，求出卡方分布的分位数。

（3）使用公式 $\chi^2=\sum\limits_{i=1}^{k}\dfrac{(n_i-np_i)^2}{np_i}$ 计算统计量的值 χ_0^2，并与分位数进行比较，判断 H_0 是否成立。

3. 程序代码

```
import numpy as np
import scipy.stats as st
x=np.array([23,26,21,20,15,15])
#卡方拟合优度检验
def kafangtest(alpha):
    p=np.array([1/6,1/6,1/6,1/6,1/6,1/6])
    n=len(x)
    #总的实验次数
    s=np.sum(x)
    y=[]
    z=[]
    #修改列表 p 中的元素，均乘以 n
    for i in range(0,n):
        #计算 npi
        p[i]=p[i]*s
    for i in range(0,n+1):
        y=x-p
        z=y**2/p
    #统计量的值
    kafang=np.sum(z)
    #1-α 分位数
    k_percentile1=st.chi2.ppf(1-alpha,n-1)
    print('统计量的值为',kafang,'卡方分布的分位数为',k_percentile1)
    #根据拒绝域进行判断
    if(kafang<k_percentile1 ):
        print('接受原假设')
    else:
        print('拒绝原假设')
    #利用 p 值进行检验
    #检验的 p 值
    p=1-st.chi2.cdf(kafang,n-1)
    print('检验的 p 值为',p)
    #根据 p 值进行判断
    if(p>alpha):
      print('接受原假设')
    else:
      print('拒绝原假设')
kafangtest(0.05)
```

4. 运行结果

```
统计量的值为 4.8    卡方分布的分位数为 11.070497693516351
接受原假设
检验的 p 值为 0.4407729680866631
```

接受原假设

实验 10.3.2　婚姻状况与受教育程度之间的独立性检验

对出现在某杂志中的妇女进行人口研究，给出至少结婚一次的 1436 个妇女的数据如表 10-3 所示，根据样本数据判断婚姻状况与受教育程度之间有无关系（α=0.05）。

表 10-3　至少结婚一次的 1436 个妇女的数据表

教育程度	结婚一次/个	结婚两次/个	总计/个
大学及以上	550	61	611
大学以下	681	144	825
总计	1231	205	1436

1．理论分析

用 X 表示受教育程度，Y 表示结婚次数，提出假设 H_0：X 与 Y 独立，H_1：X 与 Y 不独立，此时 $r=s=2$。当 H_0 成立时，选取统计量 $\chi^2=\sum_{i=1}^{2}\sum_{j=1}^{2}\frac{\left(n_{ij}-\frac{n_i n_j}{n}\right)^2}{\frac{n_i n_j}{n}}\sim\chi^2(1)$。其中，$n_{ij}$ 是列联表中第 i 行第 j 列的数据，$n_{i.}$ 是列联表中第 i 行各数据的和，$n_{.j}$ 是列联表中第 j 列各数据的和。其拒绝域为 $W=\{\chi^2>\chi_\alpha^2(1)\}$。计算 χ^2 统计量的值：

$$\chi^2=\frac{\left(550-\frac{611\times1231}{1436}\right)^2}{\frac{611\times1231}{1436}}+\frac{\left(61-\frac{611\times205}{1436}\right)^2}{\frac{611\times205}{1436}}+\frac{\left(681-\frac{825\times1231}{1436}\right)^2}{\frac{825\times1231}{1436}}+\frac{\left(144-\frac{825\times205}{1436}\right)^2}{\frac{825\times205}{1436}}$$
$$=16.0093$$

因为 $\chi_{0.05}^2(1)=3.841<\chi^2=16.0093$，拒绝 H_0，所以认为婚姻状况与受教育程度之间有关系。

2．实验步骤

（1）将四个样本观测值数据用 x 表示，写成 array 形式。用 r 和 s 分别表示数组的行数和列数。

（2）对 x 按行和按列求和，分别用 n_1 和 n_2 表示。

（3）卡方分布的自由度为 $(r-1)(s-1)$，求出卡方分布的分位数。

（4）使用公式 $\chi^2=\sum_{i=1}^{r}\sum_{j=1}^{s}\frac{\left(n_{ij}-\frac{n_{i.}n_{.j}}{n}\right)^2}{\frac{n_{i.}n_{.j}}{n}}$ 计算统计量的值 χ_0^2，与分位数进行比较，判断 H_0 是否成立。

3．程序代码

```
import numpy as np
import scipy.stats as st
x=np.array([[550,61],[681,144]])
```

```
r=x.shape[0]
s=x.shape[1]
#独立性检验
def kafangtest(alpha):
#总的实验次数
    n=np.sum(x)
    p=[]
    n1=[]
    n2=[]
    #对频数按行求和
    n1=np.sum(x,axis=1)
    #对频数按列求和
    n2=np.sum(x,axis=0)
    for i in range(0,r):
        for j in range(0,s):
            k1=n1[i]*n2[j]/n
            k2=(x[i,j]-k1)**2/k1
            p.append(k2)
    #计算统计量的值
    kafang=np.sum(p)
    #1-α分位数
    k_percentile1=st.chi2.ppf(1-alpha,(r-1)*(s-1))
    print('统计量的值为',kafang,'卡方分布的分位数为',k_percentile1)
    #根据拒绝域进行判断
    if(kafang<k_percentile1 ):
        print('接受原假设')
    else:
        print('拒绝原假设')
    #利用p值进行检验
    #检验的p值
    p=1-st.chi2.cdf(kafang,(r-1)*(s-1))
    print('检验的p值为',p)
    #根据p值进行判断
    if(p>alpha):
      print('接受原假设')
    else:
      print('拒绝原假设')
kafangtest(0.05)
```

4．运行结果

```
统计量的值为 16.009764154313302 卡方分布的分位数为 3.8414588206941236
拒绝原假设
检验的p值为 6.301664473962187e-05
拒绝原假设
```

实验 10.3.3 饲料的蛋白含量和雌鼠体重的增长的关系的秩和检验

为研究饲料的蛋白含量与雌鼠体重的增长是否有关，进行实验，获得如表 10-4 所示数据。

表 10-4 雌鼠的体重

单位：g

高蛋白 X	12	134	146	104	119	124	161	107	83	113
低蛋白 Y	7	70	118	101	85	112	132	94		

判断饲料的蛋白含量对雌鼠体重的增长是否有关（α=0.05，$t_1(8,10)$=57，$t_2(8,10)=95$）。

1. 理论分析

提出假设 H_0：饲料的蛋白含量和雌鼠体重的增长无关，H_1：饲料的蛋白含量和雌鼠体重的增长有关。将 18 个数据按从小到大进行排序，如表 10-5 所示。

表 10-5 计算数据表

数据	7	12	70	83	85	94	101	104	107	112
序号	1	2	3	4	5	6	7	8	9	10
数据	113	118	119	124	132	134	146	161		
序号	11	12	13	14	15	16	17	18		

选取低蛋白 Y 的数据作为求秩和的样本，则秩和为 T=1+3+5+6+7+10+12+15=59，由于 $t_1(8,10)$=57，$t_2(8,10)=95$，T 值介于两个分位数之间，所以接受 H_0，饲料的蛋白含量和雌鼠体重的增长无关。

2. 实验步骤

1）输入两组数据

将数据量少的组作为 y（求秩和对象）。将这两组数据合并，得到一个新的列表并对其进行排序得到列表 c。再设立 a、b 两个列表，列表 a 表示列表 c 中对应位置的序列号，列表 b 表示对应序列号的秩。

2）求列表 c 中的元素的秩

（1）设立一个初始值为 0 的旗帜 flag，若 flag=0，则执行遍历；若 flag≠0，则说明该位置有多个相同数，第二位到最后一位的相同数的秩均等于第一位的秩，跳过遍历。

（2）具体遍历步骤：依次判断排好序后的数组内相邻位置的元素的值是否相等。若不相等，则继续查找；若相等，则从此位置开始向后遍历，直到出现不相等的值。再计算有多少个元素是相等的。

（3）依据相等元素的个数增加 flag 的值，用于后续判断。

（4）计算相等的元素的秩，具体计算方法是首项加末项乘以项数除以 2，然后求这些位的平均值。替换列表 b 中的元素。

3）找出 y 中元素的秩并求和

y 中元素的秩的和就是统计量的值，并与两个分位数进行比较，得出结论。

3. 程序代码

```
arr1 = [12, 134, 146, 104, 119, 124, 161, 107,83 , 113]
arr2 = [7,70,118,101, 85, 112, 132, 94]
```

```
#将数据量较少的数组作为检验对象
y = []
if len(arr1) < len(arr2):
    y.extend(arr1)
else:
y.extend(arr2)
#将两组数据合并
c = arr1 + arr2
#排序
c.sort()
#建立两个数组，分别为 a（表示序列号）、b（表示对应序列号的秩）
#表示序列号
a = []
#表示对应序列号的秩
b = []
for i in range(1, len(c) + 1):
    a.append(i)
    b.append(i)
k = len(c) - 1
#设立一个旗帜 flag
#若发现排序有多个相同数，则使第二位到最后一位的相同数的秩均等于第一位的秩，跳过遍历
flag = 0
for i in range(k):
    #依次判断排好序后的数组内相邻位置的元素的值是否相等
    if c[i] != c[i + 1]:
        i += 1
        continue
    else:
        #若发现有相邻位置的元素的值相等，则从此位置开始向后遍历，直到出现不相等的值
        for n in range(i + 1, k + 1):
            if flag == 0:
                if c[i] == c[n]:
                    continue
                else:
                    #计算有多少个元素的秩相等
                    for p in range(i, n):
                        #先计算首相加末项乘以项数除以 2 的值，然后求这些位的平均值
                        s = (((i + n + 1) * (n - i)) / 2)
                        b[p] = s / (n - i)
                        flag = n - i - 2
                    break
            if flag != 0:
                b[n] = b[n - 1]
                #每跳过一次遍历，flag 的值减一
                flag = flag - 1
```

```
                break
    print("两个序列合并排好序为:", c)
    print("两个序列合并排好序的秩为:", b)
    print("较短数组 y 为: ", y)
    #所求秩的和，初始值为 0
    T = 0
    #新建一个数组，表示初始输入的较短的数组中对应位置的秩的值
    t = []
    lenth1 = len(y)
    lenth2 = len(c)
    i = 0
    while i < lenth1:
        #先判断待比较的值是否为初始两个数组内的最大值
        #若是，则直接计入最大值的秩；若不是，则继续检验
        if y[i] ==c[k]:
            T += b[k]
            t.append(b[k])
            i += 1
            continue
        else:
            for m in range(lenth2):
                #判断初始较短数组中的值在排好序的 c 数组中的具体位置
                if y[i] < c[m]:
                    T += b[m - 1]
                    t.append(b[m - 1])
                    break
            i += 1
    #数组 t 中显示的值一一对应为初始较短数组中每个值的秩
    print('秩和为', T, 'y 中数据的秩分别为', t)
    k1 = 31
    k2 = 65
    #根据拒绝域进行判断
    if k1 < T < k2:
        print('接受原假设')
    else:
        print('拒绝原假设')
```

4. 运行结果

```
    两个序列合并排好序为: [7, 12, 70, 83, 85, 94, 101, 104, 107, 112, 113, 118, 119, 124, 132, 134, 146, 161]
    两个序列合并排好序的秩为: [1, 2, 3, 4, 5, 6, 7, 8, 9, 10, 11, 12, 13, 14, 15, 16, 17, 18]
    较短数组 y 为:  [7, 70, 118, 101, 85, 112, 132, 94]
    秩和为 59      y 中数据的秩分别为 [1, 3, 12, 7, 5, 10, 15, 6]
    接受原假设
```

五、练习

练习 10.14　急救电话次数的拟合优度检验

60h 内某急救中心在 1h 内接到的急救电话次数如表 10-6 所示。

表 10-6　60h 内某急救中心在 1h 内接到的急救电话次数

呼吸次数	0	1	2	3	4	5	6	≥7
频数	8	16	17	10	6	2	1	0

判断该分布能否看作泊松分布（α=0.05）。

1. 理论分析

提出假设 $H_0: P\{X=k\}=\dfrac{\lambda^k e^{-\lambda}}{k!}$。由极大似然估计可知：

$$\hat{\lambda}=\bar{X}=0\times\frac{8}{60}+1\times\frac{16}{60}+\cdots+6\times\frac{1}{60}+7\times\frac{0}{60}+\cdots=2$$

$$p_1=P\{X=0\}=\frac{2^0e^{-2}}{0!}=e^{-2}=0.1353,\ p_2=P\{X=1\}=\frac{2^1e^{-2}}{1!}=0.2707$$

$$p_3=P\{X=2\}=\frac{2^2e^{-2}}{2!}=0.2707,\ p_4=P\{X=3\}=\frac{2^3e^{-2}}{3!}=0.1804$$

$$p_5=P\{X=4\}=\frac{2^4e^{-2}}{4!}=0.0902,\ p_6=P\{X=5\}=\frac{2^5e^{-2}}{5!}=0.0361$$

$$p_7=P\{X=6\}=\frac{2^6e^{-2}}{6!}=0.0120,\ p_8=P\{X\geqslant 7\}=1-P\{X\leqslant 6\}=0.0046$$

经计算得到的概率如表 10-7 所示。

表 10-7　概率

p_i	0.1353	0.2707	0.2707	0.1804	0.0902	0.0361	0.0120	0.0046
np_i	8.118	16.242	16.242	10.824	5.412	2.166	0.72	0.276

将表 10-6 中最后四组数据合并后数据共有 5 组，减去用极大似然估计估计的参数值 2，可得自由度为 3。计算统计量为

$$\chi^2=\sum_{i=1}^{k}\frac{(n_i-np_i)^2}{np_i}=\frac{(8-60\times0.1353)^2}{60\times0.1353}+\frac{(16-60\times0.2707)^2}{60\times0.2707}+\cdots$$

$$+\frac{(1-60\times0.0120)^2}{60\times0.0120}+\frac{(0-60\times0.0046)^2}{60\times0.0046}=0.4937$$

$\chi^2_{0.05}(3)=7.815$，$\chi^2=0.4937<7.815$，接受 H_0，表明表 10-6 中的数据分布可以看作泊松分布。

2. 实验步骤

练习 10.14　程序代码

（1）导入频数数据 X。

（2）求样本均值，并将其作为期望的极大似然估计。

（3）计算次数落入每个分组区间的概率 p_i，并计算 np_i。若 np_i 小于

5，则将其与前面的 np_i 不小于 5 的组合并，计算最后的分组数。本练习有 1 个参数需要估计，且合并了 4 组，所以卡方分布的自由度为 8-4-1=3，求出卡方分布的分位数。

（4）使用公式 $\chi^2=\sum_{i=1}^{k}\frac{(n_i-np_i)^2}{np_i}$ 计算统计量的值，并与分位数进行比较，判断 H_0 是否成立。

3. 运行结果

```
统计量的值为 0.4936691394142656        卡方分布的分位数为 7.8147279032511765
接受原假设
检验的 p 值为 0.9202800564787443
接收原假设
```

练习 10.15　放射性金属放射的粒子数的拟合优度检验

观察某种放射性金属放射的粒子数，共观察 100 次，结果如表 10-8 所示。

表 10-8　粒子数

i	0	1	2	3	4	5	6	7	8	9	10	11	≥12
n_i	1	5	16	17	26	11	9	9	2	1	2	1	0

表 10-8 中，n_i 为观察到 i 个粒子的次数。从理论上，次数 X 应服从泊松分布，根据实验的结果判断是否可认为 X 服从泊松分布（α=0.05）。

1. 理论分析

提出假设 $H_0: X \sim P(\lambda)$，则 $P(X=i)=\frac{\lambda^i}{i!}e^{-\lambda}$，$i=0,1,2,\cdots,12$，$\lambda$ 的极大似然估计为 $\hat{\lambda}=\bar{X}=4.2$，计算各事件的概率估计值：

$$\hat{p}_i=P\{X=i\}=\frac{4.2^i e^{-4.2}}{i!}，\quad i=0,1,2,\cdots,11，\quad \hat{p}_{12}=1-\sum_{i-0}^{11}\hat{p}_i$$

计算结果如表 10-9 所示。

表 10-9　计算结果

A_i	n_i	$\hat{p}_i$	$n\hat{p}_i$	$(n_i-n\hat{p}_i)^2/n\hat{p}_i$
0	1	0.015	1.5	0.167
1	5	0.063	6.3	0.268
2	16	0.132	13.2	0.594
3	17	0.185	18.5	0.122
4	26	0.194	19.4	2.245
5	11	0.163	16.3	1.723
6	9	0.114	11.4	0.505
7	9	0.069	6.9	0.639
8	2	0.036	3.6	0.711
9	1	0.017	1.7	0.288
10	2	0.007	0.7	2.414
11	1	0.003	0.3	1.633

续表

A_i	n_i	$\hat{p}_i$	$n\hat{p}_i$	$(n_i - n\hat{p}_i)^2 / n\hat{p}_i$
12	0	0.002	0.2	0.2
合计				11.509

将表 10-9 中的 $n\hat{p}_i < 5$ 的组与相邻组适当合并，使 $n\hat{p}_i \geqslant 5$。将第 0 组和第 1 组合并，第 8～12 组合并，此时 r=7，故卡方分布的自由度为 7-1-1=5。因为 $\chi^2_{0.05}(5) = 11.071$，$\chi^2 = 11.51 > 11.071$，拒绝 H_0，因此不可以认为 X 不服从泊松分布。

2．实验步骤

（1）导入频数数据 X。

（2）求样本均值，将其作为期望的极大似然估计。

（3）计算粒子数落入每个分组区间的概率 p_i，并计算 np_i。若 np_i 小于 5，则将其与前面的 np_i 不小于 5 的组合并，计算最后的分组数。本练习有 1 个参数需要估计，且合并了 6 组，即 $s = 6$，所以卡方分布的自由度为 5，求卡方分布的分位数。

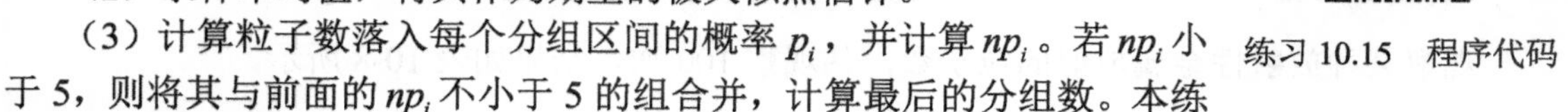

练习 10.15　程序代码

（4）使用公式 $\chi^2 = \sum_{i=1}^{k} \frac{(n_i - np_i)^2}{np_i}$ 计算统计量的值，与分位数进行比较，判断 H_0 是否成立。

3．运行结果

```
统计量的值为 11.71275332659663      卡方分布的分位数为 11.070497693516351
拒绝原假设
检验的 p 值为 0.03894291064206801
拒绝原假设
```

注意，此处的统计量的值和理论分析的值稍有不同，是理论分析计算过程中的四舍五入造成的。

练习 10.16　小麦植株高度的拟合优度检验

从一块地抽取 50 株小麦，测量其高度，数据（单位：cm）为：15.0，15.8 ，15.2，15.1，15.9，14.7，14.8，15.5，15.6，15.3，15.1，15.3，15.0，15.6，15.7，14.8，14.5，14.2，14.9，14.9，15.2，15.0，15.3，15.6，15.1，14.9，14.2，14.6，15.8，15.2，15.9，15.2，15.0，14.9，14.8，14.5，15.1，15.5，15.5，15.1，15.1，15.0，15.3，14.7，14.5，15.5，15.0，14.7，14.6，14.2，判断是否可以认为这批小麦植株高度服从正态分布（α=0.05）。

1．理论分析

设 X 为小麦的植株高度，其分布函数为 $F(x)$。提出假设 $H_0: F(x) = \Phi\left(\frac{x-\mu}{\sigma}\right)$，在 H_0 假设成立的条件下，参数 μ 和 σ^2 的极大似然估计为 $\hat{\mu} = 15.078$，$\hat{\sigma}^2 = 0.1833$，将样本观测值分为 5 个区间，分别计算概率为

$$\hat{p}_1 = \Phi\left(\frac{14.6 - 15.078}{0.4282}\right) = \Phi(-1.1163) = 0.1321$$

$$\hat{p}_2=\Phi\left(\frac{14.8-15.078}{0.4282}\right)-\Phi(-1.1163)=\Phi(-0.6492)-\Phi(-1.1163)=0.1260$$

$$\hat{p}_3=\Phi\left(\frac{15.1-15.078}{0.4282}\right)-\Phi(-0.6492)=\Phi(0.0514)-\Phi(-0.6492)=0.2624$$

$$\hat{p}_4=\Phi\left(\frac{15.4-15.078}{0.4282}\right)-\Phi(-0.6492)=\Phi(0.7520)-\Phi(0.0514)=0.2535$$

$$\hat{p}_5=1-\hat{p}_1-\hat{p}_2-\hat{p}_3-\hat{p}_4=0.2260$$

利用算得的概率，得到表 10-10 所示计算结果。

表 10-10　计算结果

i	(a_{i-1},a_i)	n_i	p_i	np_i	$\frac{(n_i-np_i)^2}{np_i}$
1	(0,14.6)	6	0.1321	6.6061	0.0556
2	[14.6,14.8)	5	0.1260	6.2976	0.2674
3	[14.8,15.1)	13	0.2624	13.1209	0.0011
4	[15.1,15.4)	14	0.2535	12.6752	0.1385
5	[15.4,+∞)	12	0.2260	11.3003	0.0433
合计					0.5059

$\chi^2_{0.05}(2)=5.991$，$\chi^2=0.5059<5.991$，接受 H_0，因此认为小麦植株高度服从正态分布。

2. 实验步骤

（1）导入频数数据 *X*，用 *X*1 表示分组的范围。

（2）分区间计算频数，用 count 表示，记入列表 a。

（3）求均值、二阶样本中心矩，并将其分别作为期望和方差的极大似然估计。

（4）计算植株高度落入每个分组区间的概率 p_i，并计算 np_i。若 np_i 小于 5，则将其与前面的 np_i 不小于 5 的组合并，计算最后的分组数。本练习有 2 个参数需要估计，所以卡方分布的自由度为 5-2-1=2，求出卡方分布的分位数。

（5）使用公式 $\chi^2=\sum_{i=1}^{k}\frac{(n_i-np_i)^2}{np_i}$ 计算统计量的值，与分位数进行比较，判断 H_0 是否成立。

练习 10.16　程序代码

3. 运行结果

```
统计量的值为 0.5058617377182048        卡方分布的分位数为 5.99146454710798
接受原假设
检验的 p 值为 0.7765215617897359
接受原假设
```

练习 10.17　学生身高的拟合优度检验

某高校对 100 名学生的身高（单位为 cm）进行测量，把测得的 100 个数据按由大到小的顺序排列，相同的数合并得到如表 10-11 所示身高表。

表 10-11 身高表

身高	153	156	157	159	160	161	162	163	164
人数	1	3	2	1	4	6	7	6	10
身高	165	166	167	168	169	170	171	172	173
人数	8	7	5	7	5	6	3	4	7
身高	174	176	178	180	181				
人数	3	2	1	1	1				

判断在显著性水平 $\alpha=0.05$ 下是否可以认为学生身高 X 服从正态分布。

1. 理论分析

提出假设 H₀：$X\sim N(\mu,\sigma^2)$，H₁：X 不服从 $N(\mu,\sigma^2)$，此时 $F_0(x)$ 为正态分布的分布函数（含两个未知参数）。先求 μ 和 σ^2 的极大似然估计值：

$$\hat{\mu}=\frac{\sum_{i=1}^{n}n_iX_i}{n}=166.35，\quad \hat{\sigma}^2=\frac{\sum_{i=1}^{n}n_i(X_i-\overline{X})^2}{n}=28.69$$

按照分组要求，每个小区间的理论频数 $n\hat{p}_i$ 不应小于 5，因此将数据分成 7 组，以使每个小区间的理论频数不小于 5，计算结果如表 10-12 所示。

表 10-12 计算结果

分组	n_i	$\hat{p}_i$	$n\hat{p}_i$	$(n_i-n\hat{p}_i)^2/n\hat{p}_i$
(−∞, 158.5]	6	0.0714	7.14	0.1820
(158.5，161.5]	11	0.1112	11.12	0.0013
(161.5，164.5]	23	0.1823	18.23	1.2481
(164.5，167.5]	20	0.2201	22.01	0.1836
(167.5，170.5]	18	0.1958	19.58	0.1275
(170.5，173.5]	14	0.1283	12.83	0.1067
(173.5，+∞)	8	0.0909	9.09	0.1307
合计				1.9799

表 10-12 中第 3 列 $\hat{p}_i$ 的计算公式为 $\hat{p}_i=P\{x_{i-1}<X<x_i\}=\hat{F}(x_i)-\hat{F}(x_{i-1})$，$i=0,1,2,\ldots,7$，$\hat{p}_3=P(161.5<X<164.5)=P\left(\frac{161.5-166.33}{\sqrt{28.06}}<X<\frac{164.5-166.33}{\sqrt{28.06}}\right)=\Phi(-0.345)-\Phi(-0.911)=$ 0.1823，经计算得 $\chi^2=\sum_{i=1}^{r}\frac{(n_i-np_i)^2}{np_i}=1.9799$，拒绝域为 $W=\left\{\chi^2\geqslant\chi_\alpha^2(r-k-1)\right\}$，给定显著性水平 $\alpha=0.05$，查卡方分布的分位数表，得临界值 $\chi_\alpha^2(7-2-1)=\chi_{0.05}^2(4)=9.488$。由于 1.9799<9.488，接受 H_0，因此可以认为学生身高服从正态分布。

2. 实验步骤

练习 10.17 程序代码

（1）将身高数据用 x 表示，频数用 w 表示，分别写成列表的形式；$x1$ 表示分组的范围，将数据分为 7 组。

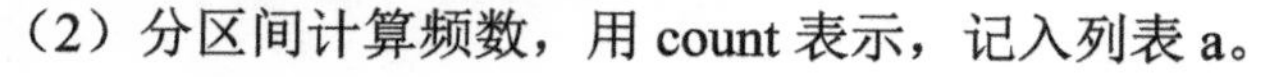
（2）分区间计算频数，用 count 表示，记入列表 a。

（3）用 b 表示 x 与 w 的点积，分别求数据的均值、二阶样本中心矩，并将其作为期望和方差的极大似然估计。注意这是分组数据。

（4）计算身高落入每个分组区间的概率 p_i，并计算 np_i。若 np_i 小于 5，则将其与前面的 np_i 不小于 5 的组合并，计算最后的分组数。有 2 个参数需要估计，所以卡方分布的自由度为 7-2-1=4，求卡方分布的分位数。

（5）使用公式 $\chi^2=\sum_{i=1}^{k}\frac{(n_i-np_i)^2}{np_i}$ 计算统计量的值，与分位数进行比较，判断 H_0 是否成立。

3．运行结果

```
统计量的值为 1.9805542638875229        卡方分布的分位数为 9.487729036781154
接受原假设
检验的 p 值为 0.7393356689795798
接受原假设
```

练习 10.18　饮酒对肝的影响的独立性检验

为了调查饮酒是否对肝有影响，对 28 位肝患者及 38 位非肝患者进行调查，调查结果如表 10-13 所示。判断饮酒是否对肝有影响？

表 10-13　调查结果

	肝患者人数	非肝患者人数	总计
饮酒人数	15	20	35
不饮酒人数	13	18	31
总计	28	38	66

1．理论分析

提出假设 H_0：饮酒对肝无影响，H_1：饮酒对肝有影响。当 H_0 成立时，$\hat{p}_{ij}=\hat{p}_{i.}\hat{p}_{.j}=\frac{n_{i.}n_{.j}}{n^2}$，$n\hat{p}_{11}=\frac{n_{1.}n_{.1}}{n}=\frac{35\times 28}{66}=14.85$，$n\hat{p}_{12}=\frac{n_{1.}n_{.2}}{n}=\frac{35\times 38}{66}=20.15$，$n\hat{p}_{21}=\frac{n_{2.}n_{.1}}{n}=\frac{31\times 28}{66}=13.15$，$n\hat{p}_{22}=\frac{n_{2.}n_{.2}}{n}=\frac{31\times 38}{66}=17.85$，$\chi^2=\frac{(15-14.85)^2}{14.85}+\frac{(20-20.15)^2}{20.15}+\frac{(13-13.15)^2}{13.15}+\frac{(18-17.85)^2}{17.85}=0.006$，拒绝域为 $W=\{\chi^2\geqslant\chi^2_{0.05}(1)\}$，查卡方分布的分位数表得 $\chi^2_{0.05}(1)=3.84$，$\chi^2=0.006<\chi^2_{0.05}(1)=3.84$，故接受 H_0，认为饮酒对肝无影响。

2．实验步骤

（1）用 x 表示 4 个样本观测值数据，写成 array 的形式。用 r 和 s 表示数组的行数和列数。

（2）对 x 按行和按列求和，分别用 n_1 和 n_2 表示。

（3）卡方分布的自由度为 $(r-1)(s-1)$，求出卡方分布的分位数。

练习 10.18　程序代码

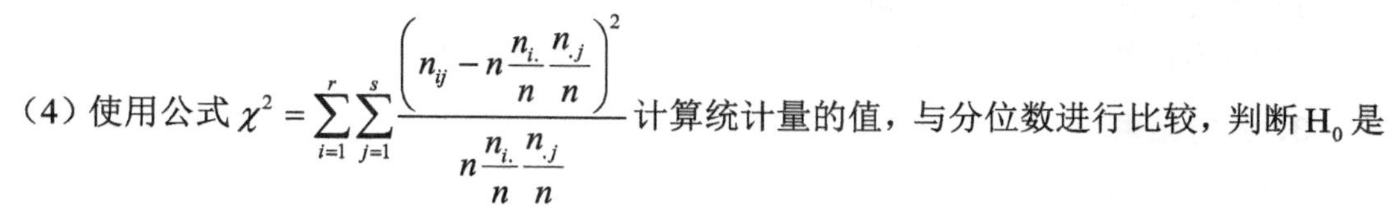

（4）使用公式 $\chi^2=\sum_{i=1}^{r}\sum_{j=1}^{s}\frac{\left(n_{ij}-n\frac{n_{i.}}{n}\frac{n_{.j}}{n}\right)^2}{n\frac{n_{i.}}{n}\frac{n_{.j}}{n}}$ 计算统计量的值，与分位数进行比较，判断 H_0 是

否成立。

3. 运行结果

```
统计量的值为 0.005717057621011012    卡方分布的分位数为 3.8414588206941236
接受原假设
检验的 p 值为 0.9397284043262435
接受原假设
```

练习 10.19 考试成绩的秩和检验

在某校大一学生中随机抽取 6 名男生和 8 名女生的考试成绩如表 10-14 所示，判断男生和女生的考试成绩是否存在显著差异。

表 10-14 考试成绩表

男生	90	80	68	89	78	88		
女生	69	52	87	80	47	71	76	82

1. 理论分析

提出假设 H_0：男生和女生的考试成绩不存在显著差异，H_1：男生和女生的考试成绩存在显著差异。因为男生的考试成绩数据少，所以选取男生的考试成绩作为检验对象。男生所有数据的秩为：3，7，8.5，12，13，14，秩和为$T=3+7+8.5+12+13+14=57.5$，根据$n_1=6$，$n_2=8$，$\alpha=0.05$，查秩和检验表，得T的上限、下限分别为$T_1=31$，$T_2=65$，$T_1<T<T_2$，接受H_0，因此男生和女生的考试成绩不存在显著差异。

2. 实验步骤

练习 10.19 程序代码

1）输入两组数据

将数据量少的组作为y（求秩和对象）。将这两组数据合并，得到一个新的列表并对该列表中的数据进行排序得到列表 c。设立 a、b 两个列表，列表 a 表示列表 c 中对应位置的序列号，列表 b 表示对应序列号的秩。

2）求列表 c 中的元素的秩

（1）设立一个初始值为 0 的旗帜 flag，若 flag=0，则执行遍历；若 flag≠0，则说明该位置有多个相同数，第二位到最后一位的相同数的秩均等于第一位的秩，跳过遍历。

（2）具体遍历步骤：依次判断排好序后的数组内相邻位置的元素的值是否相等。若不相等，则继续查找；若相等，则从此位置开始向后遍历，直到出现不相等的值。计算有多少个元素是相等的。

（3）依据相等元素的个数增加 flag 的值，用于后续判断。

（4）计算相等的元素的秩，具体计算方法是首项加末项乘以项数除以 2，然后求这些位的平均值。替换列表 b 中的元素。

3）找出y中元素的秩并求和

y中元素的秩的和为统计量的值，并与两个分位数进行比较，得出结论。

3. 运行结果

```
两个序列合并排好序为 [47, 52, 68, 69, 71, 76, 78, 80, 80, 82, 87, 88, 89, 90]
```

```
两个序列合并排好序的秩为 [1, 2, 3, 4, 5, 6, 7, 8.5, 8.5, 10, 11, 12, 13, 14]
较短数组 y 为 [90, 80, 68, 89, 78, 88]
秩和为 57.5        y 中数据的秩分别为 [14, 8.5, 3, 13, 7, 12]
接受原假设
```

六、拓展阅读

卡尔·皮尔逊（Karl Pearson，1857—1936），英国数学家、生物统计学家，是数理统计学的创始人。

1900 年，皮尔逊发明了一个著名的统计量——卡方统计量。该统计量用来检验实际值的分布与理论分布是否一致，即衡量观测值与理论值之间差异的显著性。卡方检验是一种非参数检验，应用非常广泛，在现代统计理论中占有重要地位。

皮尔逊提出了矩估计，发展了相关和回归理论，提出了净相关、复相关、总相关、相关比等概念，发明了计算复相关和净相关的方法及相关系数的公式。

1901 年，皮尔逊与韦尔登、高尔顿一起创办了《生物统计》杂志，使数理统计学有了一席之地，并为这门学科的发展完善提供了强大的推动力。

实验 11

方差分析与回归分析

实验 11.1　单因素方差分析

一、实验目的

1．深刻理解方差分析的方法。
2．学会使用 Python 进行单因素方差分析。

二、实验要求

1．复习方差分析的理论内容。
2．会使用公式进行单因素方差分析。

三、知识链接

1．相关定义

指标指的是实验中考察的结果；因素指的是对实验结果产生的影响和作用的需要考察的可控制的条件；水平指的是因素在实验中所处的每一状态或等级。为考察某因素对指标的影响，固定其他因素，只把该因素控制在几个不同水平上进行实验。只研究一个因素对于实验结果的影响和作用的方差分析称为单因素方差分析。

2．模型

为了讨论方差分析的问题，先做一些基本假设，如正态性假设、独立性假设及方差齐性假设。满足这三个假设就可以进行方差分析。

一般地，指标受因素 A 的影响，它可以取 r 个不同的水平 $A_1, A_2, \cdots, A_r$。在因素 A 的 A_i 水平下进行 n_i 次实验，结果分别为 $x_{i1}, x_{i2}, \cdots, x_{in_i}$，每一个水平下的指标看作一个总体，记作 X_i，

一共有 r 个水平，因此有 r 个总体。

在进行方差分析前先进行如下假设。

（1）正态性假设：每个总体服从正态分布 $X_i \sim N\left(\mu_i, \sigma_i^2\right)$，$i=1,2,\cdots,r$ 。

（2）独立性假设：从每个总体 X_i 中抽取的样本是相互独立的，即 $X_{ij}(i=1,2,\cdots,r,$ $j=1,2,\cdots,n_i)$ 独立。

（3）方差齐性假设：各个总体的方差都是相等的，记为 $\sigma_1^2=\sigma_2^2=\cdots=\sigma_r^2=\sigma^2$ 。

要检验的假设为

$$\mathrm{H}_0: \mu_1=\mu_2=\cdots=\mu_r，\ \mathrm{H}_1: 诸\mu_i不全相等 \tag{11-1}$$

由此可见，方差分析是通过比较和检验在因素的不同水平下均值之间是否存在显著的差异，来测定因素的不同水平对因变量产生的影响和作用的差异的。

方差分析的统计模型：设第 i 个总体 A_i 下的样本均值为 μ_i，而实际样本观测值 X_{ij} 与 μ_i 不可能完全相同，中间会有随机误差 ε_{ij}，且 ε_{ij} 服从正态分布，则有

$$\begin{cases} X_{ij}=\mu_i+\varepsilon_{ij} \\ \varepsilon_{ij} \sim N(0,\sigma^2)，\ i=1,2,\cdots,r，\ j=1,2,\cdots,n_i \\ \varepsilon_{ij}独立 \end{cases} \tag{11-2}$$

令总的均值为 $\mu=\frac{1}{n}\sum_{i=1}^{r} n_i\mu_i$，且 $n_1+n_2+\cdots+n_r=n$，n 为总实验次数。$\alpha_i=\mu_i-\mu$ 称为第 i 个水平的效应，此时假设（11-1）变为

$$\mathrm{H}_0: \alpha_1=\alpha_2=\cdots=\alpha_r=0，\ \mathrm{H}_1: 诸\alpha_i不全为0，\ i=1,2,\cdots,r \tag{11-3}$$

模型（11-2）变为

$$\begin{cases} X_{ij}=\alpha_i+\mu+\varepsilon_{ij} \\ \varepsilon_{ij} \sim N(0,\sigma^2) \quad 独立，i=1,2,\cdots,r, j=1,2,\cdots,n_i \\ \sum_{i=1}^{r} n_i\alpha_i=0 \end{cases} \tag{11-4}$$

3. 平方和分解

总的离差平方和 S_{T} 为各样本观察值与总的均值的偏平方和：

$$S_{\mathrm{T}}=\sum_{i=1}^{r}\sum_{j=1}^{n_i}\left(X_{ij}-\bar{X}\right)^2=\sum_{i=1}^{r}\sum_{j=1}^{n_i}\left(X_{ij}-\bar{X}_{i.}\right)^2+\sum_{i=1}^{r}\sum_{j=1}^{n_i}\left(\bar{X}_{i.}-\bar{X}\right)^2=S_{\mathrm{E}}+S_{\mathrm{A}}$$

式中，$\bar{X}_{i.}=\frac{1}{n_i}\sum_{j=1}^{n_i} X_{ij}$，表示第 i 个水平下的样本均值；$\bar{X}=\frac{1}{n}\sum_{i=1}^{r}\sum_{j=1}^{n_i} X_{ij}$，表示所有样本的总均值；$S_{\mathrm{E}}$ 和 S_{A} 分别表示组间偏差平方和和组内偏差平方和，计算公式为 $S_{\mathrm{T}}=\sum_{i=1}^{r}\sum_{j=1}^{n_i} X_{ij}^2-n\bar{X}^2$，$S_{\mathrm{A}}=\sum_{i=1}^{r} n_i\bar{X}_{i.}^2-n\bar{X}^2$，$S_{\mathrm{E}}=S_{\mathrm{T}}-S_{\mathrm{A}}$。

4. 假设检验

对于模型（11-4），当 $\mathrm{H}_0: \alpha_1=\alpha_2=\cdots=\alpha_r=0$ 成立时有

$$F=\frac{S_A}{(r-1)\sigma^2}\bigg/\frac{S_E}{(n-r)\sigma^2}=\frac{S_A}{(r-1)}\bigg/\frac{S_E}{(n-r)}\sim F(r-1,n-r)$$

拒绝域为 $W=\{F\geqslant F_\alpha(r-1,n-r)\}$。若接受 H_0，则认为不同水平的均值间的差异不显著；若拒绝 H_0，则认为不同水平的均值间的差异显著。

5．参数的点估计

使用极大似然估计法求得总的均值 μ、各主效应 α_i 和误差方差 σ^2 的估计分别为 $\hat{\mu}=\bar{X}$，$\hat{\alpha}_i=\bar{X}_{i.}-\bar{X}$，$\hat{\mu}_i=\bar{X}_{i.}$，$\hat{\sigma}^2=\dfrac{S_E}{n-r}$。

6．参数的区间估计

（1）μ_i 的区间估计为 $\left(\bar{X}_{i.}-t_{\frac{\alpha}{2}}(n-r)\hat{\sigma}/\sqrt{n_i},\bar{X}_{i.}+t_{\frac{\alpha}{2}}(n-r)\hat{\sigma}/\sqrt{n_i}\right)$。

（2）σ^2 的区间估计为 $\left(\dfrac{S_E}{\chi^2_{\alpha/2}(n-r)},\dfrac{S_E}{\chi^2_{1-\alpha/2}(n-r)}\right)$。

四、实验内容

实验 11.1.1　农药的杀虫效果的单因素方差分析

为验证四种农药在杀虫率（单位为%）方面有无明显不同做实验，实验结果如表 11-1 所示。

表 11-1　四种农药的杀虫率

农药	A	B	C	D
杀虫率/%	87.4	56.2	55.0	75.2
	85.0	62.4	48.2	72.3
	80.2	—	—	81.3

判断四种农药在杀虫效果方面是否存在差异（α=0.01，$F_{0.01}(3,6)$=9.78）。

1．理论分析

提出假设 $H_0:\mu_1=\mu_2=\mu_3=\mu_4$，$H_1:\mu_1,\ \mu_2,\ \mu_3,\ \mu_4$ 不全相等。

这是一个单因素方差分析问题，计算结果如表 11-2 所示。

表 11-2　计算结果

农药	杀虫率/%			$\sum_{j=1}^{n_i}x_{ij}=x_{i.}$	$(\chi_{i.})^2/n_i$	$\sum_{j=1}^{n_i}x_{ij}^2$
A	87.4	85.0	80.2	252.6	21 268.92	21 295.8
B	56.2	62.4	—	118.6	7032.98	7052.2
C	55.0	48.2	—	103.2	5325.12	5348.24
D	75.2	72.3	81.3	228.8	17 449.81	17 492.02
合计				703.2	51 076.83	51 188.26

$\overline{x}=70.32$，$n_1=3$，$n_2=2$，$n_3=2$，$n_4=3$，$n=\sum_{i=1}^{4}n_i=10$，$S_T=\sum_{i=1}^{4}\sum_{j=1}^{n_i}x_{ij}^2-n\overline{x}^2=1739.236$，$S_A=\sum_{i=1}^{4}n_i\overline{x}_i^2-n\overline{x}^2=1627.826$，$S_E=S_T-S_A=111.41$，列出方差分析表，如表 11-3 所示。由于 $F=29.22>9.78=F_{0.01}(3,6)$，故拒绝 H_0，即认为四种农药在杀虫效果方面有差异（是高度显著的）。

表 11-3　方差分析表

方差来源	平方和	自由度 f	均方和	F 值
组间偏差平方和	1627.826	3	542.609	$F=\frac{\overline{S}_A}{\overline{S}_E}=29.22$
组内偏差平方和	111.41	6	18.568	
总的偏差平方和	1739.236	9	—	

2．实验步骤

（1）计算总的样本均值 $\overline{X}=\frac{1}{n}\sum_{i=1}^{r}\sum_{j=1}^{n_i}X_{ij}$ 和每个水平下的样本均值 $\overline{X}_{i.}=\frac{1}{n_i}\sum_{j=1}^{n_i}X_{ij}$。

（2）计算 $S_T=\sum_{i=1}^{r}\sum_{j=1}^{n_i}X_{ij}^2-n\overline{X}^2$，$S_A=\sum_{i=1}^{r}n_i\overline{X}_{i.}^2-n\overline{X}^2$，$S_E=S_T-S_A$。

（3）计算统计量 $F=\frac{S_A/r-1}{S_E/n-r}$，判断 $F>F_\alpha(r-1,n-r)$ 是否成立。若成立则拒绝 H_0，认为各水平间有显著性差异；否则认为各水平间无差异。

3．程序代码

```
import numpy as np
import scipy.stats as st
X=np.array([[87.4,85,80.2],[56.2,62.4],[55,48.2],[75.2,72.3,81.3]])
r=X.shape[0]
#求第 i 个样本的容量
z=[]
for i in range(0,r):
    s=len(X[i])
    z.append(s)
alpha=0.01
#计算组内均值
def mean(x):
    s1=0
    m=len(x)
    for i in range(0,m):
        k=x[i]
        s1=s1+k
    s1=s1/m
    return s1
#计算组内和
```

```
def sum(x):
    s2=0
    m=len(x)
    for i in range(0,m):
        s2+=x[i]
    return s2
n=sum(z)
#计算总的样本均值
y=[]
for i in range(0,r):
    #计算第 i 个样本均值
    a=sum(X[i])
    y.append(a)
b=sum(y)
#计算总的样本均值
b=b/n
#计算总的偏差平方和
c=[]
def sum1(x):
    s3=0
    for i in range(0,r):
        for j in range(0,z[i]):
            k=x[i][j]
            s3=s3+(k-b)**2
    return s3
ST=sum1(X)
#计算组内偏差平方和
def sum2(x):
    s4=0
    for i in range(0,r):
        for j in range(0,z[i]):
            k=x[i][j]
            s4=s4+(k-y[i]/z[i])**2
    return s4
SE=sum2(X)
#计算组间偏差平方和
def sum3(x):
    s5=0
    for i in range(0,r):
        s5+=z[i]*((y[i]/z[i]-b)**2)
    return s5
SA=sum3(X)
#利用 F 检验得出结论
f=(n-r)*SA/(SE*(r-1))
f_percentile=st.f.ppf(1-alpha,r-1,n-r)
if(f>f_percentile):
```

```
    print('拒绝原假设,认为诸因子水平间有显著性差异')
else:
    print('接受原假设')
print('总的离差平方和为',ST,'组内偏差平方和为',SE,'组间偏差平方和为',SA,'F的值为',f)
print('总的样本均值为',b,'第i个水平的样本均值为',y)
```

4. 运行结果

```
拒绝原假设,认为诸因子水平间有显著性差异
总的离差平方和为 1739.236    组内偏差平方和为 111.42666666666663
组间偏差平方和为 1627.8093333333336    F的值为 29.217590044274274
总的样本均值为 70.32000000000001  第 i 个水平的样本均值为 [252.60000000000002,
118.6, 103.2, 228.8]
```

实验 11.1.2　学生考试成绩的单因素方差分析

现从甲、乙、丙三个班级中随机地抽取一些学生，记录他们的考试成绩，如表 11-4 所示。

表 11-4　学生考试成绩

班级	分数													
甲	73	89	82	43	80	73	65	62	47	95	60	77	—	—
乙	88	78	48	91	54	85	74	77	50	78	65	76	96	80
丙	68	80	55	93	72	71	87	42	61	68	53	79	15	—

假设三个班级的学生的考试成绩服从正态分布，判断三个班级的学生的考试成绩有无显著差异（α=0.05）。

1. 理论分析

提出假设 H_0：$\mu_1=\mu_2=\mu_3$；H_1：μ_1,μ_2,μ_3不全相等。计算结果如表 11-5 所示。

表 11-5　计算结果

班级	$\sum_{j=1}^{n_i} x_{ij}=x_{i.}$	$(x_{i.})^2/n_i$	$\sum_{j=1}^{n_i} x_{ij}^2$
甲	846	59 643	62 384
乙	1040	77 257.142 86	80 160
丙	844	54 795.076 92	59 876
合计	2730	191 695.22	202 420

$\bar{x}=2730/39=70$，$n=\sum_{i=1}^{4} n_i=39$，$S_T=\sum_{i=1}^{4}\sum_{j=1}^{n_i} x_{ij}^2-n\bar{x}^2=11320$，$S_A=\sum_{i=1}^{4}\frac{\overline{x}_{i.}^2}{n_i}-n\bar{x}^2=595.22$，

$S_E=S_T-S_A=10724$。

方差分析表如表 11-6 所示。

表 11-6　方差分析表

方差来源	平方和	自由度 f	均方和	F 值
组间偏差平方和	595.22	2	297.610	$F=\frac{\bar{S}_A}{\bar{S}_E}=0.999$
组内偏差平方和	10 724	36	297.911	
总的偏差平方和	11 320	38	—	

查 F 分布的分位数表得 $F_{0.05}(2,36)=3.26$，因为 $F=0.999<3.26$，接受 H_0，认为三个班级的学生的考试成绩没有显著差异。

2. 实验步骤

1）方法 1 实验步骤

（1）导入统计包。

（2）使用 stats.levene(*data)进行方差齐性检验。

（3）将所有数据写成 array 形式，将所有值放到列表 values 中，将这些值对应的标签（分组）放到列表 groups 中，把值及其对应的标签放到字典 dc 中。

（4）使用 anova_lm(ols('values~C(groups)', dc).fit())进行方差分析。

2）方法 2 实验步骤

（1）导入统计包，将三个班的考试成绩分别放到列表 A1、列表 A2、列表 A3 中，将三个列表合成一个列表 data。

（2）使用 stats.levene(*data)进行方差齐性检验。

（3）使用 stats.f_oneway(A1, A2, A3)进行方差分析，输出 F 值和 p 值。将 p 值与 F 分布的分位数进行比较，得出结论。

3. 程序代码

若要进行方差分析，则可以选用 statsmodels 包或 scipy 包,，方法 1 和方法 2 分别使用了 statsmodels 包和 scipy 包。

（1）方法 1 的程序代码为：

```
import pandas as pd
import numpy as np
from scipy import stats
from statsmodels.formula.api import ols
from statsmodels.stats.anova import anova_lm
#所有观测值
data=([[73,89,82,43,80,73,65,62,47,95,60,77],[88,78,48,91,54,85,74,77,
50,78,65,76,96,80],[68,80,55,93,72,71,87,42,61,68,53,79,15]])
#方差的齐性检验
w, p = stats.levene(*data)
if p < 0.05:
    print('方差齐性假设不成立')
#把所有样本观测值都写出来，形成列表
value = data[0].copy()
group= []
s=len(data)
for i in range(1,s):
    #extend() 函数用于在列表末尾一次性追加另一个序列中的多个值
    value.extend(data[i])
print(value)
```

```
#为数据贴上标签，标记其属于哪一组
for i, j in zip(range(3), data):
    group.extend(np.repeat('A'+str(i+1), len(j)).tolist())
print(group)
#把值和标签写到字典 dc 中
dc = pd.DataFrame({'value': value, 'group': group})
a= anova_lm(ols('value~C(group)', dc).fit())
a.columns = ['自由度', '平方和', '均方', 'F 值', 'P 值']
a.index = ['因素 A', '误差']
print(a)
```

（2）方法 2 的程序代码为：

```
from scipy import stats
A1 = [73,89,82,43,80,73,65,62,47,95,60,77]
A2 = [88,78,48,91,54,85,74,77,50,78,65,76,96,80]
A3 = [68,80,55,93,72,71,87,42,61,68,53,79,15]
data = [A1, A2, A3]
#方差齐性检验
w, p = stats.levene(*data)
if p < 0.05:
    print('方差齐性假设不成立')
#如果方差齐性成立，就可以进行单因素方差分析
F, p = stats.f_oneway(A1, A2, A3)
#计算当 alpha=0.05，自由度为（2，21）时 F 分位数的大小
F_percentile = stats.f.ppf((1-0.05), 2, 21)
print('F 值是%.2f，p 值是%.9f' % (F,p))
print('F_ percentile 的值是%.2f' % (F_percentile ))
#比较 F 值与分位数 F_percentile 的大小
if F>=F_percentile:
    print('拒绝原假设，有显著性差异')
else:
    print('接受原假设，无显著性差异')
```

4. 运行结果

（1）方法 1 的运行结果为：

```
[73, 89, 82, 43, 80, 73, 65, 62, 47, 95, 60, 77, 88, 78, 48, 91, 54, 85, 74, 77, 50, 78, 65, 76, 96, 80, 68, 80, 55, 93, 72, 71, 87, 42, 61, 68, 53, 79, 15]
['A1', 'A1', 'A1', 'A1', 'A1', 'A1', 'A1', 'A1', 'A1', 'A1', 'A1', 'A1', 'A2', 'A2', 'A2', 'A2', 'A2', 'A2', 'A2', 'A2', 'A2', 'A2', 'A2', 'A2', 'A2', 'A2', 'A3', 'A3', 'A3', 'A3', 'A3', 'A3', 'A3', 'A3', 'A3', 'A3', 'A3', 'A3', 'A3']
        自由度        平方和          均方         F 值      P 值
因素 A  2.0     595.21978     297.609890   0.998991  0.37823
误差    36.0    10724.78022   297.910562     NaN       NaN
```

（2）方法 2 的运行结果为：

```
F 值是 1.00，p 值是 0.378229619
```

```
F_ percentile 的值是 3.47
接受原假设，无显著性差异
```

五、练习

练习 11.1　施肥方案对亩产量的影响的单因素方差分析

对某农作物实施四种不同的施肥方案，以进行亩产量实验。每种施肥方案用于一块实验地，亩产量如表 11-7 所示。

（1）判断不同施肥方案对该农作物的亩产量有无显著影响。

（2）如果不同施肥方案对该农作物的亩产量没有显著影响，那么选择哪种施肥方案比较好？使用极大似然估计法求出四种不同施肥方案的期望的估计值。

（3）使用区间估计求出四种施肥方案的期望的置信区间。

表 11-7　亩产量　　单位：kg

实验地	收获量				
实验号 1	67	98	60	79	90
实验号 2	67	96	69	64	70
实验号 3	45	91	50	81	79
实验号 4	52	66	35	70	88

1. 理论分析

取显著性水平 α=0.01，提出假设 $H_0: \mu_1 = \mu_2 = \mu_3 = \mu_4$。本练习是一个单因素方差分析问题，数据计算结果如表 11-8 所示。

表 11-8　数据计算结果

农药	n_i	$\sum_{j=1}^{n_i} x_{ij} = x_{i.}$	$(x_{i.})^2/n_i$	$\sum_{j=1}^{n_i} x_{ij}^2$
A_1	5	394	31 047.2	32 034
A_2	5	366	26 791.2	27 462
A_3	5	346	23 943.2	25 608
A_4	5	311	19 344.2	20 929
合计	20	1417	101 125.8	106 033

$\overline{x} = 70.85$，$n_1 = n_2 = n_3 = n_4 = 5$，$n = \sum_{i=1}^{4} n_i = 20$，$S_T = \sum_{i=1}^{r}\sum_{j=1}^{n_i} x_{ij}^2 - n\overline{X}^2 = 5638.55$，$S_A = \sum_{i=1}^{r} n_i \overline{X}_{i.}^2 - n\overline{X}^2 = 731$，$S_E = S_T - S_A = 4907.55$。方差分析表如表 11-9 所示。

表 11-9　方差分析表

方差来源	平方和	自由度	均方和	*F* 值
组间偏差平方和	731	3	243.67	0.794
组内偏差平方和	4907.55	16	306.722	
总的偏差平方和	5638.55	19	—	

由于 $F = 0.794 < F_{0.01}(3,16)$=5.29，因此接受 H_0，认为不同施肥方案对该农作物的亩产量

无显著影响。

$\mu_1 \sim \mu_4$ 的极大似然估计分别为

$$\hat{\mu}_1 = \bar{X}_{1.}=78.8，\hat{\mu}_2 = \bar{X}_{2.}=73.2，\hat{\mu}_3 = \bar{X}_{3.}=69.2，\hat{\mu}_4 = \bar{X}_{4.}=62.2$$

由此可知，第一个水平是最优的。

$\mu_1 \sim \mu_4$ 的区间估计分别为

$$\bar{X}_{1.} \pm t_{\frac{\alpha}{2}}(n-r)\hat{\sigma} \Big/ \sqrt{n_1} = \frac{394}{5} \pm t_{0.025}(16)\sqrt{\frac{4907.55}{16}} \Big/ \sqrt{5}，即(58.57,99.03)；$$

$$\bar{X}_{2.} \pm t_{\frac{\alpha}{2}}(n-r)\hat{\sigma} \Big/ \sqrt{n_2} = \frac{366}{5} \pm t_{0.025}(16)\sqrt{\frac{4907.55}{16}} \Big/ \sqrt{5}，即(52.97,93.43)；$$

$$\bar{X}_{3.} \pm t_{\frac{\alpha}{2}}(n-r)\hat{\sigma} \Big/ \sqrt{n_3} = \frac{346}{5} \pm t_{0.025}(16)\sqrt{\frac{4907.55}{16}} \Big/ \sqrt{5}，即(48.97,89.43)；$$

$$\bar{X}_{4.} \pm t_{\frac{\alpha}{2}}(n-r)\hat{\sigma} \Big/ \sqrt{n_4} = \frac{311}{5} \pm t_{0.025}(16)\sqrt{\frac{4907.55}{16}} \Big/ \sqrt{5}，即(41.97,82.43)。$$

2. 实验步骤

练习 11.1　程序代码

（1）计算总的样本均值 $\bar{X} = \frac{1}{n}\sum_{i=1}^{r}\sum_{j=1}^{n_i} X_{ij}$ 和每个水平下的均值 $\bar{X}_{i.} = \frac{1}{n_i}\sum_{j=1}^{n_i} X_{ij}$。

（2）计算 $S_T = \sum_{i=1}^{r}\sum_{j=1}^{n_i} X_{ij}^2 - n\bar{X}^2$，$S_A = \sum_{i=1}^{r} n_i \bar{X}_{i.}^2 - n\bar{X}^2$，$S_E = S_T - S_A$。

（3）计算统计量 $F = \frac{S_A/(r-1)}{S_E/(n-r)}$，判断 $F > F_\alpha(r-1, n-r)$ 是否成立。若成立，则拒绝 H_0，认为各水平间无显著性差异；否则认为各水平间有差异。

（4）$\mu_1 \sim \mu_4$ 的极大似然估计为 $\hat{\mu}_i = \bar{X}_{i.}$。$\mu_1 \sim \mu_4$ 的区间估计分别为 $\bar{X}_{i.} \pm t_{\frac{\alpha}{2}}(n-r)\hat{\sigma} \Big/ \sqrt{n_i}$，$i$=1,2,3,4。

3. 运行结果

```
总的离差平方和为 5638.55    组内偏差平方和为 4907.199999999999    组间偏差平方和为 731.3499999999995    F的值为 0.794859254428866
总的样本均值为 70.85    第i个水平的样本均值为 [78.8, 73.2, 69.2, 62.2]
总的期望mu的估计值为 70.85    第i个水平下的估计值为 [78.8, 73.2, 69.2, 62.2]
总的方差的估计值为 306.69999999999993
第i个水平的期望的区间估计为 58.56616530967731 99.03383469032269
第i个水平的期望的区间估计为 52.966165309677315 93.4338346903227
第i个水平的期望的区间估计为 48.966165309677315 89.4338346903227
第i个水平的期望的区间估计为 41.966165309677315 82.4338346903227
```

练习 11.2　灯泡寿命的单因素方差分析

某灯泡厂用由四种不同的配料方案制作的灯丝生产了四批灯泡。从每批灯泡中随机抽取若干个灯泡测试其使用寿命（单位为 h）测量数据如表 11-10 所示。

表 11-10　使用寿命　　单位：h

灯丝	使用寿命							
甲	1600	1610	1650	1680	1700	1720	1800	—
乙	1580	1640	1640	1700	1750	—	—	—
丙	1460	1550	1600	1640	1660	1740	1620	1820
丁	1510	1520	1530	1570	1600	1680	—	—

根据上述实验结果，在显著性水平 α=0.05 下，检验由不同配料方案制作的灯丝生产的灯泡的使用寿命是否有显著差异。

1. 理论分析

提出假设 $H_0:\mu_1=\mu_2=\mu_3=\mu_4$，$H_1:\mu_1,\ \mu_2,\ \mu_3,\ \mu_4$ 不全相等。将所有寿命数据都减去 1600 后（仍记为 x_{ij}）计算结果如表 11-11 所示。

表 11-11　计算结果

灯丝	$\sum_{j=1}^{n_i} x_{ij}=x_{i.}$	$(x_{i.})^2/n_i$	$\sum_{j=1}^{n_i} x_{ij}^2$	n_i
甲	560	44 800	73 400	7
乙	310	19 220	36 100	5
丙	290	10 512.5	95 700	8
丁	-190	6016.67	26 700	6
合计	970	80 549.17	231 900	26

$\overline{x}=970/26=37.31$，$n=\sum_{i=1}^{4}n_i=26$，$S_T=\sum_{i=1}^{4}\sum_{j=1}^{n_i}x_{ij}^2-n\overline{x}^2=195711.54$，$S_A=\sum_{i=1}^{4}\frac{\overline{x}_{i.}^2}{n_i}-n\overline{x}^2=44360.71$，$S_E=S_T-S_A=151350.83$。方差分析表如表 11-12 所示。

表 11-12　方差分析表

方差来源	平方和	自由度 f	均方和	F 值
组间偏差平方和	44 360.71	3	14 786.9	$F=\frac{\overline{S}_A}{\overline{S}_E}=2.15$
组内偏差平方和	151 350.83	22	6879.6	
总的偏差平方和	195 711.54	25	—	

对显著性水平 α =0.05，查 F 分布的分位数表得到 $F_{0.05}(3,22)=3.05$。由于 $F=2.15<F_{0.05}(3,22)=3.05$，因此接受 H_0，认为由不同配料方案制作的灯丝生产的灯泡的使用寿命有显著差异。

练习 11.2　程序代码

2. 实验步骤

1）使用统计包

（1）导入统计包 stats，将由四种配料方案制作的灯丝生产的灯泡的使用寿命数据分别放到列表 A1、列表 A2、列表 A3、列表 A4 中。将四个列表合成一个列表 data。

（2）使用 stats.levene(*data)进行方差齐性检验。

（3）使用 stats.f_oneway(A1, A2, A3,A4)进行方差分析，可以输出 F 值和 p 值。将 p 值与

F 分布的分位数进行比较，得出结论。

2）使用公式法

（1）求出第 i 个样本的容量、样本均值和样本观测值的和。

（2）求出总的样本均值。

（3）求出总的偏差平方和、组间偏差平方和、组内偏差平方法。

（4）计算统计量的值，并与分位数进行比较，得出结论。

3. 运行结果

（1）使用统计包得到的运行结果：

```
F 值是 2.15，p 值是 0.122908831
F_ percentile 的值是 3.05
接受原假设，无显著性差异
```

（2）使用公式得到的运行结果：

```
接受原假设
总的离差平方和为 195711.53846153847    组内偏差平方和为 151350.83333333334
组间偏差平方和为 44360.70512820519     F 的值为 2.149389140728251
总的样本均值为 1637.3076923076924      第 i 个水平的样本均值为 [11760, 8310, 13090, 9410]
```

六、拓展阅读

方差分析又称变异数分析或 F 检验，是由罗纳德·费希尔（Ronald Fisher，1890—1962）提出的，主要用于比较两个及两个以上总体均值是否有显著性差异。费希尔是英国统计与遗传学家，现代统计科学的奠基人之一，主要成就有极大似然估计、费希尔信息量、方差分析、实验设计。“女士品茶”案例出自费希尔的经典著作。

方差分析要求不同水平的总体方差相等，即方差齐性，因为 F 检验对方差齐性的偏离较敏感，故方差齐性检验十分必要。方差齐性检验（Homogeneity of Variance Test）是数理统计中检查不同样本的总体方差是否相同的一种方法。

进行方差齐性检验的方法之一是绘制散点图。横轴为因变量，纵轴为学生化残差，其目的是弄清因变量和残差之间有没有关系。如果学生化残差随机分布在一条穿过原点的水平直线的两侧，那么就说明残差独立，因变量具有方差齐性。其中，学生化残差的定义为方差除以其标准误差。若学生化残差大于 2，则需要引起重视。常用的检验方差齐性的方法有 Hartley 检验、Bartlett 检验、修正的 Bartlett 检验。

实验 11.2　一元线性回归分析

一、实验目的

学会使用 Python 计算一元线性回归分析类型的题目。

二、实验要求

1．复习一元线性回归分析的理论内容。
2．会使用公式进行一元线性回归分析。

三、知识链接

变量间的相关关系虽然不能用完全确切的函数形式表示，但是在平均意义下有一定的定量关系表达式，寻找这种定量关系表达式是回归分析的主要任务。设随机变量 y 与非随机变量 x 之间有相关关系，称 x 为自变量（预报变量），y 为因变量（响应变量）。在知道 x 取值后，y 有一个分布 $f(y|x)$，我们关心的是 y 的均值 $E(y|x)$。设随机变量 y 可以表示为 $y=\beta_0+\beta_1 x+\varepsilon$，称该模型为一元线性回归的数学模型，其中，$\beta_0$ 和 β_1 为回归系数；式中，$\varepsilon \sim N(0,\sigma^2)$，为随机变量，表示随机误差。

一元线性回归的任务是依据 n 组观测数据 (x_i,y_i)，$i=1,2,\cdots,n$，对回归系数 β_0 和 β_1 进行估计，得到回归模型，对模型进行检测，并在此基础上进行预测与控制等。

进行回归分析前，需要进行三项假设：独立性假设、正态性假设、方差齐性假设。在这三项假设的基础上，可得

$$\begin{cases} y_i=\beta_0+\beta_1 x_i+\varepsilon_i,\ i=1,2,\cdots,n \\ \varepsilon_i \sim N(0,\sigma_i^2)\text{且独立} \\ \sigma_1^2=\sigma_2^2=\cdots=\sigma_n^2 \end{cases}$$

令 $l_{xx}=\sum_{i=1}^{n}x_i^2-n\overline{x}^2$，$l_{yy}=\sum_{i=1}^{n}y_i^2-n\overline{y}^2$，$l_{xy}=\sum_{i=1}^{n}x_i y_i-n\overline{x}\overline{y}$，则 $\hat{\beta}_1=l_{xy}/l_{xx}$，$\hat{\beta}_0=\overline{y}-\hat{\beta}_1\overline{x}$，从而可得经验回归方程为 $\hat{y}=\hat{\beta}_0+\hat{\beta}_1 x=\overline{y}+\hat{\beta}_1(x-\overline{x})$。

只要有数据就可以求出回归系数，得到一元线性回归模型。因此，需要检验模型是否真的正确，求得的回归模型是否有实际意义，即检验 y 与 x 间是否真的存在线性关系。若 y 与 x 间存在线性关系，则系数 $\beta_1\neq 0$。提出假设 H_0：$\beta_1=0$，H_1：$\beta_1\neq 0$，若接受 H_0，则 y 与 x 无显著线性关系；若拒绝 H_0，则认为回归效果显著。

1．平方和分解

总的离差平方和为 $S_T=\sum_{i=1}^{n}(y_i-\overline{y})^2=\sum_{i=1}^{n}y_i^2-n\overline{y}^2$，将其分解为 $S_T=S_E+S_R$，式中，S_R 为回归平方和，$S_R=\sum_{i=1}^{n}(\hat{y}_i-\overline{y})^2=\hat{\beta}_1^2 l_{xx}$；$S_E$ 为误差平方和，$S_E=\sum_{i=1}^{n}(y_i-\hat{y}_i)^2$。

2．模型检验

（1）F 检验。当 H_0：$\beta_1=0$ 成立时，$F=\dfrac{S_R}{S_E/n-2}\sim F(1,n-2)$。拒绝域为 $W=\{F\geqslant F_\alpha(1,n-2)\}$，拒绝 H_0，回归效果显著。

（2）t 检验。检验统计量为 $t=\dfrac{\hat{\beta}_1}{\hat{\sigma}/\sqrt{l_{xx}}}\sim t(n-2)$，拒绝域为 $W=\{|t|>t_{\alpha/2}(n-2)\}$，

$\hat{\sigma} = S_{\mathrm{E}}/n-2$。

3. 估计和预测

1）估计问题

当 $x = x_0$ 时，求均值 $E(y_0) = \beta_0 + \beta_1 x_0$ 的点估计与区间估计。

（1） β_1 的区间估计为 $\left(\hat{\beta}_1 - t_{\frac{\alpha}{2}}(n-2)\hat{\sigma}\Big/\sqrt{l_{xx}}, \hat{\beta}_1 + t_{\frac{\alpha}{2}}(n-2)\hat{\sigma}\Big/\sqrt{l_{xx}}\right)$，使用的统计量为 $\dfrac{\hat{\beta}_1 - \beta_1}{\hat{\sigma}\Big/\sqrt{l_{xx}}} \sim t(n-2)$。

（2）β_0 的区间估计为 $\left(\hat{\beta}_0 - t_{\frac{\alpha}{2}}(n-2)\hat{\sigma}\sqrt{\left(\dfrac{1}{n}+\dfrac{\overline{x}^2}{l_{xx}}\right)}, \hat{\beta}_0 - t_{\frac{\alpha}{2}}(n+2)\hat{\sigma}\sqrt{\left(\dfrac{1}{n}+\dfrac{\overline{x}^2}{l_{xx}}\right)}\right)$，使用的统计量为 $\dfrac{\hat{\beta}_0 - \beta_0}{\hat{\sigma}\sqrt{\left(\dfrac{1}{n}+\dfrac{\overline{x}^2}{l_{xx}}\right)}} \sim t(n-2)$。

（3） σ^2 的区间估计为 $\left(\dfrac{S_{\mathrm{E}}}{\chi^2_{\frac{\alpha}{2}}(n-2)}, \dfrac{S_{\mathrm{E}}}{\chi^2_{1-\frac{\alpha}{2}}(n-2)}\right)$，使用的统计量为 $\dfrac{S_{\mathrm{E}}}{\sigma^2} \sim \chi^2(n-2)$。

（4）$E(y_0) = \beta_0 + \beta_1 x_0$ 的区间估计是 $(\hat{y}_0 - \delta_0, \hat{y}_0 + \delta_0)$，其中，$\delta_0 = t_{1-\frac{\alpha}{2}}(n-2)\hat{\sigma}\sqrt{\dfrac{1}{n}+\dfrac{(x_0-\overline{x})^2}{l_{xx}}}$，使用的统计量为 $\dfrac{\hat{\beta}_0 + \hat{\beta}_1 x_0 - (\beta_0 + \beta_1 x_0)}{\hat{\sigma}\sqrt{\dfrac{1}{n}+\dfrac{(x_0-\overline{x})^2}{l_{xx}}}} \sim t(n-2)$。

2）预测问题

当 $x = x_0$ 时，$y = y_0$ 的区间估计为 $(\hat{y}_0 - \delta, \hat{y}_0 + \delta)$，其中 $\delta = \delta(x_0) = t_{\alpha/2}(n-2)\hat{\sigma}\sqrt{1+\dfrac{1}{n}+\dfrac{(x_0-\overline{x})^2}{l_{xx}}}$，$\dfrac{\hat{y}_0 - y_0}{\hat{\sigma}\sqrt{1+\dfrac{1}{n}+\dfrac{(x_0-\overline{x})^2}{l_{xx}}}} \sim t(n-2)$。

四、实验内容

实验 11.2.1　药物成分浓度与镜检晶纤维数目的一元线性回归分析

用显微定量法测得某种药物中 A 成分的浓度 x 与镜检晶纤维数目 y 的数据如表 11-13 所示，建立 y 与 x 的线性回归方程，并检验回归效果是否显著（取 $\alpha = 0.01$）。

表 11-13　镜检晶纤维数目

A 成分的深度 x/(mg/ml)	2.07	3.1	4.14	5.17	6.2
晶纤维数目 y	128	194	273	372	454

1. 理论分析

（1）根据给定的数据算得 $l_{xx}=\sum_{i=1}^{5}x_i^2-5\overline{x}^2=96.20-5\times\left(\frac{20.68}{5}\right)^2=10.67$，$l_{yy}=\sum_{i=1}^{5}y_i^2-5\overline{y}^2=473049-5\times\left(\frac{1421}{5}\right)^2=69200.8$，$l_{xy}=\sum_{i=1}^{5}x_iy_i-\frac{1}{n}\sum_{i=1}^{5}x_i\sum_{i=1}^{5}y_i=6734.62-\frac{1}{5}\times20.68\times1421=857.36$，$\hat{\beta}_1=\frac{l_{xy}}{l_{xx}}=\frac{857.36}{10.67}=80.35$，$\hat{\beta}_0=\overline{y}-\hat{\beta}_1\overline{x}=\frac{1}{5}\times1421-80.35\times\frac{1}{5}\times20.68=-48.13$，则有回归方程为 $\hat{y}=-48.13+80.35x$。

（2）提出假设 H_0：$\beta_1=0$，H_1：$\beta_1\neq0$。$S_R=\hat{\beta}_1^2l_{xx}=80.35^2\times10.67=68886.83$，$S_E=l_{yy}-S_R=69200.8-68886.83=313.97$，$F=\frac{S_R}{S_E/(n-2)}=\frac{68886.83}{313.97/3}=658.22$，查 F 分布的分位数表得 $F_{0.01}(1,3)=34.12$，$F>F_{0.01}(1,3)=34.12$，因此拒绝 H_0，认为回归效果显著。

2. 实验步骤

（1）计算 $l_{xx}=\sum_{i=1}^{5}(x_i-\overline{x})^2$，$l_{yy}=\sum_{i=1}^{5}(y_i-\overline{y})^2$，$l_{xy}=\sum_{i=1}^{5}x_iy_i-n\overline{xy}$。

（2）计算回归方程的系数 $\hat{\beta}_1=\frac{l_{xy}}{l_{xx}}$，常数项 $\hat{\beta}_0=\overline{y}-\hat{\beta}_1\overline{x}$，回归方程为 $\hat{y}=\hat{\beta}_0+\hat{\beta}_1x$。

（3）计算 $S_R=\hat{\beta}_1^2l_{xx}$，$S_E=l_{yy}-S_R$，$F=\frac{(n-2)S_R}{S_E}$，$F_{0.01}(1,3)=34.12$，若 $F>34.12$，则拒绝 H_0。

3. 程序代码

```
import scipy.stats as st
x=[2.07,3.1,4.14,5.17,6.2]
y=[128,194,273,372,454]
n=len(x)
alpha=0.01
lxx=0
lyy=0
lxy=0
#计算均值
def mean(x):
    s1=0
    for i in range(0,n):
        k=x[i]
        s1=s1+k
    s1=s1/n
    return s1
 #计算样本方差
for i in range(0,n):
```

```
        k=x[i]
        lxx=lxx+(k-mean(x))**2
    for i in range(0,n):
        k=y[i]
        lyy=lyy+(k-mean(y))**2
    for i in range(0,n):
        k=x[i]*y[i]
        lxy=lxy+k
    lxy=lxy-n*mean(x)*mean(y)
    #计算回归方程的系数
    b=lxy/lxx
    a=mean(y)-b*mean(x)
    print('常数项为',a,'回归方程的系数为',b,'自变量 X 的离差平方和为',lxx,'lxy 为',lxy,
'自变量 y 的离差平方和为',lyy)
    #计算回归平方和、误差平方和及 F 值
    ST=lyy
    SR=b**2*lxx
    SE=lyy-SR
    f_percentile=st.f.ppf(1-alpha,1,n-2)
    f=(n-2)*SR/SE
    print('总的离差平方和为',ST,'误差平方和为',SE,'回归平方和为',SR,'F 值为',f,'F 分布的
分位数为',f_percentile)
    if(f>f_percentile):
        print('拒绝原假设，回归效果显著')
    else:
        print('接受原假设')
```

4. 运行结果

```
常数项为 -48.11038223508399    回归方程的系数为 80.34583709745743
自变量 X 的离差平方和为 10.67092    lxy 为 857.3640000000005    自变量 y 的离差平方和为
69200.8
总的离差平方和为 69200.8    误差平方和为 315.1717227754707    回归平方和为
68885.62827722453    F 值为 655.6961487909135    F 分布的分位数为 34.116221564529795
拒绝原假设，回归效果显著
```

实验 11.2.2　企业产量和生产费用关系的一元线性回归分析

为考察企业产量 x 对生产费用 y 的影响进行实验，测得数据如表 11-14 所示。

表 11-14　数据表

产量 x	100	110	120	130	140	150	160	170	180	190
生产费用 y/千元	45	51	54	61	66	70	74	78	85	89

（1）求变量 y 关于 x 的线性回归方程。

（2）检验回归方程的回归效果是否显著（取 $\alpha = 0.05$）。

1. 理论分析

（1）由已知数据计算得

$$\sum_{i=1}^{10} x_i = 1450, \quad \sum_{i=1}^{10} y_i = 673, \quad \sum_{i=1}^{10} x_i^2 = 218500, \quad \sum_{i=1}^{10} y_i^2 = 47225, \quad \sum_{i=1}^{10} x_i y_i = 101570$$

$$l_{xx} = 218500 - \frac{1}{10} \times 1450^2 = 8250, \quad l_{xy} = 101570 - \frac{1}{10} \times 1450 \times 673 = 3985$$

回归系数 $\hat{\beta}_1 = \dfrac{l_{xx}}{l_{xy}} = 0.48303$，$\hat{\beta}_0 = \dfrac{1}{10} \times 673 - \dfrac{1}{10} \times 1450 \times 0.48303 = -2.73935$。由此可得回归方程为 $\hat{y} = -2.7394 + 0.4830x$。

（2）提出假设 H_0：$\beta_1=0$，H_1：$\beta_1 \neq 0$，检验统计量为 $t = \dfrac{\hat{\beta}_1}{\hat{\sigma}/\sqrt{l_{xx}}}$，拒绝域为 $W = \{|t| \geqslant 2.3060\}$。$\hat{\beta}_1 = 0.48303$，$l_{xx} = 8250$，$\hat{\sigma}^2 = 0.9$，$t_{0.025}(8) = 2.3060$，计算得 $|t| = \dfrac{0.48303}{\sqrt{0.90}/\sqrt{8250}} = 46.25 > 2.3060$，因此拒绝 H_0，认为回归效果是显著的。

还可以通过 F 检验来判断。拒绝域为 $W = \{F \geqslant F_{0.05}(1,8) = 5.32\}$，经计算得

$$S_T = l_{yy} = \sum_{i=1}^{n} y_i^2 - \frac{1}{n}\left(\sum_{i=1}^{n} y_i\right)^2 = 47225 - \frac{1}{10} \times 673^2 = 1932.1, \quad l_{xy} = 3985$$

$$S_R = \hat{\beta}_1^2 l_{xy} = 0.48303^2 \times 3985 = 1924.87455, \quad S_E = S_T - S_R = 1932.1 - 1924.87455 = 7.22545$$

$F = \dfrac{S_R}{S_E / n-2} = \dfrac{1924.87455}{7.22545 / 8} = 2131.216 > 5.32$，落入拒绝域，拒绝 H_0，因此认为回归效果是显著的。

2. 实验步骤

（1）将数据输入列表 X、列表 Y。向列表 X 左侧添加截距列 x_0=[1,…,1]，使用的命令为 X1=sm.add_constant(X)。可利用 import statsmodels.api as sm 语句提前导入统计包。

（2）使用 sm.OLS(Y, X1)建立最小二乘模型。

（3）使用 model.fit()返回模型拟合结果。

（4）使用 results.summary()输出回归分析的摘要。

3. 程序代码

```
import statsmodels.api as sm
X=[100,110,120,130,140,150,160,170,180,190]
Y=[45,51,54,61,66,70,74,78,85,89]
#向列表 X 左侧添加截距列 x0=[1,…,1]
X1 = sm.add_constant(X)
#建立最小二乘模型
model = sm.OLS(Y, X1)
#返回模型拟合结果
results = model.fit()
#输出回归分析的摘要
```

```
print(results.summary())
```

4. 运行结果

```
                        OLS Regression Results
==============================================================================
  Dep. Variable:                  y   R-squared:                       0.996
  Model:                        OLS   Adj. R-squared:                  0.996
Method:               Least Squares   F-statistic:                     2132.
Date:              Sat, 12 Feb 2022   Prob (F-statistic):           5.35e-11
Time:                      18:56:23   Log-Likelihood:                -12.564
 No. Observations:               10   AIC:                             29.13
Df Residuals:                     8   BIC:                             29.73
Df Model:                         1
Covariance Type:          nonrobust
==============================================================================
                coef    std err          t      P>|t|      [0.025      0.975]
------------------------------------------------------------------------------
---------------------------------------------
const        -2.7394      1.546     -1.771      0.114      -6.306       0.827
x1            0.4830      0.010     46.169      0.000       0.459       0.507
==============================================================================
Omnibus:                      1.590   Durbin-Watson:                   2.342
Prob(Omnibus):                0.452   Jarque-Bera (JB):                0.841
Skew:                        -0.293   Prob(JB):                        0.657
Kurtosis:                     1.706   Cond. No.                         761.
==============================================================================
```

各参数含义如下：

coef（Regression Coefficient）：回归系数，回归方程中自变量 x 的系数。

std err（Standard Deviation）：标准差，又称标准偏差，是样本方差的算术平方根，反映了样本数据值与回归模型估计值之间的平均差异程度。标准差越大，回归系数越不可靠。

t（t-Statistic）：t 统计量，用于对回归系数进行 t 检验，检验自变量对因变量的影响是否显著。如果某个自变量的影响不显著，那么可以从模型中剔除这个自变量（多元）。

P>|t|：t 检验的 p 值，反映自变量 x 与因变量 y 的线性关系是否具有显著性。如果 $p<0.05$，则表示存在线性关系，具有显著性。

[95.0% Conf. Int.]：回归系数 β_0 的置信水平为 0.95 的置信区间的下限和上限分别为−6.306 和 0.827；回归系数 β_1 的置信水平为 0.95 的置信区间的下限和上限分别为 0.459 和 0.507。

R-squared（Coefficient of Determination）：R^2 判定系数，表示所有自变量对因变量的联合的影响程度，用于度量回归方程的拟合度，越接近 1，拟合度越好。

F-statistic：F 统计量，用于对回归方程进行显著性检验，检验所有自变量在整体上对因变量的影响是否显著。

结论：回归方程为 $\hat{y}=-2.7394+0.4830x$，对回归效果进行 F 检验的统计量值为 2132，进行 t 检验的统计量的值为 46.169，尾概率（p 值）为 0.000，拒绝 H_0，回归效果显著。

五、练习

练习 11.3　混凝土的水泥用量对混凝土抗压强度的影响的一元线性回归分析

某建材实验室通过做陶粒混凝土强度实验来考察每立方米混凝土的水泥用量 x（单位为 kg/m^3）对 28 天后的混凝土抗压强度 y（kg/cm^2）的影响，测得的数据如表 11-15 所示。

表 11-15　水泥用量与抗压强度

水泥用量 x/（kg/m^3）	抗压强度 y/（kg/cm^2）
150	56.9
160	58.3
170	61.6
180	64.6
190	68.1
200	71.3
210	74.1
220	77.4
230	80.2
240	82.6
250	86.4
260	89.7

（1）求 y 对 x 的线性回归方程。

（2）试用 F 检验法检验线性回归效果的显著性（$\alpha=0.05$）。

（3）求在 x_0=225 时，y_0 置信水平为 0.95 的置信区间。

1．理论分析

为找出两个变量间存在的回归函数的形式，可以画一张散点图，即把每一对数 (x_i, y_i) 看作直角坐标系中的一个点，在图上画出 n 个点。

通过散点图可以发现，12 个点基本在一条直线附近，这说明两个变量之间有一个线性相关关系，求回归系数。

（1）根据数据求得 $\overline{x}=205$，$l_{xx}=14300$，$\overline{y}=72.6$，$l_{yy}=1323.82$，$l_{xy}=4347$，$\hat{\beta}_1=\dfrac{l_{xy}}{l_{xx}}=0.3040$，$\hat{\beta}_0=\overline{y}-\hat{\beta}_1\overline{x}=10.28$，则回归方程为 $\hat{y}=10.28+0.3040x$。

（2）提出假设 H_0：β_1=0，H_1：$\beta_1\neq 0$。$S_R=\hat{\beta}_1^2 l_{xx}=1321.5488$，$S_E=l_{yy}-S_R=2.2712$，$F=\dfrac{S_R}{S_E/(n-2)}=5818.7249$，查 F 分布的分位数表可得，$F_{0.05}(1,10)=4.96$，$F>F_{0.05}(1,10)$，所以拒绝 H_0，可以认为 y 与 x 的线性相关关系显著。

（3）$\hat{y}_0=\hat{\beta}_0+\hat{\beta}_1 x_0=10.28+0.3040\times 225=78.68$，$\hat{\sigma}=\sqrt{\dfrac{S_E}{n-2}}=0.4766$，$t_{\frac{\alpha}{2}}(n-2)=t_{0.025}(10)=2.2281$，$\sqrt{1+\dfrac{1}{n}+\dfrac{(x_0-\overline{x})^2}{l_{xx}}}=1.0542$，$\delta(x_0)=\sqrt{\dfrac{S_E}{n-2}}t_{\frac{\alpha}{2}}(n-2)\sqrt{1+\dfrac{1}{n}+\dfrac{(x_0-\overline{x})^2}{l_{xx}}}=1.12$，

故在 $x_0=225$ 时 y_0 置信水平为 0.95 的置信区间为(77.56,79.80)。

2. 实验步骤

（1）计算 $l_{xx}=\sum_{i=1}^{12}(x_i-\overline{x})^2$，$l_{yy}=\sum_{i=1}^{12}(y_i-\overline{y})^2$，$l_{xy}=\sum_{i=1}^{12}x_iy_i-n\overline{xy}$。

（2）计算回归方程的系数 $\hat{\beta}_1=\dfrac{l_{xy}}{l_{xx}}$，常数项 $\hat{\beta}_0=\overline{y}-\hat{\beta}_1\overline{x}$，回归方程为 $\hat{y}=\hat{\beta}_0+\hat{\beta}_1x$。

（3）$S_\mathrm{R}=\hat{\beta}_1^2l_{xx}$，$S_\mathrm{E}=l_{yy}-S_\mathrm{R}$，$F=\dfrac{(n-2)S_\mathrm{R}}{S_\mathrm{E}}$，求分位数 $F_{1-\alpha}(1,n-2)$，若 $F>34.12$，则拒绝 H_0。

（4）利用公式 $y_0\pm\sqrt{\dfrac{S_\mathrm{E}}{n-2}}t_{\frac{\alpha}{2}}(n-2)\sqrt{1+\dfrac{1}{n}+\dfrac{(x_0-\overline{x})^2}{l_{xx}}}$ 计算当 $x_0=225$ 时 y_0 置信水平为 0.95 的置信区间。

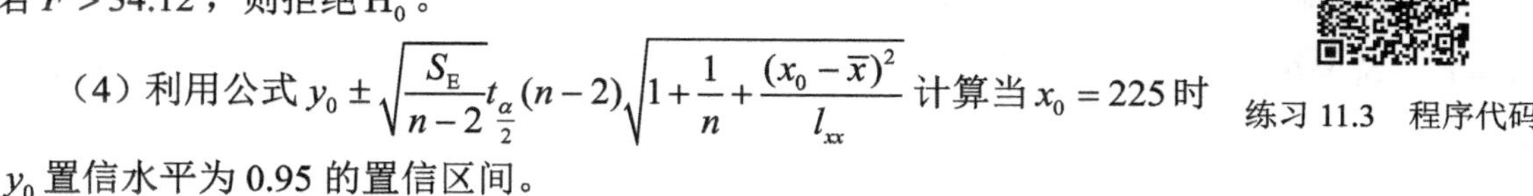

练习 11.3 程序代码

3. 运行结果

```
常数项为 10.282867132867558    回归方程的系数为 0.30398601398601194  自变量x的离差平方和为 14300.0    lxy 为 4346.999999999971    自变量 y 的离差平方和为 1323.8200000000004
总的离差平方和为 1323.8200000000004    误差平方和为 2.3927972028152453
回归平方和为 1321.4272027971851    F的值为 5522.520676814818    F分布的分位数为 4.9646027437307145
拒绝原假设
置信区间的上界为 79.82869878046603    置信区间的下界为 77.53074177897446
```

由运行结果可知，回归方程为 $y=10.28+0.3040x$。

使用 F 检验法，统计量 F 值为 5522.52，F 分布的分位数为 4.96，F 值大于 F 分布的分位数，所以当显著性水平为 0.05 时，拒绝 H_0，认为回归效果显著。

求得 x_0=225 时 y_0 置信水平为 0.95 的置信区间为(77.53, 79.83)。

注意，使用程序计算得到的结果与手动计算的结果稍有区别，原因在于手动计算使用的数据小数点后取 4 位，而软件计算使用的数据小数点后取 14 位。

练习 11.4 温度对硝酸盐溶解度影响的一元线性回归分析

为考察温度对硝酸盐溶解度的影响进行实验，实验所得数据如表 11-16 所示。

表 11-16 温度和硝酸盐溶解度

温度 x_i /°C	0	4	10	15	21	29	36	51	68
硝酸盐溶解度 y_i /g	66.7	71.0	76.3	80.6	85.7	92.9	99.4	113.6	125.1

（1）求 y 对 x 的线性回归方程。

（2）试用 F 检验法检验线性回归效果的显著性（$\alpha=0.05$）。

（3）求在 $x_0=70$ 时，y_0 置信水平为 0.95 的置信区间。

（4）求 β_1，β_0，σ^2，$E(y_0)=\beta_0+\beta_1x_0$ 的置信水平为 0.95 的置信区间。

1．理论分析

（1）根据已知数据进行计算，$\overline{x}=\frac{1}{9}\sum_{i=1}^{9}x_i=26$，$\sum_{i=1}^{9}x_i^2=10144$，$\overline{y}=\frac{1}{9}\sum_{i=1}^{9}y_i=90.14$，$\sum_{i=1}^{9}y_i^2=76218.17$，$\sum_{i=1}^{9}x_iy_i=24628.6$，$l_{xx}=\sum_{i=1}^{9}x_i^2-9\overline{x}^2=4060$，$l_{xy}=\sum_{i=1}^{9}x_iy_i-9\overline{xy}=3534.982$，$l_{yy}=\sum_{i=1}^{9}y_i^2-9\overline{y}^2=3083.982$，$\hat{\beta}_1=\frac{l_{xy}}{l_{xx}}$=0.87064，$\hat{\beta}_0=\overline{y}-\hat{\beta}_1\overline{x}$=67.50779，回归方程为 $y=0.87064x+67.50779$。

（2）提出假设 H_0：β_1=0，H_1：$\beta_1\neq 0$。$S_R=\hat{\beta}_1^2 l_{xx}=0.87064^2\times 4060=3077.537$，$S_E=S_T-S_R=l_{yy}-S_R=6.445$，$F=\frac{S_R}{S_E/(n-2)}=3342.55$，查 F 分布的分位数表得 $F_{0.05}(1,7)=5.59$，$F>F_{0.05}(1,7)$，因此拒绝 H_0，认为 y 与 x 的线性关系显著。

（3）σ^2 的估计值为 $\hat{\sigma}^2=\frac{S_E}{n-2}=\frac{6.445}{7}=0.9207$，$\hat{\sigma}=0.9595$。$\hat{y}_0=\hat{\beta}_0+\hat{\beta}_1x_0=67.50779+0.87064\times 70=128.453$，$t_{\frac{\alpha}{2}}(n-2)=t_{0.025}(7)=2.3646$，$\sqrt{1+\frac{1}{n}+\frac{(x_0-\overline{x})^2}{l_{xx}}}$ =1.2601，$\delta(x_0)=\sqrt{\frac{S_E}{n-2}}t_{\frac{\alpha}{2}}(n-2)\sqrt{1+\frac{1}{n}+\frac{(x_0-\overline{x})^2}{l_{xx}}}$ =2.8590，故所求置信区间为(125.594,131.31)。

（4）β_1 的区间估计为 $\hat{\beta}_1\pm t_{\frac{\alpha}{2}}(n-2)\hat{\sigma}/\sqrt{l_{xx}}$，代入数据得[0.8404,0.90624]。

β_0 的区间估计为 $\hat{\beta}_0\pm t_{\frac{\alpha}{2}}(n-2)\hat{\sigma}\sqrt{\left(\frac{1}{n}+\frac{\overline{x}^2}{l_{xx}}\right)}$，代入数据得[66.3124,68.7032]。

σ^2 的区间估计为 $\left(\frac{S_E}{\chi^2_{1-\frac{\alpha}{2}}(n-2)},\frac{S_E}{\chi^2_{\frac{\alpha}{2}}(n-2)}\right)$，$\chi^2_{0.025}(7)=16.013$，$\chi^2_{0.975}(7)=1.69$，代入数据得(0.4025,3.814)。

$E(y_0)=\beta_0+\beta_1x_0$ 的区间估计是 $(\hat{y}_0-\delta_0,\hat{y}_0+\delta_0)$，其中，$\delta_0=t_{\frac{\alpha}{2}}(n-2)\hat{\sigma}\sqrt{\frac{1}{n}+\frac{(x_0-\overline{x})^2}{l_{xx}}}$，代入数据得 $\hat{y}_0=\hat{\beta}_0+\hat{\beta}_1x_0=67.50779+0.87064\times 70=128.453$，$t_{\frac{\alpha}{2}}(n-2)=t_{0.025}(7)=2.3646$，$\sqrt{\frac{1}{n}+\frac{(x_0-\overline{x})^2}{l_{xx}}}$ =0.58785，$\delta(x_0)=\sqrt{\frac{S_E}{n-2}}t_{\frac{\alpha}{2}}(n-2)\sqrt{\frac{1}{n}+\frac{(x_0-\overline{x})^2}{l_{xx}}}$ =1.3337，故所求置信区间为(126.5991,130.3069)。

2．实验步骤

statsmodels.OLS()的输入有 endog、exog、missing、hasconst 四个参数，其中，missing 用于数据检查，hasconst 用于检查常量，一般情况下不会用到，因此只考虑前两个参数。参数 endog 是回归中的预报变量（又称因变量），输入是一个长度为 k 的一维 array；参数 exog 是响应变量（又称自变量），输入是 m+1 维的 array。statsmodels.OLS()的回归模型没有常数项，所以模型是 $y=\beta_0 \boldsymbol{x}_0+\beta_1 \boldsymbol{x}_1+\varepsilon$， $\boldsymbol{x}_0=[1,1,\cdots,1]^{\mathrm{T}}$ 。数据 $\boldsymbol{x}_0$ 是给定的，所以将自变量矩阵写成 $\boldsymbol{X}=(\boldsymbol{x}_0,\boldsymbol{x}_1)$ ，可以使用函数 sm.add_constant()实现。

（1）将数据输入列表 X 和列表 Y。向列表 X 左侧添加截距列 $\boldsymbol{x}_0$=[1,⋯,1]，使用的命令为 X1=sm.add_constant(X)，可通过 import statsmodels.api as sm 语句提前导入统计包。

（2）使用 sm.OLS(Y, X1)建立最小而二乘模型。

（3）使用 model.fit()返回模型拟合结果。

（4）使用 results.summary()输出回归分析的摘要。

（5）根据公式计算各个参数的区间估计和预测值。

练习 11.4　程序代码

3. 运行结果

```
                         OLS Regression Results
==============================================================================
Dep. Variable:                      y   R-squared:                       0.998
Model:                            OLS   Adj. R-squared:                  0.998
Method:                 Least Squares   F-statistic:                     3344.
Date:                Sat, 12 Feb 2022   Prob (F-statistic):           1.21e-10
Time:                        19:25:25   Log-Likelihood:                -11.266
No. Observations:                   9   AIC:                             26.53
Df Residuals:                       7   BIC:                             26.93
Df Model:                           1
Covariance Type:            nonrobust
==============================================================================
                 coef    std err          t      P>|t|      [0.025      0.975]
------------------------------------------------------------------------------
const         67.5078      0.505    133.553      0.000      66.313      68.703
x1             0.8706      0.015     57.826      0.000       0.835       0.906
Omnibus:                        1.637   Durbin-Watson:                   2.035
Prob(Omnibus):                  0.441   Jarque-Bera (JB):                0.048
Skew:                           0.051   Prob(JB):                        0.977
Kurtosis:                       3.341   Cond. No.                         53.1
==============================================================================
```

常数项为 67.50779419813904　回归方程的系数为 0.8706403940886698　自变量 x 的离差平方和为 4060.0　lxy 为 3534.7999999999993　自变量 y 的离差平方和为 3083.982222222222

总的离差平方和为 3083.982222222222　误差平方和为 6.442557197592578　回归平方和为 3077.5396650246294　F 的值为 3343.824042916127　F 分布的分位数为 5.591447851220738

拒绝原假设

y0 的置信区间的上界为 131.3112772863963　置信区间的下界为 125.5939628229557

b 的置信区间的上界为 0.9062427915228972　置信区间的下界为 0.8350379966544423

a 的置信区间的上界为 68.70305481369478　置信区间的下界为 66.3125335825833

sigma 的置信区间的上界为 3.812459136635766　置信区间的下界为 0.402338852124376

```
E(y0)的置信区间的上界为 130.19208624933512  置信区间的下界为 126.71315731935671
```

对运行结果进行分析，得出如下结论。

（1）由最小二乘法得到的表可以看出：回归方程为y=0.8706x+67.0578，对回归效果进行检验的 F 检验的统计量值为 3344，t 检验的统计量值为 57.826。

使用计算公式得到的回归方程为y=0.8706403940886698x+67.50779419813904。

（2）统计量 F 值为 3 343.824 042 916 127，F 分布的分位数为 5.591 447 851 220 738，统计量的值大于 F 分布分位数的值，因此拒绝 H_0，认为回归效果显著。

（3）当 x_0=70 时，y_0 置信水平为 0.95 的预测区间为(125.59396628229557, 131.3112772863963)。

（4）β_1 置信水平为 0.95 的置信区间为(0.8350379966544423,0.9062427915228972)；β_0 置信水平为 0.95 的置信区间为(66.3125335825833,68.70305481369478)；σ^2 置信水平为 0.95 的置信区间为(0.4023388521243761,3.812459136635766)；$E(y_0)=\beta_0+\beta_1 x_0$ 置信水平为 0.95 的置信区间为(126.71315731935671,130.19208624933512)。

六、拓展阅读

1. 回归分析的应用

“回归”这个词是由高尔顿提出的。高尔顿是达尔文的表兄，他非常崇拜达尔文，支持进化论的理论。为了研究父代身高与子代身高的关系，高尔顿搜集了 1078 对父子的身高数据，发现父亲的身高和成年儿子的身高具有相关关系，并使用线性回归的方法给出了父亲身高和儿子身高的具体的表达式。

回归分析的应用场景有很多。例如，通过孩子父亲的身高，预测这个孩子长大后的身高。又如，一个老人见到邻居的孩子说：“这个孩子脚很大，长大后个子一定很高。”再如，在侦破案件时，警察根据现场的脚印推测嫌疑人的身高。

由上述例子可以看出，回归分析通常用来进行预测，除上述例子外，回归分析还可以用来预测房价、股票价格、汽车销售量等。目前在气象统计分析中回归分析也是一种常用的方法。在经济学领域回归分析也有非常广泛的应用。

2. 回归分析的分类

回归分析中的因变量是随机变量而自变量不是随机变量。

1）线性回归

线性回归包括一元线性回归和多元线性回归，是在构建预测模型时首选模型之一。

（1）可以通过对数据画散点图的方法大体判断自变量和因变量间是否有线性关系。因为线性回归要求自变量和因变量之间必须为线性关系。

（2）一般使用最小二乘法进行回归曲线拟合，使用 R^2 评估模型的性能。

（3）线性回归对异常值非常敏感，异常值会严重影响回归效果和最终的预测值。

（4）多元线性回归存在多重共线性、自相关性和异方差性。多重共线性会增加系数估计的方差，这使得估计对模型中的微小变化非常敏感，系数估计不稳定。

（5）多元线性回归有多个自变量，可以采用向前消除、向后消除和逐步选择消除的方法来选择重要的变量并剔除次要的变量。

（6）给出拟合方程后，进行假设检验，目的是检验因变量和自变量之间是否具有线性关系。确定线性关系显著后，再进行参数估计和预测。

2）逻辑回归

逻辑回归被广泛用于分类问题，输出的是离散值。它用于估计某种事物的可能性，如某超市中用户购买某品牌牛奶的可能性、某人患有高血压的可能性、某条新闻被用户点击的可能性等。

逻辑回归不要求因变量和自变量之间具有线性关系，但要求自变量不可相互关联，即不存在多重共线性。为了避免过拟合和欠拟合，使用逐步筛选法找出所有有用的变量。其本质是先假设数据服从这个分布，然后使用极大似然估计参数。训练样本数量越大越好，如果样本数量少，那么极大似然估计的效果将不如最小二乘法。

Softmax 回归是逻辑回归的一般形式，用于多分类，主要估算输入数据归属于每一类的概率，如在进行手写数字识别时该手写数字是 0～9 这 10 个数字的概率。

3）多项式回归（Polynomial Regression）

若回归方程中的自变量的指数大于 1，则为多项式回归方程。多项式的次数并不是越大越好，多项式次数越高越容易发生过拟合，即曲线完全满足训练数据，但是不适合对样本外的数据进行预测。可以通过 R^2 来判断拟合结果，或者比较拟合曲线图形和数据的散点图。

4）逐步回归（Stepwise Regression）

当处理多个独立变量时，可以使用逐步回归来判断自变量的重要程度，这可以解决多重共线性问题。常见的逐步回归方法有向前、向后两种。

向前是选择出模型中最重要的自变量，从该自变量开始，每一步增加一个变量。增加一个自变量后根据 F 检验结果，判断该变量的引入是否使模型发生了显著性变化，若发生了显著性变化，则将该变量彻底加入模型，否则忽略。

向后是先选入所有自变量，然后每一步剔除一个变量。根据 F 检验的结果，看该变量的剔除是否使模型发生了显著性变化，若没有发生显著性变化，则将该变量彻底剔除。

除上述四种回归外，还有岭回归（Ridge Regression）、套索回归（Lasso Regression）、弹性回归（Elastic Net Regression）、贝叶斯线性回归、生态回归和稳健回归。

实验 12

极限分布之间关系的动态演示

实验 12.1　二项分布与泊松分布的近似关系

一、实验目的

1．观察二项分布与泊松分布的关系。
2．观察什么条件下二项分布的近似分布为泊松分布。

二、实验要求

1．写出二项分布的分布律和泊松分布的分布律。
2．画出二项分布和泊松分布的分布律的图像。
3．画出二项分布和泊松分布的近似关系的静态图，观察什么条件下二项分布的近似分布为泊松分布。
4．画出二项分布与泊松分布的近似关系的动态图。

三、知识链接

泊松定理：在 n 重伯努利实验中，记事件 A 在一次实验中发生的概率为 p_n，当 $n\to\infty$ 时，若有 $np_n\to\lambda$，则有 $\lim\limits_{x\to\infty}C_n^k p_n^k(1-p_n)^{n-k}=\dfrac{\lambda^k}{k!}\mathrm{e}^{-\lambda}$。

由于泊松定理是在 $np_n\to\lambda$ 的条件下获得的，因此若二项分布中的参数 n 很大，p 很小，而乘积 $\lambda=np$ 大小适中（一般情况下为 $0.1\leqslant np\leqslant 10$），则可以用泊松分布来近似。而且，$n$ 越大，p 越小，近似程度越好。

四、实验内容

1. 实验步骤

（1）当 n=10，p=0.5 时，画出二项分布的分布律的图像；当 $\lambda = np$ =5.0 时，在同一个坐标系下画出泊松分布的分布律的图像。观察两者的差异。

（2）当 n=13，p=0.3 时，画出二项分布的分布律的图像；当 $\lambda = np$ =3.9 时，在同一个坐标系下画出泊松分布的分布律的图像。观察两者的差异。

（3）当 n=15，p=0.1 时，画出二项分布的分布律的图像；当 $\lambda = np$ =1.5 时，在同一个坐标系下画出泊松分布的分布律的图像。观察两者的差异。

（4）当 n=20，p=0.05 时，画出二项分布的分布律的图像；当 $\lambda = np$ =1.0 时，在同一个坐标系下画出泊松分布的分布律的图像。观察两者的差异。

（5）当二项分布的参数 n 不变，而参数 p 取值为 0.5 到 0.05，步长为 0.05 时，在同一个坐标系下画出二项分布和泊松分布的分布律的图像，观察两者的差异。当参数 p 保持不变，而参数 n 从 10 取到 50，步长为 2 时，在同一个坐标系下画出二项分布和泊松分布的分布律的图像。观察两者的差异。

2. 程序代码

1）画静态图

```
import numpy as np
import matplotlib.pyplot as plt
from scipy import stats
#显示中文
plt.rcParams['font.sans-serif'] = [u'SimHei']
plt.rcParams['axes.unicode_minus'] = False
fig, axes = plt.subplots(nrows=2, ncols=2, figsize=(20, 8), dpi=100)
plt.subplot(221)
#绘制二项分布和泊松分布的分布律的图像
n=10
p=0.5
lam=n*p
bino=stats.binom(n,p)
possion=stats.poisson(lam)
x1=np.arange(0,n)
y1=bino.pmf(x1)
plt.plot(x1,y1,'k--',label='n={},p={}'.format((n),(p)))
x2= np.arange(0,n)
y2 =possion.pmf(x2)
plt.plot(x2,y2,'b',label='λ={}'.format(lam))
plt.title('图 a 二项分布的泊松近似')
plt.legend()
plt.grid()
plt.subplot(222)
```

```
#绘制二项分布和泊松分布的分布律的图像
n=13
p=0.3
lam=n*p
bino=stats.binom(n,p)
possion=stats.poisson(lam)
x1=np.arange(0,n)
y1=bino.pmf(x1)
plt.plot(x1,y1,'k--',label='n={},p={}'.format((n),(p)))
x2= np.arange(0,n)
y2 =possion.pmf(x2)
plt.plot(x2,y2,'b',label='λ={}'.format(lam))
plt.title('图 b 二项分布的泊松近似')
plt.legend()
plt.grid()
plt.subplot(223)
#绘制二项分布和泊松分布的分布律的图像
n=15
p=0.1
lam=n*p
bino=stats.binom(n,p)
possion=stats.poisson(lam)
x1=np.arange(0,n)
y1=bino.pmf(x1)
plt.plot(x1,y1,'k--',label='n={},p={}'.format((n),(p)))
x2= np.arange(0,n)
y2 =possion.pmf(x2)
plt.plot(x2,y2,'b',label='λ={}'.format(lam))
plt.title('图 c 二项分布的泊松近似')
plt.legend()
plt.grid()
plt.subplot(224)
#绘制二项分布和泊松分布的分布律的图像
n=20
p=0.05
lam=n*p
bino=stats.binom(n,p)
possion=stats.poisson(lam)
x1=np.arange(0,n)
y1=bino.pmf(x1)
plt.plot(x1,y1,'k--',label='n={},p={}'.format((n),(p)))
x2= np.arange(0,n)
y2 =possion.pmf(x2)
plt.plot(x2,y2,'b',label='λ={}'.format(lam))
```

```
plt.title('图 d 二项分布的泊松近似')
plt.legend()
plt.grid()
plt.show()
```

2）画动态图

（1）实验次数 n 不变，p 改变：

```
from matplotlib import pyplot as plt
import numpy as np
from scipy import stats
fig=plt.figure()
ax=fig.add_subplot(1,1,1)
plt.ion()
n=200
for p in np.arange(0.5,0.05,-0.05):
        x1=np.arange(0,n)
        y1=stats.binom.pmf(x1,n,p)
        y2=stats.poisson.pmf(x1,n*p)
        ax.cla()
        ax.plot(x1,y1,marker="*",color='b')
        ax.plot(x1,y2,marker="*",color='r')
        plt.pause(0.1)
```

（2）实验次数 n 改变，p 不变：

```
from matplotlib import pyplot as plt
import numpy as np
from scipy import stats
fig=plt.figure()
ax=fig.add_subplot(1,1,1)
p=0.01
plt.ion()
for n in range(10,50,2):
    x1=np.arange(0,n)
    y1=stats.binom.pmf(x1,n,p)
    y2=stats.poisson.pmf(x1,n*p)
    ax.cla()
    ax.plot(x1,y1,marker="*",color='r')
    ax.plot(x1,y2,marker=".",color='g')
    plt.pause(0.1)
```

3．输出图像

1）画静态图

输出的 4 个二项分布的分布律和泊松分布的分布律的近似关系的静态图如图 12-1 所示。

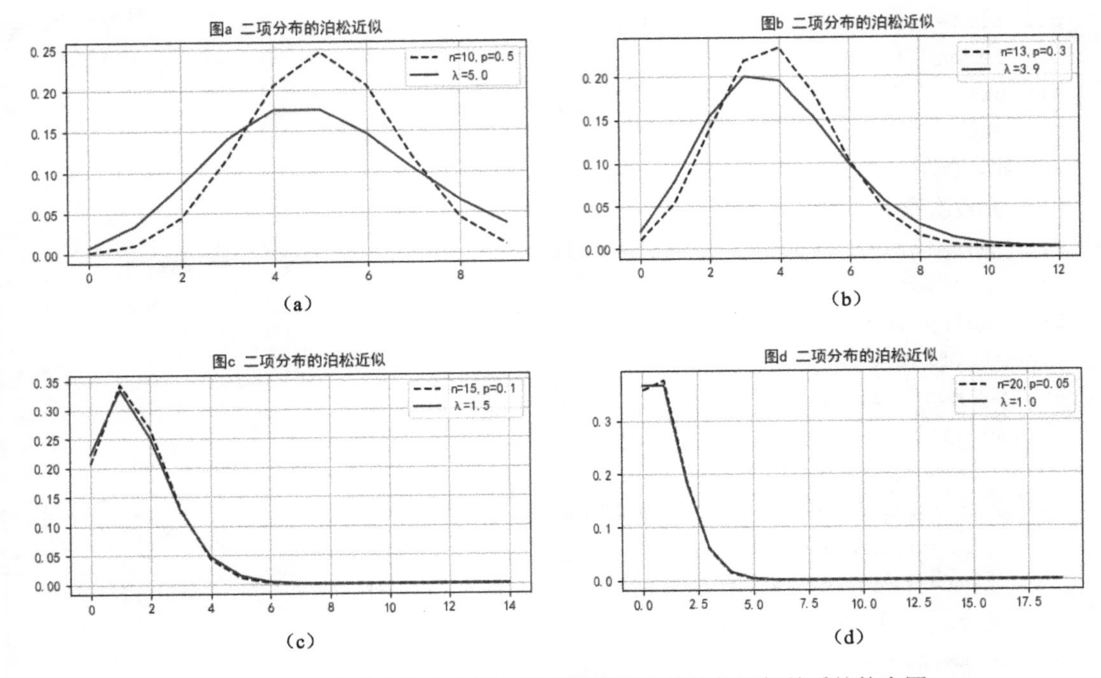

（a）（b）（c）（d）

图 12-1　二项分布的分布律和泊松分布的分布律的近似关系的静态图

结果分析：若二项分布中的参数 n 很大，p 很小，而乘积 $\lambda = np$ 大小适中（一般情况下为 $0.1 \leqslant np \leqslant 10$），则可以用泊松分布来近似。而且，$n$ 越大，p 越小，近似程度越好。例如，图 12-1（a）与图 12-1（b）中的参数 n 较小，λ 分别为 5.0 和 3.9，近似效果不好，图 12-1（c）与图 12-1（b）中的参数 n 较大，λ 分别为 1.5 和 1.0，近似效果较好。

2）画动态图

实验次数 n 不变，p 改变时，输出的二项分布的分布律和泊松分布的分布律的近似关系的部分动态图如图 12-2（a）～图 12-2（c）所示。

实验次数 n 改变，p 不变时，输出的二项分布的分布律和泊松分布的分布律的近似关系的部分动态图如图 12-2（d）～图 12-2（f）所示。

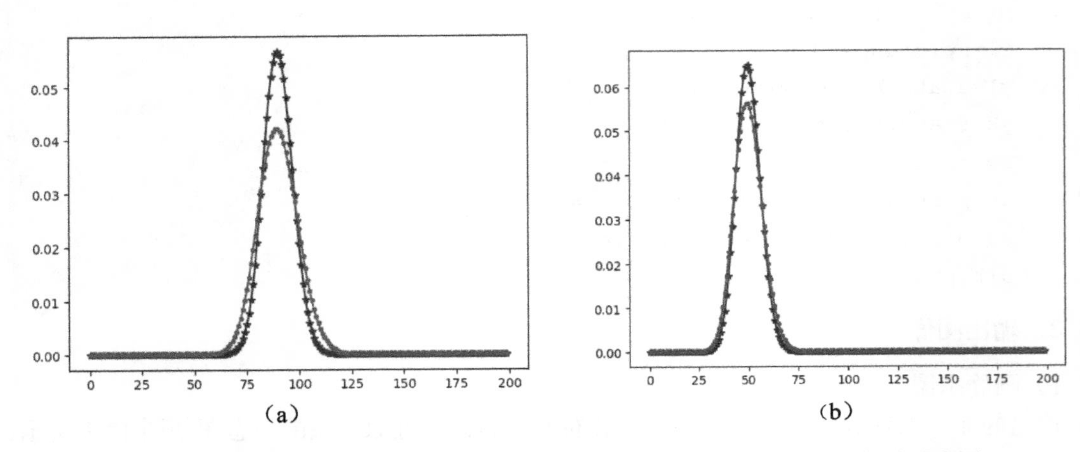

（a）（b）

图 12-2　输出的二项分布的分布律和泊松分布的分布律的近似关系的部分动态图

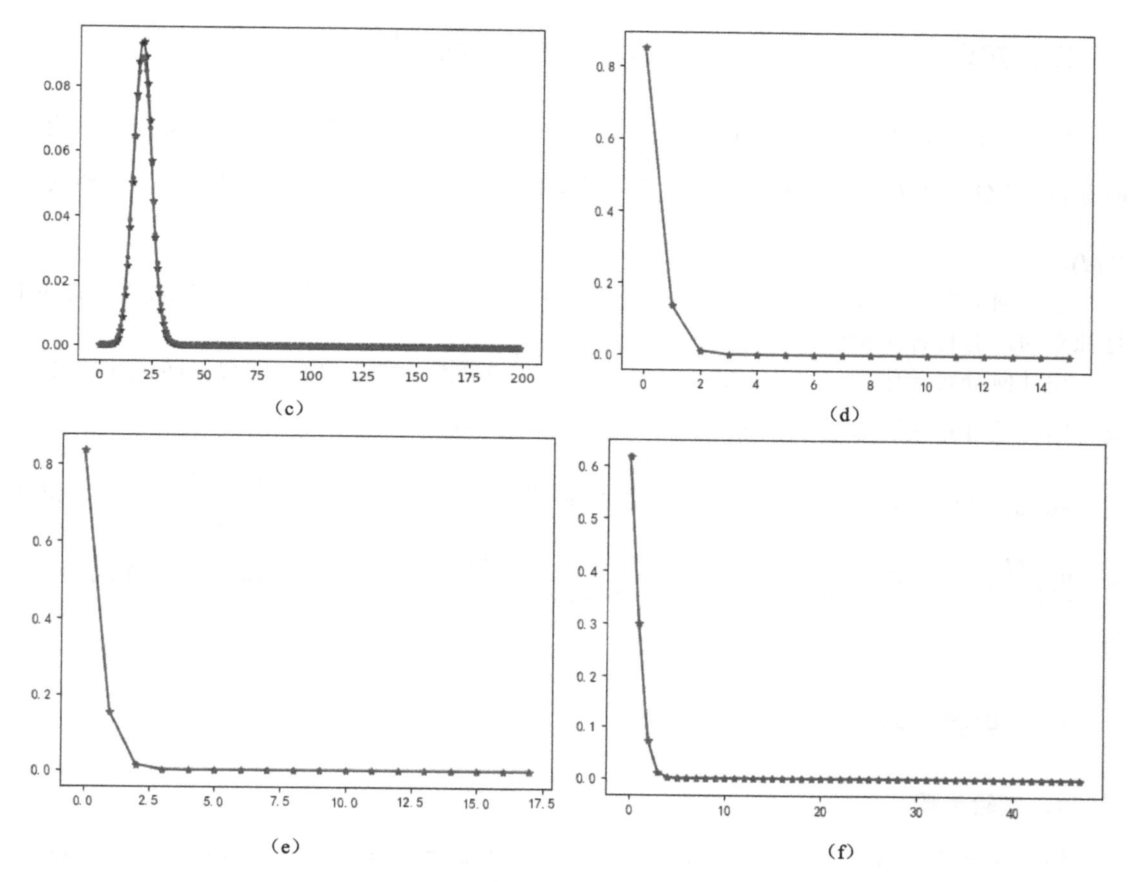

图 12-2　输出的二项分布的分布律和泊松分布的分布律的近似关系的部分动态图（续）

由图 12-2 可知，当动画结束时，二项分布的分布律的图像和泊松分布的分布律的图像几乎重合。

实验 12.2　二项分布与超几何分布的近似关系

一、实验目的

1．观察二项分布与超几何分布的关系。
2．观察什么条件下超几何分布的近似分布为二项分布。

二、实验要求

1．写出二项分布的分布律和超几何分布的分布律。
2．画出二项分布和超几何分布的分布律的图像。
3．画出静态图观察在什么条件下超几何分布的近似分布为二项分布。
4．画出超几何分布与二项分布的近似关系的动态图。

三、知识链接——超几何分布的原型是不放回抽样模型

N 个产品中有 M 个不合格品，不放回取出 n 个产品，记 X 为不合格品数，则 X 服从超几何分布，其分布律为 $P\{X=k\}=\dfrac{C_M^k C_{N-M}^{n-k}}{C_N^n}$，$k=0,\cdots,r$，其中，$r=\min(n,M)$，记为 $X\sim h(n,N,M)$。

超几何分布和二项分布的主要区别在于是否有放回地取产品，超几何分布的各实验间不是独立的，而且各实验成功的概率不相等。

超几何分布转化为二项分布的条件为 $N>>n$。只要总体的数目是抽取数目的 10 倍以上，就可用二项分布来近似描述超几何分布，即 $X\dot{\sim}b(n,\dfrac{M}{N})$。

超几何分布的期望和方差分别为 $E(X)=\dfrac{nM}{N}$，$D(X)=\dfrac{nM(N-n)(N-M)}{N^2(N-1)}$，当次品率 $p=\lim\limits_{N\to\infty}\dfrac{M}{N}$ 时，有 $\lim\limits_{N\to\infty}\dfrac{nM}{N}=np$，$\lim\limits_{N\to\infty}\dfrac{nM(N-n)(N-M)}{N^2(N-1)}=np(1-p)$，分别是二项分布的期望和方差。

四、实验内容

1. 实验步骤

（1）当 n=10，N=50，M=20 时，画出超几何分布的分布律的图像；当 n=10，p=0.4 时，在同一个坐标系下画出二项分布的分布律的图像。观察两者的差异。

（2）当 n=10，N=60，M=20 时，画出超几何分布的分布律的图像；当 n=10，p=1/3 时，在同一个坐标系下画出二项分布的分布律的图像。观察两者的差异。

（3）当 n=10，N=100，M=20 时，画出超几何分布的分布律的图像；当 n=10，p=0.2 时，在同一个坐标系下画出二项分布的分布律的图像。观察两者的差异。

（4）当 n=10，N=1000，M=20 时，画出超几何分布的分布律的图像；当 n=10，p=0.02 时，在同一个坐标系下画出二项分布的分布律的图像。观察两者的差异。

（5）当 n=10，M=20，N 从 50 取到 300，步长为 10 时，画出超几何分布的分布律的图像；令 $p=M/N$，在同一个坐标系下画出二项分布的分布律的图像。观察两者的差异。

2. 程序代码

1）画静态图

```
import numpy as np
import matplotlib.pyplot as plt
import scipy.stats as st
#显示中文
plt.rcParams['font.sans-serif'] = [u'SimHei']
plt.rcParams['axes.unicode_minus'] = False
fig, axes = plt.subplots(nrows=2, ncols=2, figsize=(20, 8), dpi=100)
plt.subplot(221)
```

```
#绘制二项分布的分布律图像和超几何分布的分布律图像
n=10
M =20
N=50
p=M/N
x1=np.arange(0,n)
y1=st.binom.pmf(x1,n,p)
plt.plot(x1,y1,'k--',label='n={},p={}'.format((n),(p)))
x2= np.arange(0,n)
y2=st.hypergeom.pmf(x2,N,M,n)
plt.plot(x2,y2,'b',label='n={},N={},M={}'.format((n),(N),(M)))
plt.title('图 a 二项分布和超几何分布的近似')
plt.legend()
plt.grid()
plt.subplot(222)
#绘制二项分布的分布律图像和超几何分布的分布律图像
n=10
M =20
N=60
p=M/N
x1=np.arange(0,n)
y1=st.binom.pmf(x1,n,p)
plt.plot(x1,y1,'k--',label='n={},p={}'.format((n),(p)))
x2= np.arange(0,n)
y2=st.hypergeom.pmf(x2,N,M,n)
plt.plot(x2,y2,'b',label='n={},N={},M={}'.format((n),(N),(M)))
plt.title('图 b 二项分布和超几何分布的近似')
plt.legend()
plt.grid()
plt.subplot(223)
#绘制二项分布的分布律图像和超几何分布的分布律图像
n=10
M =20
N=100
p=M/N
x1=np.arange(0,n)
y1=st.binom.pmf(x1,n,p)
plt.plot(x1,y1,'k--',label='n={},p={}'.format((n),(p)))
x2= np.arange(0,n)
y2=st.hypergeom.pmf(x2,N,M,n)
plt.plot(x2,y2,'b',label='n={},N={},M={}'.format((n),(N),(M)))
plt.title('图 c 二项分布和超几何分布的近似')
plt.legend()
```

```
plt.grid()
plt.subplot(224)
#绘制二项分布的分布律图像和超几何分布的分布律图像
n=10
M =20
N=1000
p=M/N
x1=np.arange(0,n)
y1=st.binom.pmf(x1,n,p)
plt.plot(x1,y1,'k--',label='n={},p={}'.format((n),(p)))
x2= np.arange(0,n)
y2 =st.hypergeom.pmf(x2,N,M,n)
plt.plot(x2,y2,'b',label='n={},N={},M={}'.format((n),(N),(M)))
plt.title('图 d 二项分布和超几何分布的近似')
plt.legend()
plt.grid()
plt.show()
```

2）画动态图

```
from matplotlib import pyplot as plt
import numpy as np
import scipy.stats as st
fig=plt.figure()
ax=fig.add_subplot(1,1,1)
n=10
M =20
plt.ion()
x1=np.arange(0,n+1,1)
for N in range(50,300,10):
    p=M/N
    y1=st.binom.pmf(x1,n,p)
    y2=st.hypergeom.pmf(x1,N,M,n)
    ax.cla()
    ax.plot(x1,y1,marker="*",color='b')
    ax.plot(x1,y2,marker=".",color='r')
    plt.pause(0.1)
```

3. 输出图形

1）画静态图

输出的 4 个二项分布的分布律和超几何分布的分布律的近似关系的静态图如图 12-3 所示。

结果分析：如图 12-3（d）所示，当 N=1000，n=10，M=20 时，超几何分布的分布律图像和二项分布的分布律图像重合，其中，二项分布的概率为 $p=\dfrac{M}{N}$。

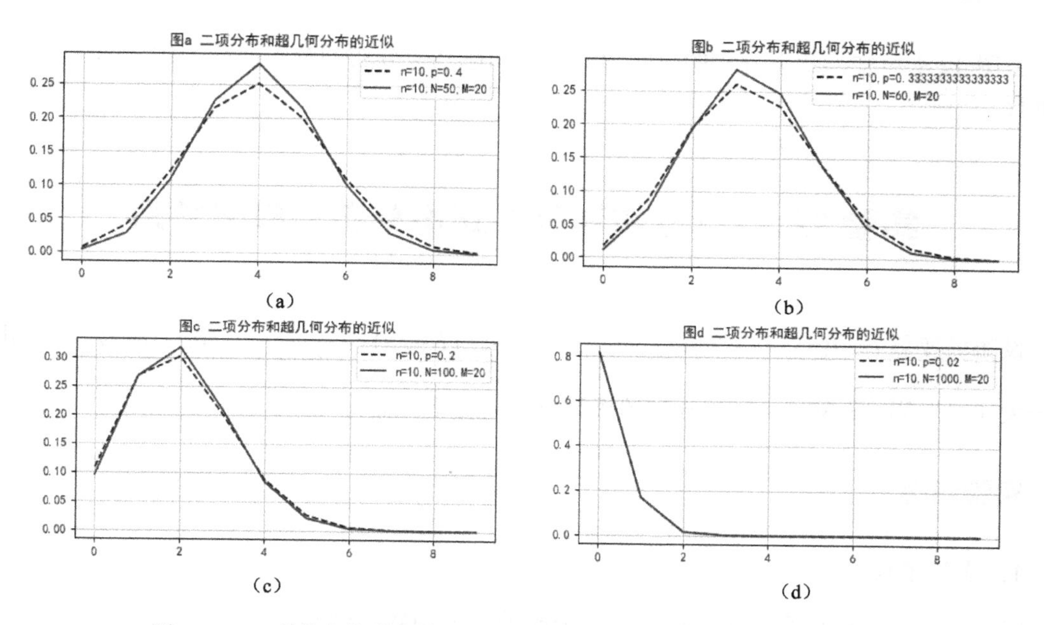

图 12-3 二项分布的分布律和超几何分布的分布律的近似关系的静态图

2）画动态图

输出的二项分布的分布律和超几何分布的分布律的近似关系的部分动态图如图 12-4 所示。

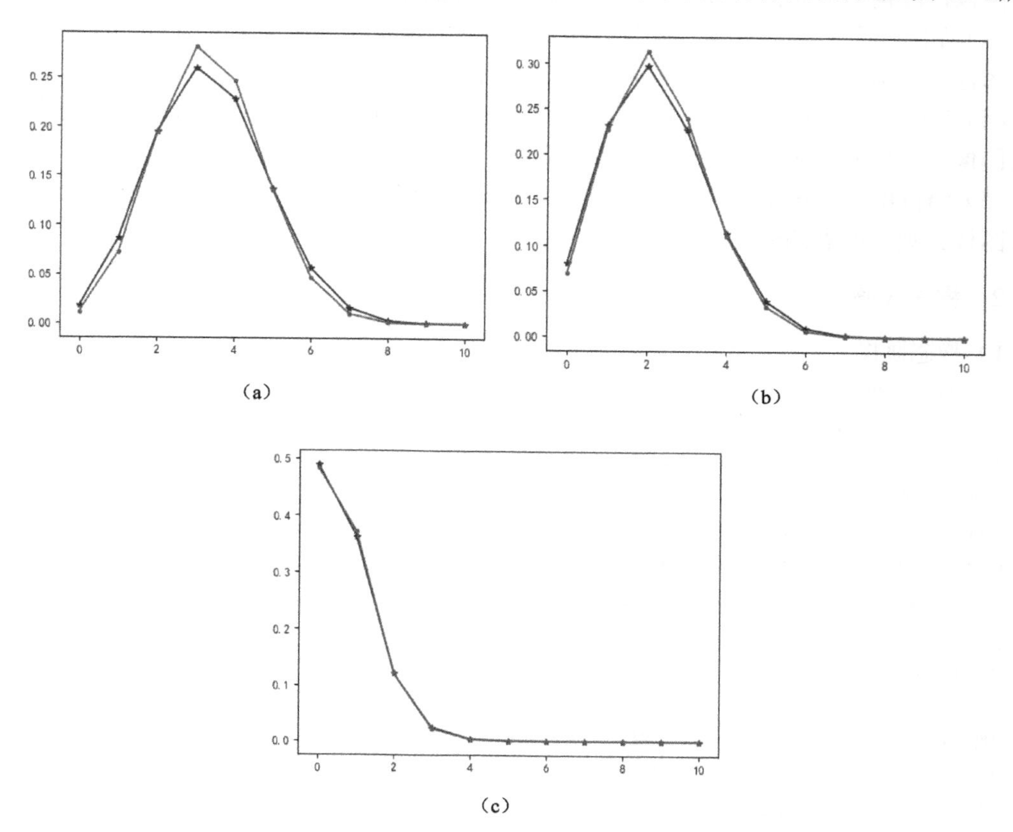

图 12-4 输出的二项分布的分布律和超几何分布的分布律的近似关系的部分动态图

由图 12-4 可知，二项分布的分布律的图像和超几何分布的分布律的图像在图 12-4（c）中重合。

实验 12.3　t 分布和标准正态分布的极限关系

设随机变量 $T \sim t(n)$，则对任意的实数 x 有 $\lim\limits_{n\to\infty} P(T \leqslant x) = \dfrac{1}{\sqrt{2\pi}}\int_{-\infty}^{x} \mathrm{e}^{-\frac{t^2}{2}} \mathrm{d}t = \Phi(x)$。当自由度充分大（一般为 $n \geqslant 30$）时，t 分布的极限分布为标准正态分布。

实验内容

1．实验步骤

（1）在同一个坐标系下画出标准正态分布的密度函数图像和自由度为 1 的 t 分布的密度函数图像，即柯西分布的密度函数图像。观察两者的差异。

（2）在同一个坐标系下画出标准正态分布的密度函数图像和自由度为 10 的 t 分布的密度函数图像，即柯西分布的密度函数图像。观察两者的差异。

（3）在同一个坐标系下画出标准正态分布的密度函数图像和自由度为 20 的 t 分布的密度函数图像，即柯西分布的密度函数图像。观察两者的差异。

（4）在同一个坐标系下画出标准正态分布的密度函数图像和自由度为 30 的 t 分布的密度函数图像，即柯西分布的密度函数图像。观察两者的差异。

（5）当自由度 n 在 1 到 30 间变动时，画出标准正态分布的密度函数图像和 t 分布的密度函数图像。观察两者的差异。

2．程序代码

1）静态画图

```
import numpy as np
from scipy import stats
import matplotlib.pyplot as plt
#显示中文
plt.rcParams['font.sans-serif'] = [u'SimHei']
plt.rcParams['axes.unicode_minus'] = False
fig, axes = plt.subplots(nrows=2, ncols=2, figsize=(20, 8), dpi=100)
plt.subplot(221)
mu=0
sigma=1
#绘制标准正态分布的密度函数图像
x = np.linspace(-5,5,10000)
y1 = stats.norm.pdf(x,mu,sigma)
plt.plot(x,y1,'b',label='mμ={},σ={}'.format((mu),(sigma)))
#绘制自由度为 1 的 t 分布的密度函数图像
```

```
df=1
y2= stats.t.pdf(x,df)
plt.plot(x,y2,'k--',label='n={}'.format(df))
plt.title('图a t分布的正态近似')
plt.legend()
plt.grid()
plt.subplot(222)
mu=0
sigma=1
#绘制标准正态分布的密度函数图像
x = np.linspace(-5,5,10000)
y1 = stats.norm.pdf(x,mu,sigma)
plt.plot(x,y1,'b',label='μ={},σ={}'.format((mu),(sigma)))
#绘制自由度为10的t分布的密度函数图像
df=10
y2= stats.t.pdf(x,df)
plt.plot(x,y2,'k--',label='n={}'.format(df))
plt.title('图b t分布的正态近似')
plt.legend()
plt.grid()
plt.subplot(223)
mu=0
sigma=1
#绘制标准正态分布的密度函数图像
x = np.linspace(-5,5,10000)
y1 = stats.norm.pdf(x,mu,sigma)
plt.plot(x,y1,'b',label='μ={},σ={}'.format((mu),(sigma)))
#绘制自由度为20的t分布的密度函数图像
df=20
y2= stats.t.pdf(x,df)
plt.plot(x,y2,'k--',label='n={}'.format(df))
plt.title('图c t分布的正态近似')
plt.legend()
plt.grid()
plt.subplot(224)
mu=0
sigma=1
#绘制标准正态分布的密度函数图像
x = np.linspace(-5,5,10000)
y1 = stats.norm.pdf(x,mu,sigma)
plt.plot(x,y1,'b',label='μ={},σ={}'.format((mu),(sigma)))
#绘制自由度为30的t分布的密度函数图像
df=30
y2= stats.t.pdf(x,df)
plt.plot(x,y2,'k--',label='n={}'.format(df))
```

```
plt.title('图d t分布的正态近似')
plt.legend()
plt.grid()
plt.show()
```

2）画动态图

```
import numpy as np
from scipy import stats
import matplotlib.pyplot as plt
fig=plt.figure()
ax=fig.add_subplot(1,1,1)
mu=0
sigma=1
plt.ion()
x1 = np.linspace(-5,5,50)
for df in range(1,30,1):
    y1=stats.norm.pdf(x1,mu,sigma)
    y2=stats.t.pdf(x1,df)
    ax.cla()
    ax.plot(x1,y1,marker="*",color='b', label='标准正态分布')
    ax.plot(x1,y2,marker=".",color='k' ,label='t 分布')
    plt.pause(0.1)
```

3. 输出图形

1）画静态图

输出的 4 个 t 分布的密度函数和标准正态分布的密度函数的近似关系的静态图如图 12-5 所示。

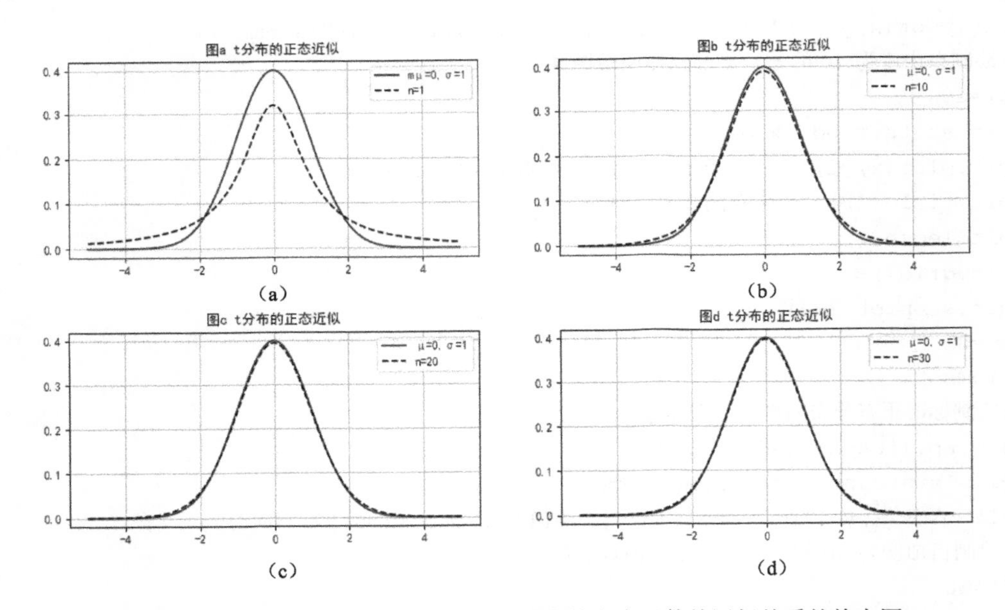

（a）（b）（c）（d）

图 12-5　t 分布的密度函数和标准正态分布的密度函数的近似关系的静态图

结果分析：由图 12-5（d）可以看出，当 n=30 时，t 分布的密度函数图像和标准正态分布的密度函数图像几乎重合。

2）画动态图

输出的 t 分布的密度函数和标准正态分布的密度函数的近似关系的部分动态图如图 12-6 所示。

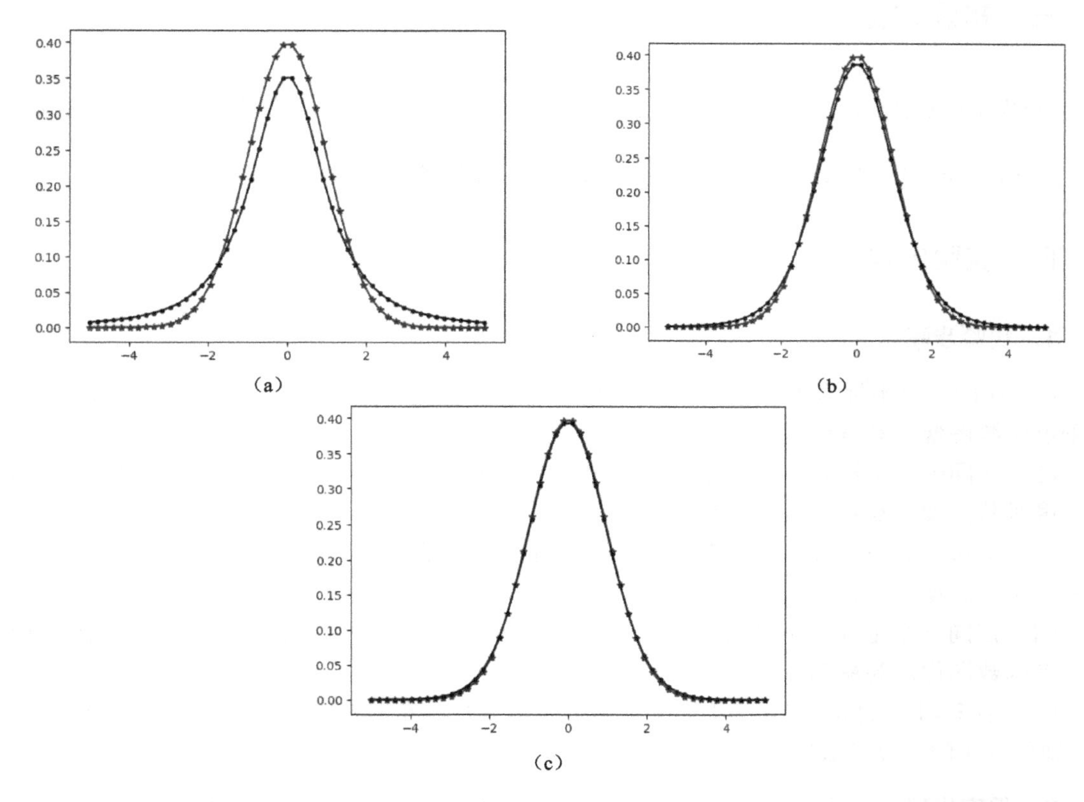

图 12-6 输出的 t 分布的密度函数和标准正态分布的密度函数的近似关系的部分动态图

由图 12-6 可以看出，随着 t 分布的自由度的增大，其密度函数图像和标准正态分布的密度函数图像逐渐重合。

实验 12.4 指数分布和伽玛分布的关系

一、实验目的

验证指数分布是伽玛分布的特例。

二、实验要求

1．写出指数分布的密度函数和伽玛分布的密度函数。

2．分别画出两个满足要求和不满足要求的伽玛分布密度函数图像，将其与指数分布密度函数图像进行比较，做静态演示。

3．使参数 α 变动，画出满足要求的指数分布的密度函数图像和伽玛分布的密度函数图像，做动态演示。

三、知识链接

伽玛分布 $\mathrm{Ga}(\alpha,\lambda)$ 的密度函数为 $f(x)=\dfrac{\lambda^\alpha}{\Gamma(\alpha)}x^{\alpha-1}\mathrm{e}^{-\lambda x}$，$x>0$；指数分布的密度函数为 $f(x)=\lambda\mathrm{e}^{-\lambda x},x>0$。当 α=1 时，$\mathrm{Ga}(1,\lambda)=\exp(\lambda)$，即指数分布是特殊的伽玛分布。

四、实验内容

1．实验步骤

（1）在同一个坐标系下画出 $\lambda=2$ 的指数分布的密度函数图像和 $\alpha=2$，$\lambda=2$ 的伽玛分布的密度函数图像。观察两者的差异。

（2）在同一个坐标系下画出 $\lambda=1$ 的指数分布的密度函数图像和 $\alpha=2$，$\lambda=1$ 的伽玛分布的密度函数图像。观察两者的差异。

（3）在同一个坐标系下画出 $\lambda=2$ 的指数分布的密度函数图像和 $\alpha=1$，$\lambda=2$ 的伽玛分布的密度函数图像。观察两者的差异。

（4）在同一个坐标系下画出 $\lambda=1$ 的指数分布的密度函数图像和 $\alpha=1$，$\lambda=1$ 的伽玛分布的密度函数图像。观察两者的差异。

（5）当 $\lambda=1$，而 α 在 10 到 1 间变动时，画出指数分布的密度函数图像和参数分别为 α，λ 的伽玛分布的密度函数图像。观察两者的差异。

2．程序代码

1）静态画图

```
import numpy as np
import matplotlib.pyplot as plt
import scipy.stats as st
#显示中文
plt.rcParams['font.sans-serif'] = [u'SimHei']
plt.rcParams['axes.unicode_minus'] = False
fig, axes = plt.subplots(nrows=2, ncols=2, figsize=(20, 8), dpi=100)
plt.subplot(221)
#绘制 λ=2 的指数分布的密度函数图像
lam=2
x= np.arange(0.01, 20, 0.01)
y1=st.expon.pdf(x,scale=1/lam)
plt.plot(x,y1,'k--',label='λ={}'.format(lam))
#绘制 α=2, λ=2 的伽玛分布的密度函数图像
```

```
y2 = st.gamma.pdf(x,2, scale=2)#
plt.plot(x, y2, 'b',label='α=2,λ=2')
plt.title('图 a 伽玛分布的特例一：指数分布')
plt.legend()
plt.grid()
plt.subplot(222)
#绘制 λ=1 的指数分布的密度函数图像
lam=1
x= np.arange(0.01, 20, 0.01)
y1=st.expon.pdf(x,scale=1/lam)
plt.plot(x,y1,'k--',label='λ={}'.format(lam))
#绘制 α=2，λ=1 的伽玛分布的密度函数图像
y2 = st.gamma.pdf(x,2, scale=1)
plt.plot(x, y2, 'b',label='α=2,λ=1')
plt.title('图 b 伽玛分布的特例一：指数分布')
plt.legend()
plt.grid()
plt.subplot(223)
#绘制 λ=2 指数分布的密度函数图像
lam=2
x= np.arange(0.01, 20, 0.01)
y1=st.expon.pdf(x,scale=1/lam)
plt.plot(x,y1,'k--',label='λ={}'.format(lam))
#绘制 α=1，λ=2 的伽玛分布的密度函数图像
y2 = st.gamma.pdf(x,1, scale=2)
plt.plot(x, y2, 'b',label='α=1,λ=2')
plt.title('图 c 伽玛分布的特例一：指数分布')
plt.legend()
plt.grid()
plt.subplot(224)
#绘制 λ=1 指数分布的密度函数图像
lam=1
x= np.arange(0.01, 20, 0.01)
y1=st.expon.pdf(x,scale=1/lam)
plt.plot(x,y1,'k--',label='λ={}'.format(lam))
#绘制 α=1，λ=1 的伽玛分布的密度函数图像
y2 = st.gamma.pdf(x,1, scale=1)
plt.plot(x, y2, 'b',label='α=1,λ=1')
plt.title('图 d 伽玛分布的特例一：指数分布')
plt.legend()
plt.grid()
plt.show()
```

2）画动态图

```
import numpy as np
```

```
import matplotlib.pyplot as plt
import scipy.stats as st
fig=plt.figure()
ax=fig.add_subplot(1,1,1)
lam=1
x1= np.arange(1, 100, 2)
plt.ion()
for a in np.arange(10,1,-1):
    y1=st.expon.pdf(x1,scale=1/lam)
    y2=st.gamma.pdf(x1,a,scale=1/lam)
    ax.cla()
    ax.plot(x1,y1,marker="*",color='b')
    ax.plot(x1,y2,marker=".",color='k')
    plt.pause(0.1)
```

3. 图像

1）画静态图

输出的 4 个指数分布的密度函数和伽玛分布的密度函数的近似关系的静态图如图 12-7 所示。

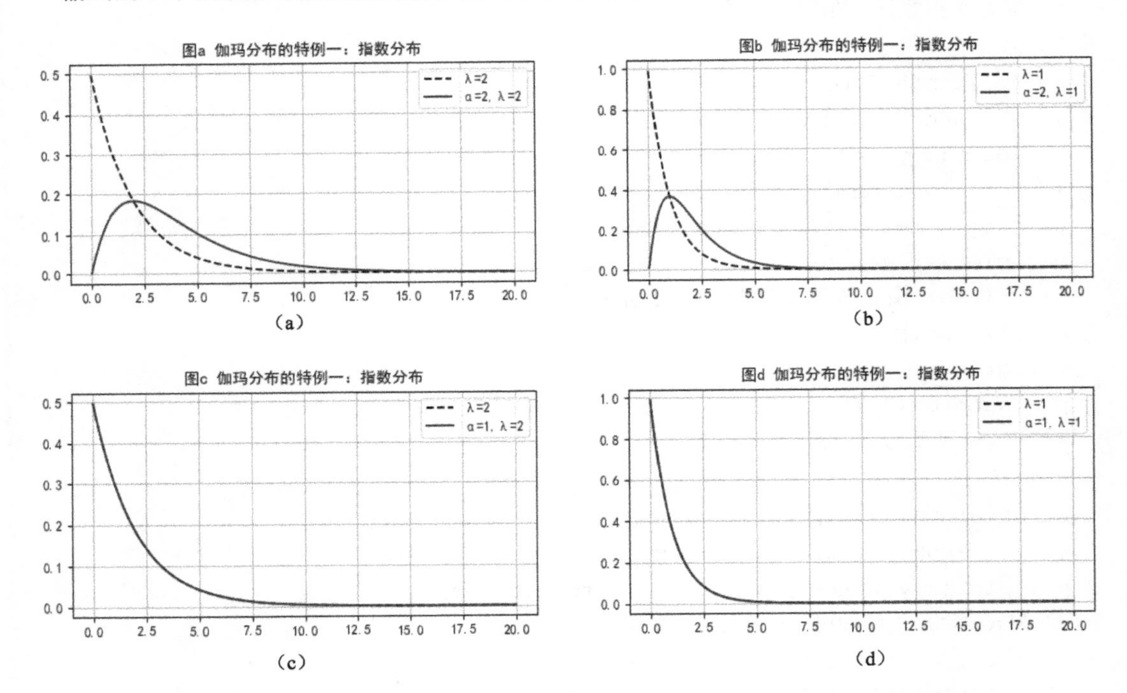

图 12-7 指数分布的密度函数和伽玛分布的密度函数的近似关系的静态图

结果分析：从图 12-7（c）和图 12-7（d）可以看出，当伽玛分布的$\alpha=1$时，伽玛分布的密度函数图像和服从同一个参数λ的指数分布的密度函数图像重合。

2）画动态图

输出的指数分布的密度函数和伽玛分布的密度函数的近似关系的部分动态图如图 12-8 所示。

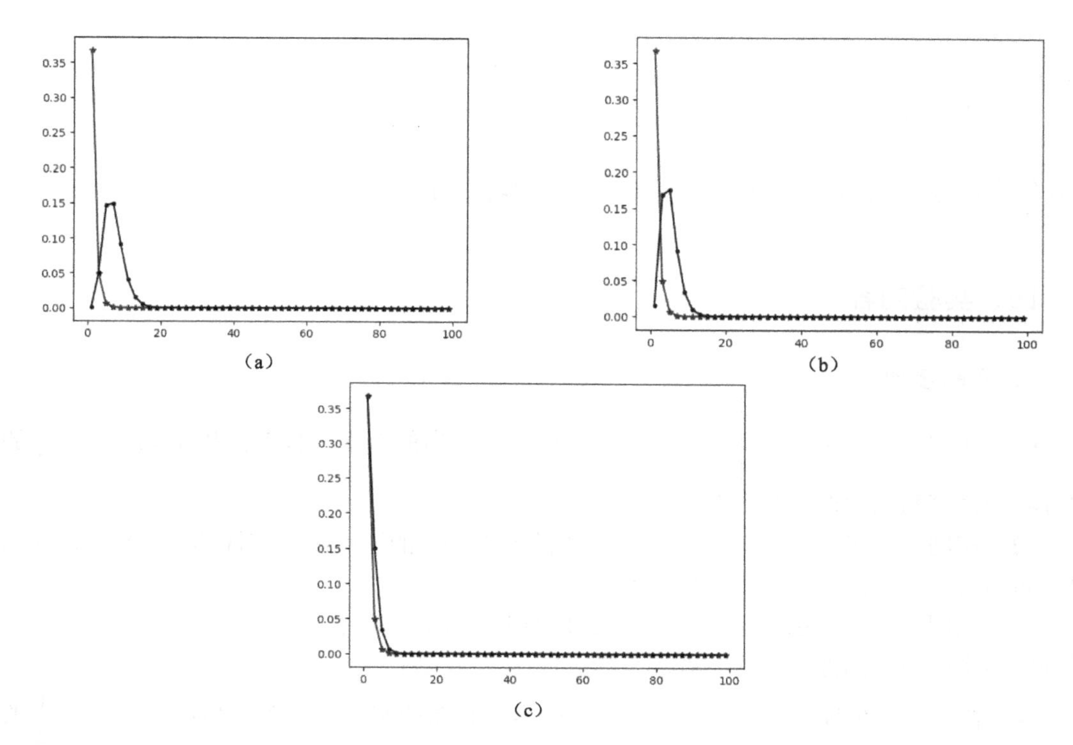

图 12-8　输出的指数分布的密度函数和伽玛分布的密度函数的近似关系的部分动态图

由图 12-8 可以看出，当伽玛分布的 $\alpha=1$ 时，伽玛分布的密度函数图像和服从同一个参数λ的指数分布的密度函数图像重合。

实验 12.5　卡方分布和伽玛分布的关系

一、实验目的

验证卡方分布是伽玛分布的特例。

二、实验要求

1．写出卡方分布和伽玛分布的密度函数。

2．分别画出两个满足要求和不满足要求的伽玛分布密度函数图像，将其与卡方分布密度函数图像进行比较，做静态演示。

3．改变参数 α，画出满足要求的卡方分布的密度函数图像和伽玛分布的密度函数图像，做动态演示。

三、知识链接

伽玛分布 $\mathrm{Ga}(\alpha,\lambda)$ 的密度函数为 $f(x)=\dfrac{\lambda^{\alpha}}{\Gamma(\alpha)}x^{\alpha-1}\mathrm{e}^{-\lambda x}$，$x>0$；卡方分布的密度函数为

$f(x)=\frac{1}{2^{\frac{n}{2}}\Gamma\left(\frac{n}{2}\right)}\mathrm{e}^{-\frac{x}{2}}x^{\frac{n}{2}-1}$，$x>0$。当 $\alpha=\frac{n}{2}$，$\lambda=\frac{1}{2}$ 时，伽玛分布是自由度为 n 的卡方分布，即 $\mathrm{Ga}\left(\frac{n}{2},\frac{1}{2}\right)=\chi^2(n)$，也就是卡方分布是特殊的伽玛分布。

四、实验内容

1. 实验步骤

（1）在同一个坐标系下画出自由度为 2 的卡方分布的密度函数图像和 $\alpha=1$，$\lambda=\frac{1}{2}$ 的伽玛分布的密度函数图像。观察两者的差异。

（2）在同一个坐标系下画出自由度为 2 的卡方分布的密度函数图像和 $\alpha=2$，$\lambda=1$ 的伽玛分布的密度函数图像。观察两者的差异。

（3）在同一个坐标系下画出自由度为 1 的卡方分布的密度函数图像和 $\alpha=1$，$\lambda=1$ 的伽玛分布的密度函数图像。观察两者的差异。

（4）在同一个坐标系下画出自由度为 1 的卡方分布的密度函数图像和 $\alpha=\frac{1}{2}$，$\lambda=\frac{1}{2}$ 的伽玛分布的密度函数图像。观察两者的差异。

（5）当 $\lambda=1/2$，α 在 10 到 0.5 间变动时，画出自由度为 α 的卡方分布的密度函数图像和参数分别为 $\alpha/2$，λ 的伽玛分布的密度函数图像。观察两者的差异。

2. 程序代码

1）画静态图

```
import numpy as np
import matplotlib.pyplot as plt
import scipy.stats as st
#显示中文
plt.rcParams['font.sans-serif'] = [u'SimHei']
plt.rcParams['axes.unicode_minus'] = False
fig, axes = plt.subplots(nrows=2, ncols=2, figsize=(20, 8), dpi=100)
plt.subplot(221)
#绘制自由度为 2 的卡方分布的密度函数图像
df=2
a=1
lam=1/2
x= np.arange(0.01, 20, 0.01)
y1=st.chi2.pdf(x,df)
plt.plot(x,y1,'r--',label='n={}'.format(df))
#绘制 α=1，λ=1/2 的伽玛分布的密度函数图像
y2 = st.gamma.pdf(x,a, scale=1/lam)
plt.plot(x, y2, 'b',label='α=1,λ=1/2')
```

```
plt.title('图 a 伽玛分布的特例二：卡方分布')
plt.legend()
plt.grid()
plt.subplot(222)
#绘制自由度为 2 的卡方分布的密度函数图像
df=2
a=2
lam=1
x= np.arange(0.01, 20, 0.01)
y1=st.chi2.pdf(x,df)
plt.plot(x,y1,'k--',label='n={}'.format(df))
#绘制 α=2，λ=1 的伽玛分布的密度函数图像
y2 = st.gamma.pdf(x,a, scale=1/lam)
plt.plot(x, y2, 'b',label='α=2,λ=1')
plt.title('图 b 伽玛分布的特例二：卡方分布')
plt.legend()
plt.grid()
plt.subplot(223)
#绘制自由度为 1 的卡方分布的密度函数图像
df=1
a=1
lam=1
x= np.arange(0.01, 20, 0.01)
y1=st.chi2.pdf(x,df)
plt.plot(x,y1,'k--',label='n={}'.format(df))
#绘制 α=1，λ=1 伽玛分布的密度函数图像
y2 = st.gamma.pdf(x,a, scale=lam)
plt.plot(x, y2, 'b',label='α=1,λ=1')
plt.title('图 c 伽玛分布的特例二：卡方分布')
plt.legend()
plt.grid()
plt.subplot(224)
#绘制自由度为 1 的卡方分布的密度函数图像
df=1
a=1/2
lam=1/2
x= np.arange(0.01, 20, 0.01)
y1=st.chi2.pdf(x,df)
plt.plot(x,y1,'k--',label='n={}'.format(df))
#绘制 α=1/2，λ=1/2 的伽玛分布的密度函数图像
y2 = st.gamma.pdf(x,a, scale=1/lam)
plt.plot(x, y2, 'b',label='α=1/2,λ=1/2')
plt.title('图 d 伽马分布的特例二：卡方分布')
plt.legend()
plt.grid()
plt.show()
```

2）画动态图

```
import numpy as np
import matplotlib.pyplot as plt
import scipy.stats as st
fig=plt.figure()
ax=fig.add_subplot(1,1,1)
lam=1/2
x1= np.arange(1, 100, 1)
plt.ion()
for a in np.arange(10,0.5,-0.5):
    y1=st.chi2.pdf(x1,a)
    #伽玛分布的参数为α/2，λ
    y2=st.gamma.pdf(x1,α/2,scale=1/lam)
    ax.cla()
    ax.plot(x1,y1,marker="*",color='b')
    ax.plot(x1,y2,marker=".",color='k')
    plt.pause(0.1)
```

3. 输出图形

1）画静态图

输出的 4 个卡方分布的密度函数和伽玛分布的密度函数的近似关系的静态图如图 12-9 所示。

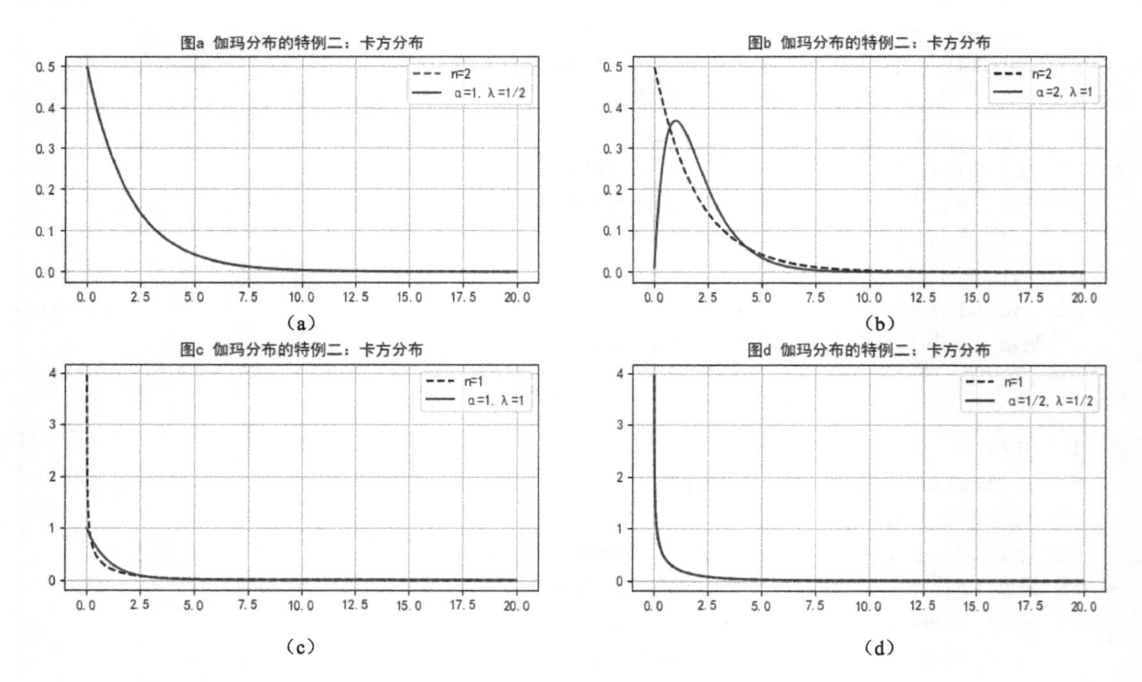

（a） （b） （c） （d）

图 12-9 卡方分布的密度函数和伽玛分布的密度函数的近似关系的静态图

结果分析：由图 12-9 可以看出，图 12-9（a）和图 12-9（d）满足 $\alpha=\frac{n}{2}$，$\lambda=\frac{1}{2}$ 伽玛分布

的密度函数图像和自由度为 n 的卡方分布的的密度函数图像重合。图 12-9（b）和图 12-9（c）不满足 $\alpha=\frac{n}{2}$，$\lambda=\frac{1}{2}$，故两个图像有所区别。

2）画动态图

输出的卡方分布的密度函数和伽玛分布的密度函数的近似关系的部分动态图如图 12-10 所示。

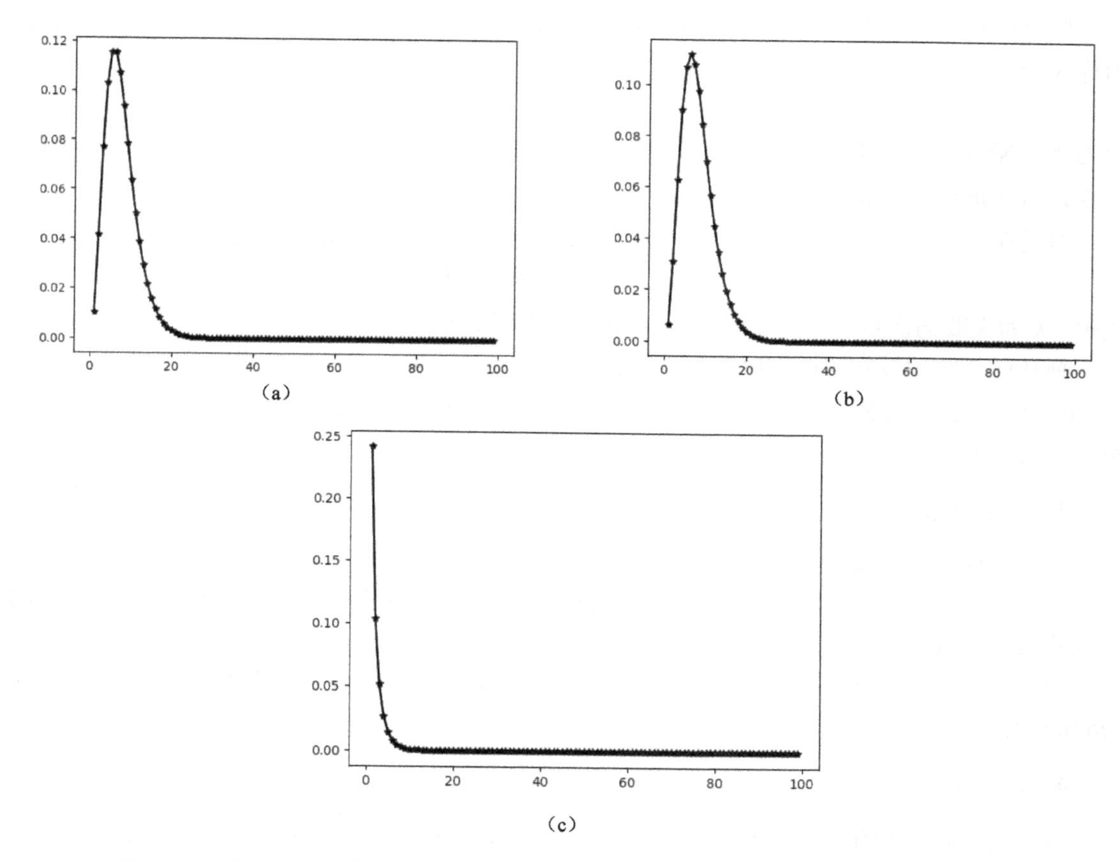

图 12-10　输出的卡方分布的密度函数和伽玛分布的密度函数的近似关系的部分动态图

由图 12-10 可以看出，满足 $\alpha=\frac{n}{2}$，$\lambda=\frac{1}{2}$ 伽玛分布的密度函数图像和自由度为 n 的卡方分布的密度函数图像重合。

五、练习

练习 12.1　验证几何分布是负二项分布的特例

1．实验目的

动态演示几何分布是负二项分布的特例。

2. 知识链接

1）几何分布

假设伯努利实验中事件 A 发生的概率为 $P(A)=p$，X 表示事件 A 首次出现时的实验次数，则称 X 服从几何分布，分布律为 $P(X=k)=p(1-p)^{k-1}$，$k=1,2,\cdots$，记为 $X\sim \text{Ge}(p)$。

2）负二项分布

假设伯努利实验中事件 A 发生的概率 $P(A)=p$，X 表示事件 A 第 r 次出现时的实验次数，则称 X 服从负二项分布，分布律为

$$P(X=k)=C_{k-1}^{r-1}p^r(1-p)^{k-r}\text{，}\quad k=r,r+1,\cdots$$

记为 $X\sim \text{Nb}(r,p)$。此时：①在 r=1 时负二项分布就是几何分布；②负二项随机变量可以看作独立几何随机变量之和。

但是在 Python 的统计包里，负二项分布 nbinom(x,r,p)使用的分布律为

$$P(X=k)=C_{k+r-1}^{r-1}p^r(1-p)^k\text{，}\quad k=0,1,\cdots$$

式中，k 为失败的次数，p 为成功的概率，r 为成功的次数。

画几何分布的分布律图像时，失败的次数从 0 开始计算，但是总的实验次数从 1 开始计算，因此几何分布的分布律的计算使用的是 geom.pmf(x1+1,p)，负二项分布的分布律的计算使用的是 nbinom.pmf(x,r,p)。

3. 实验步骤

（1）几何分布的实验次数 x 的范围为 1～50。

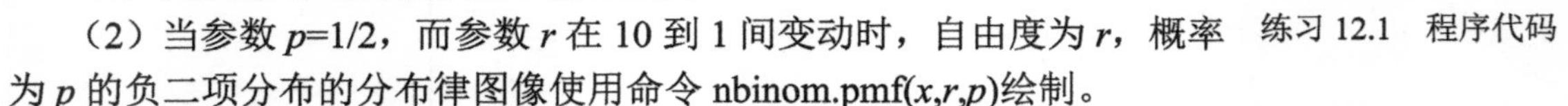

（2）当参数 p=1/2，而参数 r 在 10 到 1 间变动时，自由度为 r，概率为 p 的负二项分布的分布律图像使用命令 nbinom.pmf(x,r,p)绘制。

练习 12.1 程序代码

（3）在同一个坐标系下画参数为 p=1/2 的几何分布的分布律图像时，使用的命令是 geom.pmf(x1+1, p)。

4. 动态图

输出的几何分布的分布律和负二项分布的分布律的近似关系的部分动态图如图 12-11 所示。

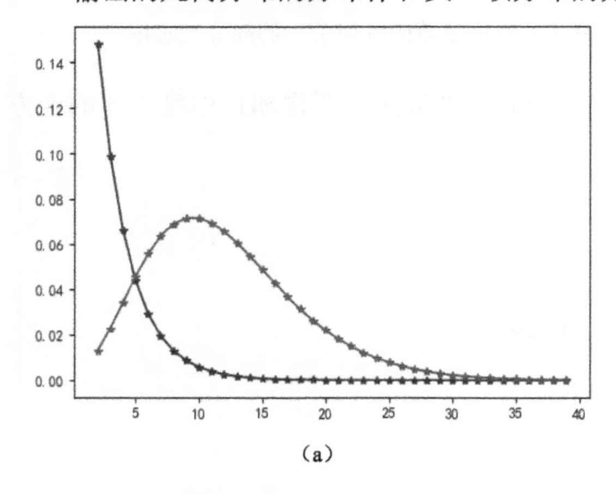

（a）

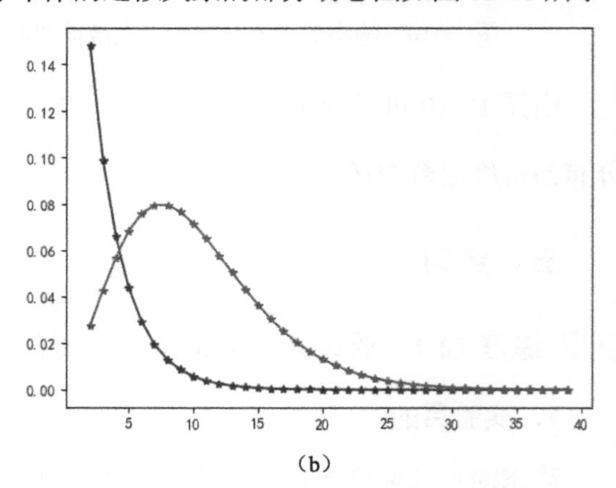

（b）

图 12-11 输出的几何分布的分布律和负二项分布的分布律的近似关系的部分动态图

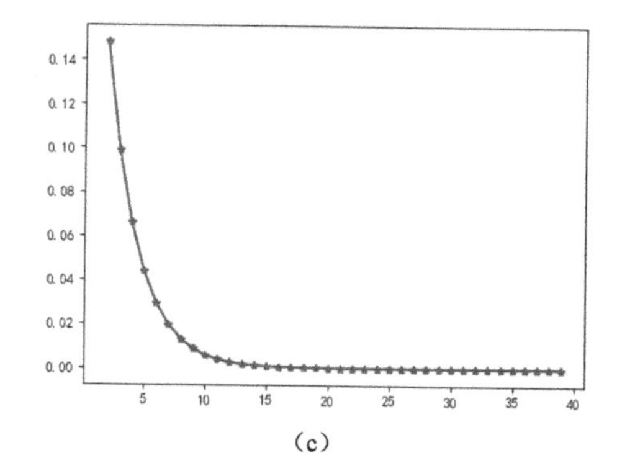

（c）

图 12-11　输出的几何分布的分布律和负二项分布的分布律的近似关系的部分动态图（续）

由图 12-11 可以看出，当 r=1 时，几何分布的分布律图像和负二项分布的分布律图像重合，即几何分布为负二项分布的特例。

练习 12.2　验证均匀分布 $U(0,1)$是贝塔分布 Be(1,1)的特例

1. 实验题目

动态演示均匀分布 $U(0,1)$是贝塔分布 Be(a,b)的特例（当贝塔分布的两个参数 a 和 b 均取 1 时）。

练习 12.2　程序代码

2. 实验步骤

（1）均匀分布的 x 的范围为 0.1～1，步长为 0.05。

（2）参数 a_1=1；b_1 从 10 取到 1，步长为 1；y_1 为贝塔分布的密度函数，即 $f(x)=\dfrac{1}{\mathrm{Be}(a_1,b_1)}x^{a_1-1}(1-x)^{b_1-1}$，$0<x<1$。使用的命令为 y1= st.beta.pdf(x1,a1,b1)。

（3）参数 a_2=0；b_2=1；y_2 为均匀分布的密度函数，即 $f(x)=1$，$0<x<1$，使用的命令为 y2=st.uniform.pdf(x1,a2,b2)。

（4）在同一个坐标系下画出 y_1 和 y_2 的图像。

3. 输出图像

输出的均匀分布 $U(0,1)$的密度函数和贝塔分布 Be(1,1)的密度函的关系的部分动态图如图 12-12 所示。

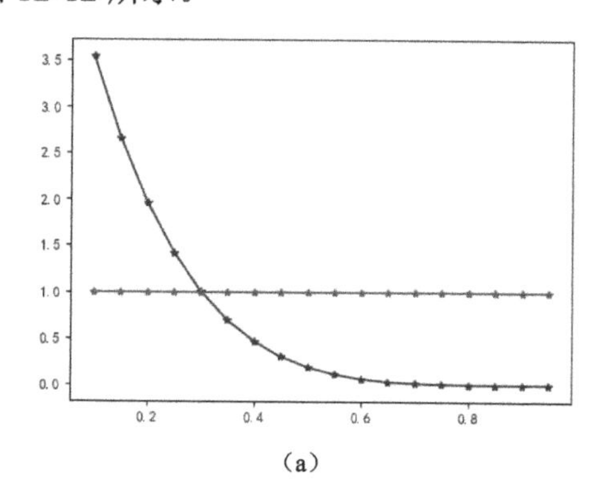

（a）

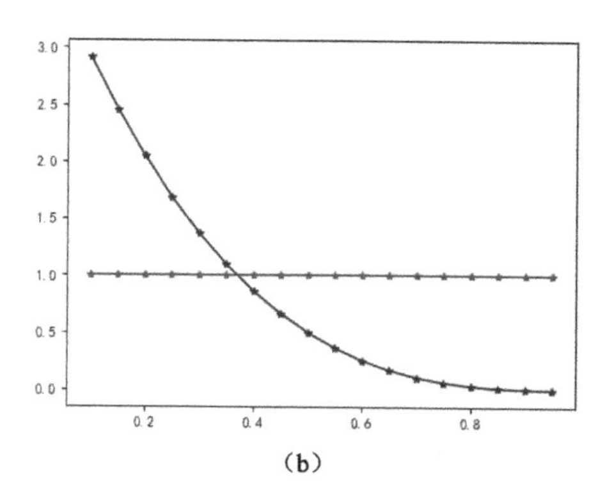

（b）

图 12-12　输出的均匀分布 $U(0,1)$的密度函数和贝塔分布 Be(1,1)的密度函的关系的部分动态图

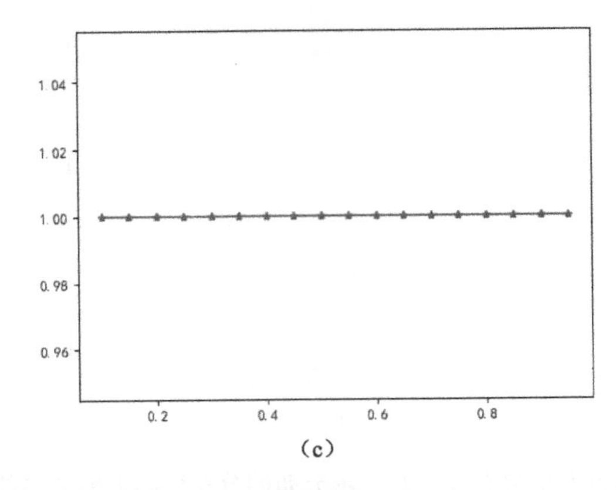

(c)

图 12-12 输出的均匀分布 $U(0,1)$的密度函数和贝塔分布 Be(1,1)的密度函的关系的部分动态图（续）

由图 12-12 可以看出，均匀分布 $U(0,1)$的密度函数和贝塔分布 Be(1,1)的密度函数重合，即均匀分布 $U(0,1)$是贝塔分布的特例。

六、拓展阅读

由本章内容可知，二项分布的极限分布既可以是泊松分布，也可以是正态分布；t 分布的极限分布是标准正态分布；卡方分布和指数分布均为伽玛分布的特例；0-1 分布是二项分布的特例；几何分布是负二项分布的特例。其实在[0,1]区间上的均匀分布是贝塔分布的特例。除此之外，t 分布的二次方为 F 分布，柯西分布为 t 分布的特例，类似的例子还有很多。事实上只要能生成服从[0,1]区间上的均匀分布随机数，就可以生成服从许多分布的随机数。各个概率分布间存在千丝万缕的联系，只要细心观察，用心思考，就有可能发现各个概率分布的奥秘，了解它们之间的关系，有利于理解概率分布。

实验 13

Tkinter 实战之密度函数和分布函数工具箱的制作

一、实验目的

完成各个常见分布的密度函数和分布函数的工具箱的制作。

二、实验要求

1. 复习 Python 中的统计包。
2. 自学 Python 中用于图形界面设计的 Tkinter 模块。

三、知识链接（图形化界面基础知识）

当前流行的计算机应用程序大多为图形化用户界面（Graphic User Interface，GUI），即通过鼠标点击菜单、按钮等图形化元素触发指令，并从标签、对画框等图形化显示中获取人机对话信息。

Tkinter 模块是 Python 自带的可编程的 GUI，是一个图像窗口，实质是一种流行的面向对象的 GUI 工具包的 Python 编程接口，提供了快速便捷地创建 GUI 应用程序的方法，不需要单独安装。

Tkinter 模块图像化编程的基本步骤包括：导入 Tkinter 模块、创建窗口、添加人机交互控件并编写相应的函数、在主事件循环中等待用户触发事件响应。

1．创建窗口

每一个 Tkinter 模块至少包含两个部分：主窗口 window 和启动窗口 window.mainloop()。

创建窗口案例程序为：

```
#导入 Tkinter 模块，并用 tk 表示 Tkinter 模块
import tkinter as tk
#创建窗口
tool = tk.Tk()
#为窗口命名
```

```
    tool.title('工具窗口')
    #设置窗口的尺寸
    tool.geometry('200x200')
    #把窗口显示出来
    tool.mainloop()
```

创建窗口案例程序运行结果如图 13-1 所示。

图 13-1　创建窗口案例程序运行结果

2. 控件

常见控件如表 13-1 所示。

表 13-1　常见控件

控件	名称	作用
Label	标签	显示单行文本
Button	按钮	点击触发事件
Entry	输入框	接受单行文本输入
Text	文本框	接受或输入显示多行文本

1）Label

在窗口上建立一个用于描述的标签 tk.Label（对象的首字母大写）。下面创建一个标签，用于显示文字：

```
    import tkinter as tk
    tool = tk.Tk()
    tool.title('工具窗口')
    tool.geometry('200x200')
    #创建标签
    label = tk.Label(tool, text='泊松分布', bg='blue',font=('Arial',12),width=15,
height=2)
    #把标签固定在窗口上
    label.pack()
    tool.mainloop()
```

其中，tk.Label()中的参数 text 表示标签控件上的文本信息，参数 bg 表示背景颜色，参数 font 中的两个参数分别表示字体和字号，参数 width 表示标签长度，参数 height 表示标签宽度。

创建标签案例程序运行结果如图 13-2 所示。

图 13-2　创建标签案例程序运行结果

还可以通过变量的形式控制标签控件的显示，此时，需要制作按钮，对应效果为每点击一次按钮标签就变换一次。

2）Button

Button 是在程序中显示的可以用鼠标点击的按钮，主要是为了响应点击事件触发运行程序，创建按钮，并对该按钮添加点击事件。

下面为一个按钮的实现过程：

```
import tkinter as tk
from scipy import stats
tool = tk.Tk()
tool.title('工具窗口')
tool.geometry('200x200')
#显示成明文形式
K1 = tk.Entry(tool, show=None)
K1.place(x=350, y=200)
t1 = tk.Text(tool, width=10, height=2)
#在鼠标焦点处插入待输入内容
def value():
    t1.delete('1.0', 'end')
    try:
        var = stats.poisson.pmf(int(K1.get()), K1.get())
    except ValueError:
        tk.messagebox.showerror("Warning","请输入正确的数字！")
        t1.insert('insert', "")
    else:
        t1.insert('insert', format(var, '0.2f'))
#制作宽为 10，高为 2 的按钮，点击按钮时执行的命令为 value
b1 = tk.Button(tool, text='函数值为：', width=10, height=2, command=value)
b1.pack()
tool.mainloop()
```

创建按钮案例程序运行结果如图 13-3 所示。

注意，属性 command 是最为重要的属性。通常将按钮要触发执行的程序以函数形式定义，直接调用函数。

图 13-3　创建按钮案例程序运行结果

3）Entry

如果需要在页面上输入信息，那么可以使用 Entry 控件。Entry 控件适合输入一行文字，如登录时的用户名和密码。Entry 控件中输入的文字是无法换行的。若输出的内容需要换行，则需要使用 Text 控件。想要获取 Entry 中的内容，可以使用 get()方法；想要清空 Entry，可以使用 delete()方法，即 delete(起始位置,终止位置)，如 t1.delete('1.0', 'end')。

下面看一个具体的输入框的实现：

```
import tkinter as tk
tool = tk.Tk()
tool.title('工具窗口')
tool.geometry('200x200')
L1 = tk.Label(tool, text='x 取值为')
L1.pack()
#显示输入的内容
K1 = tk.Entry(tool, show='None')
K1.pack()
tool.mainloop()
```

创建输入框案例程序运行结果如图 13-4 所示。

图 13-4　创建输入框案例程序运行结果

一般情况下，输入的密码不希望明文显示，因此可以在创建密码输入框时，将 show 参数设置为*，相应效果为在输入密码时显示*。将上述程序中的“K1 = tk.Entry(tool, show='None')”更换为“K1 = tk.Entry(tool, show='*')”即可：

```
L1 = tk.Label(tool, text='x 取值为')
L1.pack()
#不显示输入的内容
K1 = tk.Entry(tool, show='*')
```

```
K1.pack()
```

4）Text

如果想要输入多行文字，那么可以使用 Text 控件。下面的例子是制作查看按钮，将文本框中输入的信息以弹窗形式显示：

```
import tkinter as tk
import tkinter.messagebox
#创建 tool 窗口
tool = tk.Tk()
#为窗口命名
tool.title('工具窗口')
#给出 tool 窗口的尺寸
tool.geometry('200x200')
t = tk.Text(tool, height=3)
t.pack()
#按钮被点击时执行该函数
def click_button():
    #获取全部输入内容
    text = t.get("0.0", "end")
    #输入的消息
    msg = "{text}".format(text=text)
    tk.messagebox.showinfo(title='头条', message=msg)
#制作“查看”按钮
b1= tk.Button(tool,text='查看', width=15, height=2,command=click_button)
b1.pack()
#把 tool 窗口显示出来
tool.mainloop()
```

上述程序运行结果如图 13-5 所示。

把文本信息“百度李士岩：两年内每个人有望实现“数字人自由”” 输入 Entry 控件，点击“查看”按钮后的界面如图 13-6 所示。

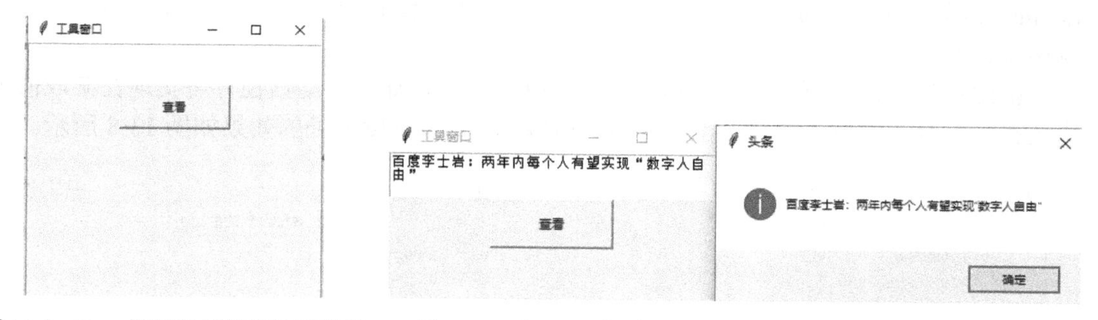

图 13-5　Text 控制案例程序运行结果　　图 13-6　在 Entry 控件输入信息，点击“查看”按钮后的界面

文本的输入与输出控件通常包括 Label、Message、Entry、Text。Label 和 Message 除单行显示输出信息与多行显示输出信息的不同外，属性和用法基本一致，都是用于显示文本信息。控件的 text 属性通常用于固定文本，如果希望程序执行后文本发生变化，则可以使用如下两种方法中的一种来实现：①用控件实例的 configure()方法改变 text 属性的值，以使显示的文本发生变化；②定义一个 Tkinter 模块的内部类型变量 var=StringVar()的值，以使显示的文本

发生变化。

5）控件布局

控件布局有 pack()、place()、grid() 三种方法。

pack()是一种简单的控件布局方法，如果不加参数，那么将按布局语句的先后以最小占用空间的方式自上而下地排列控件实例，并且保持控件本身的最小尺寸。

place()是把控件放在窗口的绝对或相对位置的控件布局方法。

grid() 是基于网格的控件布局方法，先虚拟一个二维表格，再在该表格中布局控件实例。由于在虚拟表格的单元中所布局的控件大小不一，且单元格没有固定的大小，因此 grid()仅用于布局的定位。

6）scale

为了提供友好的交互方式，可以使用范围控件 scale。在用户需要选择参数的范围时，scale 可以提供一个参数值范围以供选择。

```
import tkinter as tk
import tkinter.messagebox
tool = tk.Tk()
tool.title('工具窗口')
tool.geometry('500x300')
#此时 Label 的输入为空，之后会随着程序的运行不断修改
label = tk.Label(tool, text='', bg='white',font=('Arial',12),width=20, height=2)
label.pack()
def select(value):
    #修改 Label 显示的信息
    label.config(text='你选择的参数是 ' + value)
scale = tk.Scale(tool, label='选择参数的范围', from_=50,to=200, orient=
tk.HORIZONTAL,length=400, tickinterval=20, resolution=0.1,command=select)
scale.pack()
tool.mainloop()
```

其中，tk.Scale()中的 tool 表示窗口的名字，from_=50 表示参数的最小值为 50，to=200 表示参数的最大值为 200，orient=tk.HORIZONTAL 表示横向显示，length=400 表示长度为 400，tickinterval=20 表示刻度间隔为 20，resolution=0.1 表示精确程度为 0.1，command=select 表示调用 select 函数。

范围控件 scale 案例程序运行结果如图 13-7 所示。通过拖动该控件可实现在某取值范围内选择一个合适的值，如将范围控件 scale 拖动到 76.1 刻度值处的效果如图 13-8 所示。

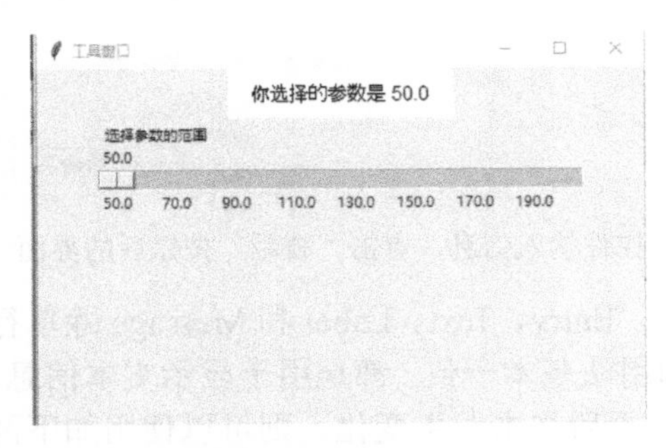

图 13-7 范围控件 scale 案例程序运行结果

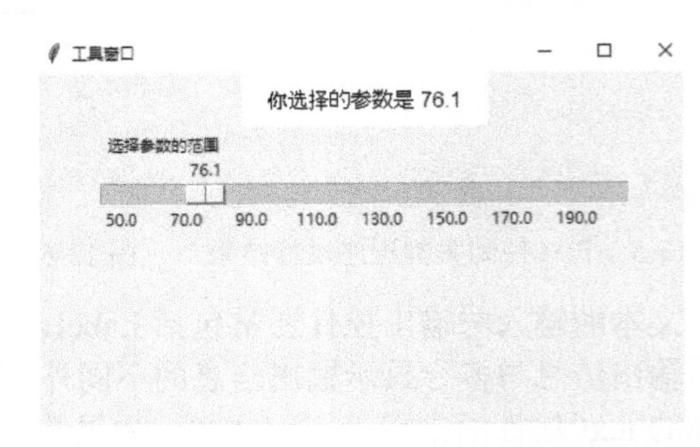

图 13-8 将范围控件 scale 拖动到 76.1 刻度值处的效果

7）RadioButton

RadioButton 是单选按钮控件，用法如下：

```
    tk.Radiobutton(tool,  text=' 泊 松 分 布 ',variable=var,  value=' 泊 松 分 布 ',
command=select)
```

其中，text 为选择的按钮文本信息；variable 为前面定义的 var，var = tk.StringVar()；value 为按钮的值。在创建单选按钮前要先将触发命令函数定义为 select。

下面制作单选按钮控件，运行结果如图 13-9 所示。

```
    import tkinter as tk
    tool = tk.Tk()
    tool.title('工具窗口')
    tool.geometry('500x300')
    label  =  tk.Label(tool,  text='',  bg='white',font=('Arial',12),width=20,
height=2)
    label.pack()
    var = tk.StringVar()
    def select():
        label.config(text='你选择了' + var.get())
    r1 = tk.Radiobutton(tool, text='泊松分布',
                        variable=var, value='泊松分布',
                        command=select)
    r1.pack()
    r2 = tk.Radiobutton(tool, text='二项分布',
                        variable=var, value='二项分布',
                        command=select)
    r2.pack()
    r3 = tk.Radiobutton(tool, text='几何分布',
                        variable=var, value='几何分布',
                        command=select)
    r3.pack()
    tool.mainloop()
```

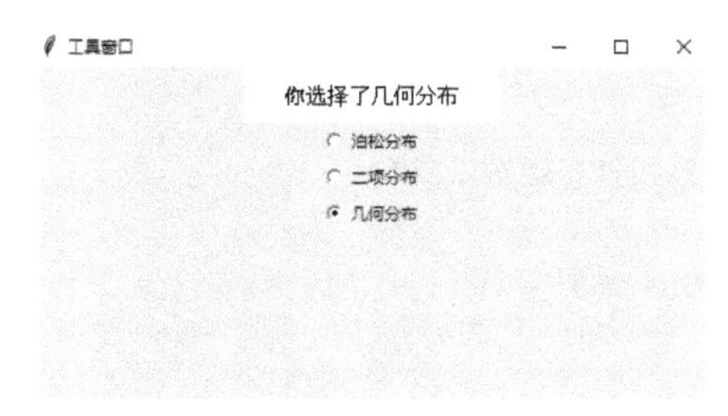

图 13-9 制作单选按钮控件程序运行结果

四、实验内容

1. 实验步骤

（1）导入 Tkinter 模块，导入 tkinter.messagebox，定义一个名为 toolbox 的函数。在该函

数下，使用 tk.Tk()初始化一个窗口；用 title()方法为窗口命名；用 geometry()方法设置窗口的大小（单位为像素）。

（2）定义函数 selection，用于实现函数及类型选择。定义一个 Label，为触发执行的程序，用于显示单选框的所有的按钮。定义单选按钮中的 command 参数，为触发执行的程序，用来显示单选框内的所有的单选按钮。

（3）在函数 selection 中，若选择了泊松分布和分布函数，则定义 Label，设置参数 λ 的范围选择控件；若选择了其他分布和分布函数/密度函数，则设置相应参数的范围选择控件。

（4）定义泊松函数。使用 scipy 包中的 poisson.pmf()计算泊松分布的分布律，绘制分布律图像。设置 Entry 控件，将其 text 属性设置为“x 的取值”，输入显示为明文形式。设计按钮，将其命名为“函数的值”。此时，定义函数 value()，在鼠标焦点处插入待输入内容，value 用于定义按钮中的 command 参数。

（5）其他分布类似。最后设计 8 个单选按钮，分别是泊松分布、二项分布、几何分布、指数分布、正态分布、均匀分布、分布函数、概率密度函数。

（6）使用 tool.mainloop()显示窗口。

2．程序代码

```
import tkinter as tk
import tkinter.messagebox
import numpy as np
import matplotlib.pyplot as plt
from scipy import stats
import time
#导入 FontProperties
from matplotlib.font_manager import FontProperties
plt.rcParams['font.sans-serif']=['SimHei']
plt.rcParams['axes.unicode_minus'] = False

def toolbox():
    #定义一个 Tkinter 模块
    tool = tk.Tk()
    #定义窗口名称
    tool.title('密度函数和分布函数工具')
    #定义窗口的大小
    tool.geometry('1000x550')
    #ss 为字符型变量
    ss = tk.StringVar()
    #ss1 为字符型变量
    ss1 = tk.StringVar()
    #显示所选概率分布的名称
    l = tk.Label(tool, bg='white', width=20, text='')
    #定义标签放置的位置
    l.place(x=400, y=10)
    def selection():
```

```
global s1,s2_1,s2_2,s3,s4,s5_1,s5_2,s6_1,s6_2
global LL2_2,LL5_2,LL6_2
#如果 ss 输入为泊松分布的分布律
if ss.get()=='Poisson' and ss1.get()=='PDF':
    #整型变量
    k1 = tk.IntVar()
    l.config(text=ss.get())
    #标签上显示的文字为“λ”
    LL1=tk.Label(tool, text='λ',width=5)
    LL1.place(x=270, y=70)
    #泊松分布的分布律
    def poisson(k1):
        rate = int(k1)
        #参数 λ 的值
        m = np.arange(0, 41)
        plt.cla()
        #泊松分布的分布律的计算
        y = stats.poisson.pmf(m, rate)
        plt.plot(m, y)
        #设置字体
        font = FontProperties(fname="song.ttf", size=14)
        plt.title('泊松分布: λ=%i' % (rate), fontsize=15)
        plt.xlabel('事件发生的次数', fontsize=15)
        plt.ylabel('分布律的值', fontsize=15)
        plt.draw()
        time.sleep(0.1)
    #制作可以拖动的挂件
    s1 = tk.Scale(tool,
                 from_=0,
                 to=40,
                 orient=tk.HORIZONTAL,
                 length=400,
                 #是否直接显示值
                 showvalue=1,
                 #设置变量
                 variable=k1,
                 #标签的单位长度
                 tickinterval=5,
                 #保留精度
                 resolution=1,
                 command=poisson)
    s1.place(x=320, y=50)
    #设置 text 属性为“x 的取值”
    L1=tk.Label(tool, text='x 的取值',width=5)
```

```
    L1.place(x=300, y=200)
    #显示成明文形式
    K1 = tk.Entry(tool, show=None)
    K1.place(x=350, y=200)
    #在鼠标焦点处插入待输入内容
    def value():
        t1.delete('1.0', 'end')
        try:
            var = stats.poisson.pmf(int(K1.get()), k1.get())
        except ValueError:
            tk.messagebox.showerror("Warning","请输入正确的数字！")
            t1.insert('insert', "")
        else:
            t1.insert('insert', format(var, '0.2f'))
    b1 = tk.Button(tool, text='函数值为', width=10,
                height=2, command=value)
    b1.place(x=300, y=240)
    t1 = tk.Text(tool, width=10, height=2)
    t1.place(x=420, y=250)
    try:
        s2_2.destroy()
    except NameError:
        pass
    try:
        s5_2.destroy()
    except NameError:
        pass
    try:
        s6_2.destroy()
    except NameError:
        pass
    try:
        LL2_2.destroy()
    except NameError:
        pass
    try:
        LL5_2.destroy()
    except NameError:
        pass
    try:
        LL6_2.destroy()
    except NameError:
        pass
#如果 ss 输入为泊松分布的分布函数
```

```
    elif ss.get()=='Poisson' and ss1.get()=='CDF':
        k1 = tk.IntVar()
        l.config(text=ss.get())
        LL1 = tk.Label(tool, text='λ',width=5)
        LL1.place(x=270, y=70)
        #泊松分布的分布函数
        def poisson(k1):
            rate = int(k1)
            m = np.arange(0, 41)
            plt.cla()
            y = stats.poisson.cdf(m, rate)
            plt.plot(m, y)
            plt.title('泊松分布 $\lambda$ =%i' % (rate), fontsize=15)
            plt.xlabel('事件发生的次数',fontsize=15)
            plt.ylabel('分布函数值', fontsize=15)

            plt.draw()
            time.sleep(0.1)
        s1 = tk.Scale(tool,
                      from_=0,
                      to=40,
                      orient=tk.HORIZONTAL,
                      length=400,
                      showvalue=1,
                      variable=k1,
                      tickinterval=5,
                      resolution=1,
                      command=poisson)
        s1.place(x=320, y=50)
        L1 = tk.Label(tool, text='x 的取值',width=5)
        L1.place(x=300, y=200)
        #显示成明文形式
        K1 = tk.Entry(tool, show=None)
        K1.place(x=350, y=200)
        #在鼠标焦点处插入待输入内容
        def value():
            t1.delete('1.0', 'end')
            try:
                var = stats.poisson.cdf(int(K1.get()), k1.get())
            except ValueError:
                tk.messagebox.showerror("Warning", "请输入正确的数字！")
                t1.insert('insert', "")
            else:
                t1.insert('insert', format(var, '0.2f'))
```

```
        b1 = tk.Button(tool, text='函数值为', width=10,
                    height=2, command=value)
        b1.place(x=300, y=240)
        t1 = tk.Text(tool, width=10, height=2)
        t1.place(x=420, y=250)
        try:
            s2_2.destroy()
        except NameError:
            pass
        try:
            s5_2.destroy()
        except NameError:
            pass
        try:
            s6_2.destroy()
        except NameError:
            pass
        try:
            LL2_2.destroy()
        except NameError:
            pass
        try:
            LL5_2.destroy()
        except NameError:
            pass
        try:
            LL6_2.destroy()
        except NameError:
            pass
    #如果ss输入为二项分布的分布律
    elif ss.get() == 'binomial' and ss1.get()=='PDF':
        k1 = tk.IntVar()
        k2 = tk.IntVar()
        l.config(text=ss.get())
        LL2_1=tk.Label(tool, text='n',width=8)
        LL2_1.place(x=270, y=70)
        LL2_2=tk.Label(tool, text='p',width=8)
        LL2_2.place(x=270, y=150)
        #二项分布的分布律
        def binomial(k1):
            n = int(k1)
            p = s2_2.get()
            k = np.arange(0, 41)
```

```
        #清除当前图形
        plt.cla()
        binomial = stats.binom.pmf(k, n, p)
        plt.plot(k, binomial)
        #设置每张图片的标题
        plt.title('二项分布的参数为:n=%i,p=%.2f' % (n, p), fontsize=15)
        #设置x轴名称
        plt.xlabel('成功的次数', fontsize=15)
        #设置y轴名称
        plt.ylabel('分布律的值', fontsize=15)
        #设置网格线
        plt.grid(True)
        plt.draw()
        time.sleep(0.1)
    s2_1 = tk.Scale(tool,
                    from_=0,
                    to=40,
                    orient=tk.HORIZONTAL,
                    length=400,
                    showvalue=1,
                    variable=k1,
                    tickinterval=5,
                    resolution=1,
                    command=binomial)
    s2_1.place(x=320, y=50)
    def binomial(k2):
        n = s2_1.get()
        p = float(k2)
        k = np.arange(0, 41)
        plt.cla()
        binomial = stats.binom.pmf(k, n, p)
        plt.plot(k, binomial)
        plt.title('二项分布的参数:n=%i,p=%.2f' % (n, p), fontsize=15)
        plt.xlabel('成功的次数', fontsize=15)
        plt.ylabel('分布律值', fontsize=15)
        #设置网格线
        plt.grid(True)
        plt.draw()
        time.sleep(0.1)
    s2_2 = tk.Scale(tool,
                    from_=0,
                    to=1,
                    orient=tk.HORIZONTAL,
                    length=400,
```

```
                    showvalue=1,
                    variable=k2,
                    tickinterval=0.1,
                    resolution=0.01,
                    command=binomial)
    s2_2.place(x=320, y=130)
    L2 = tk.Label(tool, text='x 的取值',width=5)
    L2.place(x=300, y=200)
    #显示成明文形式
    E2 = tk.Entry(tool, show=None)
    E2.place(x=350, y=200)
    #在鼠标焦点处插入待输入内容
    def value():
        t2.delete('1.0', 'end')
        try:
            var = stats.binom.pmf(int(E4.get()), s2_1.get(),s2_2.get())
        except ValueError:
            tk.messagebox.showerror("Warning", "请输入正确的数字！")
            t2.insert('insert', "")
            pass
        else:
            t2.insert('insert', format(var, '0.2f'))
    b2 = tk.Button(tool, text='函数值为', width=10,
                height=2, command=value)
    b2.place(x=300, y=240)
    t2 = tk.Text(tool, width=10, height=2)
    t2.place(x=420, y=250)
    try:
        s5_2.destroy()
    except NameError:
        pass
    try:
        s6_2.destroy()
    except NameError:
        pass
    try:
        LL5_2.destroy()
    except NameError:
        pass
    try:
        LL6_2.destroy()
    except NameError:
        pass
#如果 ss 输入为二项分布的分布函数
```

```
        elif ss.get() == 'binomial' and ss1.get()=='CDF':
            k1 = tk.IntVar()
            k2 = tk.IntVar()
            l.config(text=ss.get())
            LL4_1=tk.Label(tool, text='n',width=8)
            LL4_1.place(x=270, y=70)
            LL4_2=tk.Label(tool, text='p',width=8)
            LL4_2.place(x=270, y=150)
            #二项分布的分布函数
            def binomial(k1):
                n = int(k1)
                p = s2_2.get()
                k = np.arange(0, 41)
                plt.cla()
                binomial = stats.binom.cdf(k, n, p)
                plt.plot(k, binomial)
                plt.title('二项分布的参数为n=%i,p=%.2f' % (n, p), fontsize=15)
                plt.xlabel('成功的次数', fontsize=15)
                plt.ylabel('分布函数值', fontsize=15)
                plt.grid(True)
                plt.draw()
                time.sleep(0.1)
            s2_1 = tk.Scale(tool,
                         from_=0,
                         to=40,
                         orient=tk.HORIZONTAL,
                         length=400,
                         showvalue=1,
                         variable=k1,
                         tickinterval=5,
                         resolution=1,
                         command=binomial)
            s2_1.place(x=320, y=50)
            def binomial(k2):
                n = s2_1.get()
                p = float(k2)
                k = np.arange(0, 41)
                plt.cla()
                binomial = stats.binom.cdf(k, n, p)
                plt.plot(k, binomial)
                plt.title('二项分布的参数:n=%i,p=%.2f' % (n, p), fontsize=15)
                plt.xlabel('成功的次数')
                plt.ylabel('概率', fontsize=15)
                plt.grid(True)
```

```
    plt.draw()
    time.sleep(0.1)
s2_2 = tk.Scale(tool,
            from_=0,
            to=1,
            orient=tk.HORIZONTAL,
            length=400,
            showvalue=1,
            variable=k2,
            tickinterval=0.1,
            resolution=0.01,
            command=binomial)
s2_2.place(x=320, y=130)
L2 = tk.Label(tool, text='x 的取值',width=5)
L2.place(x=300, y=200)
E2 = tk.Entry(tool, show=None)
E2.place(x=350, y=200)
#在鼠标焦点处插入待输入内容
def value():
    t2.delete('1.0', 'end')
    try:
        var = stats.binom.cdf(int(E2.get()), s2_1.get(),s2_2.get())
    except ValueError:
        tk.messagebox.showerror("Warning", "请输入正确的数字！")
        t2.insert('insert', "")
        pass
    else:
        t2.insert('insert', format(var, '0.2f'))
b2 = tk.Button(tool, text='函数值为', width=10,
            height=2, command=value)
b2.place(x=300, y=240)
t2 = tk.Text(tool, width=10, height=2)
t2.place(x=420, y=250)
try:
    s5_2.destroy()
except NameError:
    pass
try:
    s6_2.destroy()
except NameError:
    pass
try:
    LL5_2.destroy()
except NameError:
```

```
            pass
        try:
            LL6_2.destroy()
        except NameError:
            pass
    #如果 ss 输入为几何分布的分布律
    elif ss.get()=='Geometry' and ss1.get()=='PDF':
        k1 = tk.IntVar()
        l.config(text=ss.get())
        LL3 = tk.Label(tool, text='p',width=8)
        LL3.place(x=270, y=70)
        #几何分布的分布律
        def geom(k1):
            p = float(k1)  #(0-1)
            n = np.arange(0, 40)
            y = stats.geom.pmf(n, p)
            plt.plot(n, y)
            plt.title('几何分布的参数为 p=%.2f' % (p), fontsize=15)
            plt.xlabel('总的实验次数', fontsize=15)
            plt.ylabel('分布律值', fontsize=15)
            plt.draw()
            time.sleep(0.1)
        s3 = tk.Scale(tool,
                      from_=0,
                      to=1,
                      orient=tk.HORIZONTAL,
                      length=400,
                      showvalue=1,
                      variable=k1,
                      tickinterval=0.1,
                      resolution=0.1,
                      command=geom)
        s3.place(x=320, y=50)
        L3=tk.Label(tool, text='x 的取值',width=5)
        L3.place(x=300, y=200)
        E3 = tk.Entry(tool, show=None)
        E3.place(x=350, y=200)
        def value():
            t3.delete('1.0', 'end')
            try:
                var = stats.geom.pmf(int(E3.get()), float(s3.get()))
            except ValueError:
                tk.messagebox.showerror("Warning", "请输入正确的数字！")
                t3.insert('insert', "")
```

```
            pass
        else:
            t3.insert('insert', format(var, '0.3f'))
    b3 = tk.Button(tool, text='函数值为', width=10,
                height=2, command=value)
    b3.place(x=300, y=240)
    t3 = tk.Text(tool, width=10, height=2)
    t3.place(x=420, y=250)
    try:
        s2_2.destroy()
    except NameError:
        pass
    try:
        s5_2.destroy()
    except NameError:
        pass
    try:
        s6_2.destroy()
    except NameError:
        pass
    try:
        LL2_2.destroy()
    except NameError:
        pass
    try:
        LL5_2.destroy()
    except NameError:
        pass
    try:
        LL6_2.destroy()
    except NameError:
        pass
#如果 ss 输入为几何分布的分布函数
elif ss.get()=='Geometry' and ss1.get()=='CDF':
    k1 = tk.IntVar()
    l.config(text=ss.get())
    LL3 = tk.Label(tool, text='p',width=8)
    LL3.place(x=270, y=70)
    #几何分布的分布函数
    def geom(k1):
        p = float(k1)  #(0-1)
        n = np.arange(0, 40)
        y = stats.geom.cdf(n, p)
        plt.plot(n, y)
```

```
        plt.title('几何分布的参数 p=%.2f' % (p), fontsize=15)
        plt.xlabel('总的实验次数', fontsize=15)
        plt.ylabel('分布律值', fontsize=15)
        plt.draw()
        time.sleep(0.1)
    s3 = tk.Scale(tool,
                  from_=0,
                  to=1,
                  orient=tk.HORIZONTAL,
                  length=400,
                  showvalue=1,
                  variable=k1,
                  tickinterval=0.1,
                  resolution=0.1,
                  command=geom)
    s3.place(x=320, y=50)
    L3=tk.Label(tool, text='x 的取值',width=5)
    L3.place(x=300, y=200)
    E3 = tk.Entry(tool, show=None)
    E3.place(x=350, y=200)
    #在鼠标焦点处插入待输入内容
    def value():
        t3.delete('1.0', 'end')
        try:
            var = stats.geom.cdf(int(E3.get()), float(s3.get()))
        except ValueError:
            tk.messagebox.showerror("Warning", "请输入正确的数字！")
            t3.insert('insert', "")
            pass
        else:
            t3.insert('insert', format(var, '0.3f'))
    b3 = tk.Button(tool, text='函数值为', width=10,
                   height=2, command=value)
    b3.place(x=300, y=240)
    t3 = tk.Text(tool, width=10, height=2)
    t3.place(x=420, y=250)
    try:
        s2_2.destroy()
    except NameError:
        pass
    try:
        s5_2.destroy()
    except NameError:
        pass
```

```
        try:
            s6_2.destroy()
        except NameError:
            pass
        try:
            LL2_2.destroy()
        except NameError:
            pass
        try:
            LL5_2.destroy()
        except NameError:
            pass
        try:
            LL6_2.destroy()
        except NameError:
            pass
    #如果 ss 输入为指数分布的密度函数
    elif ss.get()=='Exponential' and ss1.get()=='PDF':
        k1 = tk.IntVar()
        l.config(text=ss.get())
        LL4 = tk.Label(tool, text='λ',width=8)
        LL4.place(x=270, y=70)
        #指数分布的分布律
        def exp(k1):
            lambd = int(k1)
            plt.cla()
            x = np.arange(0, 10 / lambd, 0.05)
            y = stats.expon.pdf(x,scale=1/lambd)
            plt.plot(x, y)
            plt.title('指数分布,参数为: λ=%.2f' % (lambd))
            plt.xlabel('x', fontsize=15)
            plt.ylabel('密度函数', fontsize=15)
            plt.draw()
            time.sleep(0.1)
        s4 = tk.Scale(tool,
                      from_=0.001,
                      to=40,
                      orient=tk.HORIZONTAL,
                      length=400,
                      showvalue=1,
                      variable=k1,
                      tickinterval=5,
                      resolution=1,
                      command=exp)
```

```
s4.place(x=320, y=50)
L4=tk.Label(tool, text='x 的取值',width=5)
L4.place(x=300, y=200)
K2 = tk.Entry(tool, show=None)
K2.place(x=350, y=200)
#在鼠标焦点处插入待输入内容
def value():
    t2.delete('1.0', 'end')
    try:
        var = stats.expon.pdf(K2.get(),scale=1/s4.get())
    except ValueError:
        tk.messagebox.showerror("Warning", "请输入正确的数字！")
        t4.insert('insert', "")
        pass
    else:
        t4.insert('insert', format(var, '0.2f'))
b4 = tk.Button(tool, text='函数值为', width=10,
           height=2, command=value)
b4.place(x=300, y=240)
t4 = tk.Text(tool, width=10, height=2)
t4.place(x=420, y=250)
try:
    s2_2.destroy()
except NameError:
    pass
try:
    s5_2.destroy()
except NameError:
    pass
try:
    s6_2.destroy()
except NameError:
    pass
try:
    LL2_2.destroy()
except NameError:
    pass
try:
    LL5_2.destroy()
except NameError:
    pass
try:
    LL6_2.destroy()
except NameError:
```

```
            pass
    #如果 ss 输入为指数分布的分布函数
    elif ss.get()=='Exponential' and ss1.get()=='CDF':
        k2 = tk.IntVar()
        l.config(text=ss.get())
        LL4 = tk.Label(tool, text='λ',width=8)
        LL4.place(x=270, y=70)
        #指数分布的分布函数
        def exp(k2):
            lambd = int(k2)
            plt.cla()
            x = np.arange(0, 10 / lambd, 0.05)
            y = stats.expon.cdf(x,scale=1/lambd)
            plt.plot(x, y)
            plt.title('指数分布,参数为: λ=%.2f' % (lambd))
            plt.xlabel('x', fontsize=15)
            plt.ylabel('分布函数', fontsize=15)
            plt.draw()
            time.sleep(0.1)
        s4 = tk.Scale(tool,
                      from_=0.0001,
                      to=40,
                      orient=tk.HORIZONTAL,
                      length=400,
                      showvalue=1,
                      variable=k2,
                      tickinterval=5,
                      resolution=1,
                      command=exp)
        s4.place(x=320, y=50)
        L4=tk.Label(tool, text='x 的取值',width=5)
        L4.place(x=300, y=200)
        K2 = tk.Entry(tool, show=None)
        K2.place(x=350, y=200)
        #在鼠标焦点处插入待输入内容
        def value():
            t4.delete('1.0', 'end')
            try:
                var = stats.expon.cdf(K2.get(),scale=1/s4.get())
            except ValueError:
                tk.messagebox.showerror("Warning", "请输入正确的数字！")
                t4.insert('insert', "")
                pass
            else:
```

```
            t4.insert('insert', format(var, '0.2f'))
        b4 = tk.Button(tool, text='函数值为', width=10,
                       height=2, command=value)
        b4.place(x=300, y=240)
        t4 = tk.Text(tool, width=10, height=2)
        t4.place(x=420, y=250)
        try:
            s2_2.destroy()
        except NameError:
            pass
        try:
            s5_2.destroy()
        except NameError:
            pass
        try:
            s6_2.destroy()
        except NameError:
            pass
        try:
            LL2_2.destroy()
        except NameError:
            pass
        try:
            LL5_2.destroy()
        except NameError:
            pass
        try:
            LL6_2.destroy()
        except NameError:
            pass
    #如果 ss 输入为正态分布的密度函数
    elif ss.get() == 'Normal' and ss1.get()=='PDF':
        k1 = tk.IntVar()
        k2 = tk.IntVar()
        l.config(text=ss.get())
        #设置 y 轴名称
        LL5_1 = tk.Label(tool, text='μ' ,width=8)
        LL5_1.place(x=270, y=70)
        LL5_2 = tk.Label(tool, text='σ',width=8)
        LL5_2.place(x=270, y=150)
        #正态分布的密度函数
        def norm(k1):
            mu = float(k1)
            #第二参数
```

```
    sigma = s5_2.get()
    plt.cla()
    #x = np.arange(-4 * mu, 4 * mu, 0.1)
    x = np.arange(-4, 4, 0.1)
    y = stats.norm.pdf(x, mu, sigma)
    plt.plot(x, y)
    plt.title('正态分布的参数: μ=%.1f, σ=%.1f' % (mu, sigma))
    plt.xlabel('x', fontsize=15)
    plt.ylabel('密度函数', fontsize=15)
    plt.draw()
    time.sleep(0.1)
s5_1 = tk.Scale(tool,
         from_=-10,
         to=10,
         orient=tk.HORIZONTAL,
         length=400,
         showvalue=1,
         variable=k1,
         tickinterval=1,
         resolution=1,
         command=norm)
s5_1.place(x=320, y=50)
def norm(k2):
    mu = s5_1.get()
    sigma = float(k2)
    plt.cla()
    #x = np.arange(-4 * mu, 4 * mu, 0.1)
    x = np.arange(-4, 4, 0.1)
    y = stats.norm.pdf(x, mu, sigma)
    plt.plot(x, y)
    plt.title('正态分布的参数: $\mu$ =%.1f, $\sigma$ =%.1f' % (mu, sigma))
    plt.xlabel('x')
    plt.ylabel('密度函数', fontsize=15)
    plt.draw()
    time.sleep(0.1)
s5_2 = tk.Scale(tool,
         from_=1,
         to=10,
         orient=tk.HORIZONTAL,
         length=400,
         showvalue=1,
         variable=k2,
         tickinterval=1,
         resolution=1,
```

```
                    command=norm)
        s5_2.place(x=320, y=130)
        L5 = tk.Label(tool, text='x 的取值',width=5)
        L5.place(x=300, y=200)
        E5 = tk.Entry(tool, show=None)
        E5.place(x=350, y=200)
        #在鼠标焦点处插入待输入内容
        def value():
            t5.delete('1.0', 'end')
            try:
                var = stats.norm.pdf(float(E5.get()), float(s5_1.get()),
float(s5_2.get()))
            except ValueError:
                tk.messagebox.showerror("Warning", "请输入正确的数字！")
                t5.insert('insert', "")
                pass
            else:
                t5.insert('insert', format(var, '0.2f'))
        b5 = tk.Button(tool, text='函数值为', width=10,
                    height=2, command=value)
        b5.place(x=300, y=240)
        t5 = tk.Text(tool, width=10, height=2)
        t5.place(x=420, y=250)
        try:
            s2_2.destroy()
        except NameError:
            pass
        try:
            s6_2.destroy()
        except NameError:
            pass
        try:
            LL2_2.destroy()
        except NameError:
            pass
        try:
            LL6_2.destroy()
        except NameError:
            pass
    #如果 ss 输入为正态分布的分布函数
    elif ss.get() == 'Normal' and ss1.get()=='CDF':
        k1 = tk.IntVar()
        k2 = tk.IntVar()
        l.config(text=ss.get())
```

```
LL5_1 = tk.Label(tool, text='μ',width=8)
LL5_1.place(x=270, y=70)
LL5_2 = tk.Label(tool, text='σ',width=8)
LL5_2.place(x=270, y=150)
#正态分布的分布函数
def norm(k1):
    mu = float(k1)
    sigma = s5_2.get()
    plt.cla()
    x = np.arange(-4, 4, 0.1)
    y = stats.norm.cdf(x, mu, sigma)
    plt.plot(x, y)
    plt.title('正态分布的参数: μ=%.1f, σ=%.1f' % (mu, sigma))
    plt.xlabel('x', fontsize=15)
    plt.ylabel('分布函数', fontsize=15)
    plt.draw()
    time.sleep(0.1)
s5_1 = tk.Scale(tool,
            from_=-3,
            to=10,
            orient=tk.HORIZONTAL,
            length=400,
            showvalue=1,
            variable=k1,
            tickinterval=1,
            resolution=1,
            command=norm)
s5_1.place(x=320, y=50)
def norm(k2):
    mu = s5_1.get()
    sigma = float(k2)
    plt.cla()
    x = np.arange(-4, 4, 0.1)
    y = stats.norm.cdf(x, mu, sigma)
    plt.plot(x, y)
    plt.title('正态分布的参数: μ=%.1f, σ=%.1f' % (mu, sigma))
    plt.xlabel('x', fontsize=15)
    plt.ylabel('密度函数', fontsize=15)
    plt.draw()
    time.sleep(0.1)
s5_2 = tk.Scale(tool,
            from_=1,
            to=10,
            orient=tk.HORIZONTAL,
```

```
                    length=400,
                    showvalue=1,
                    variable=k2,
                    tickinterval=1,
                    resolution=1,
                    command=norm)
        s5_2.place(x=320, y=130)
        L5 = tk.Label(tool, text='x 的取值',width=5)
        L5.place(x=300, y=200)
        E5 = tk.Entry(tool, show=None)
        E5.place(x=350, y=200)
        #在鼠标焦点处插入待输入内容
        def value():
            t5.delete('1.0', 'end')
            try:
                var = stats.norm.cdf(float(E5.get()), float(s5_1.get()),
float(s5_2.get()))
            except ValueError:
                tk.messagebox.showerror("Warning", "请输入正确的数字！")
                t5.insert('insert', "")
                pass
            else:
                t5.insert('insert', format(var, '0.2f'))
        b5 = tk.Button(tool, text='函数值为', width=10,
                     height=2, command=value)
        b5.place(x=300, y=240)
        t5 = tk.Text(tool, width=10, height=2)
        t5.place(x=420, y=250)
        try:
            s2_2.destroy()
        except NameError:
            pass
        try:
            s6_2.destroy()
        except NameError:
            pass
        try:
            LL2_2.destroy()
        except NameError:
            pass
        try:
            LL6_2.destroy()
        except NameError:
            pass
    #如果 ss 输入为均匀分布的密度函数
    elif ss.get() == 'Uniform' and ss1.get()=='PDF':
```

```
k1 = tk.IntVar()
k2 = tk.IntVar()
l.config(text=ss.get())
LL6_1 = tk.Label(tool, text='a',width=8)
LL6_1.place(x=270, y=70)
LL6_2 = tk.Label(tool, text='b',width=8)
LL6_2.place(x=270, y=150)
#均匀分布的密度函数
def uniform(k1):
    #两个参数
    a = float(k1)
    b = s6_1.get()
    n = np.arange(a, b)
    y = stats.uniform.pdf(n, a, b)
    plt.plot(n, y)
    plt.title('均匀分布的参数: a=%.1f, b=%.1f' % (a, b), fontsize=15)
    plt.xlabel('x', fontsize=15)
    plt.ylabel('密度函数', fontsize=15)
    plt.draw()
    time.sleep(0.1)
s6_1 = tk.Scale(tool,
             from_=1,
             to=10,
             orient=tk.HORIZONTAL,
             length=400,
             showvalue=1,
             variable=k1,
             tickinterval=1,
             resolution=1,
             command=uniform)
s6_1.place(x=320, y=50)
def uniform(k2):
    a = s6_1.get()
    b = float(k2)
    n = np.arange(a, b)
    y = stats.uniform.pdf(n, a, b)
    plt.plot(n, y)
    plt.title('均匀分布的参数: a=%.1f, b=%.1f' % (a, b), fontsize=15)
    plt.xlabel('x', fontsize=15)
    plt.ylabel('密度函数', fontsize=15)
    plt.draw()
    time.sleep(0.1)
s6_2 = tk.Scale(tool,
             from_=1,
             to=10,
             orient=tk.HORIZONTAL,
```

```
                        length=400,
                        showvalue=1,
                        variable=k2,
                        tickinterval=1,
                        resolution=1,
                        command=uniform)
            s6_2.place(x=320, y=130)
            L6 = tk.Label(tool, text='x 的取值',width=5)
            L6.place(x=300, y=200)
            E6 = tk.Entry(tool, show=None)
            E6.place(x=350, y=200)
            #在鼠标焦点处插入待输入内容
            def value():
                t6.delete('1.0', 'end')
                try:
                    var = stats.uniform.pdf(float(E6.get()), float(s6_1.get()),
float(s6_2.get()))
                except ValueError:
                    tk.messagebox.showerror("Warning", "请输入正确的数字！")
                    t6.insert('insert', "")
                    pass
                else:
                    t6.insert('insert', format(var, '0.2f'))
            b6 = tk.Button(tool, text='函数值为', width=10,
                        height=2, command=value)
            b6.place(x=300, y=240)
            t6 = tk.Text(tool, width=10, height=2)
            t6.place(x=420, y=250)
            try:
                s2_2.destroy()
            except NameError:
                pass
            try:
                s5_2.destroy()
            except NameError:
                pass
            try:
                LL2_2.destroy()
            except NameError:
                pass
            try:
                LL5_2.destroy()
            except NameError:
                pass
        #如果 ss 输入为均匀分布的分布函数
        elif ss.get() == 'Uniform' and ss1.get()=='CDF':
```

```
k1 = tk.IntVar()
k2 = tk.IntVar()
l.config(text=ss.get())
LL6_1 = tk.Label(tool, text='a',width=8)
LL6_1.place(x=270, y=70)
LL6_2 = tk.Label(tool, text='b',width=8)
LL6_2.place(x=270, y=150)
#均匀分布的分布函数
def uniform(k1):
    a = float(k1)
    b = s6_1.get()
    n = np.arange(a, b)
    y = stats.uniform.cdf(n, a, b)
    plt.plot(n, y)
    plt.title('均匀分布的参数: a=%.1f, b=%.1f' % (a, b), fontsize=15)
    plt.xlabel('x', fontsize=15)
    plt.ylabel('分布函数', fontsize=15)
    plt.draw()
    time.sleep(0.1)
s6_1 = tk.Scale(tool,
             from_=1,
             to=10,
             orient=tk.HORIZONTAL,
             length=400,
             showvalue=1,
             variable=k1,
             tickinterval=1,
             resolution=1,
             command=uniform)
s6_1.place(x=320, y=50)
def uniform(k2):
    a = s6_1.get()
    b = float(k2)
    n = np.arange(a, b)
    y = stats.uniform.cdf(n, a, b)
    plt.plot(n, y)
    plt.title('均匀分布的参数 a=%.1f, b=%.1f' % (a, b), fontsize=15)
    plt.xlabel('x', fontsize=15)
    plt.ylabel('密度函数', fontsize=15)
    plt.draw()
    time.sleep(0.1)
s6_2 = tk.Scale(tool,
             from_=1,
             to=10,
             orient=tk.HORIZONTAL,
             length=400,
```

```
                        showvalue=1,
                        variable=k2,
                        tickinterval=1,
                        resolution=1,
                        command=uniform)
            s6_2.place(x=320, y=130)
            L6 = tk.Label(tool, text='x 的取值',width=5)
            L6.place(x=300, y=200)
            E6 = tk.Entry(tool, show=None)
            E6.place(x=350, y=200)
            #在鼠标焦点处插入待输入内容
            def value():
                t6.delete('1.0', 'end')
                try:
                    var = stats.uniform.cdf(float(E6.get()), float(s6_1.get()),
float(s6_2.get()))
                except ValueError:
                    tk.messagebox.showerror("Warning", "请输入正确的数字! ")
                    t6.insert('insert', "")
                    pass
                else:
                    t6.insert('insert', format(var, '0.2f'))
            b6 = tk.Button(tool, text='函数值为', width=10,
                          height=2, command=value)
            b6.place(x=300, y=240)
            t6 = tk.Text(tool, width=10, height=2)
            t6.place(x=420, y=250)
            try:
                s2_2.destroy()
            except NameError:
                pass
            try:
                s5_2.destroy()
            except NameError:
                pass
            try:
                LL2_2.destroy()
            except NameError:
                pass
            try:
                LL5_2.destroy()
            except NameError:
                pass
    r1 = tk.Radiobutton(tool, text='泊松分布', variable=ss, value='Poisson',
command=selection)
```

```
        r1.place(x=50, y=60)
        r2 = tk.Radiobutton(tool, text='二项分布', variable=ss, value='binomial',
command=selection)
        r2.place(x=50, y=110)
        r3 = tk.Radiobutton(tool, text='几何分布', variable=ss, value='Geometry',
command=selection)
        r3.place(x=50, y=160)
        r4 = tk.Radiobutton(tool, text='指数分布', variable=ss, value= 'Exponential',
command=selection)
        r4.place(x=50, y=210)
        r5 = tk.Radiobutton(tool, text='正态分布', variable=ss, value='Normal',
command=selection)
        r5.place(x=50, y=260)
        r6 = tk.Radiobutton(tool, text='均匀分布', variable=ss, value='Uniform',
command=selection)
        r6.place(x=50, y=310)
        rr1 = tk.Radiobutton(tool, text='分布函数', variable=ss1, value='CDF',
command=selection)
        rr1.place(x=50, y=360)
        rr2 = tk.Radiobutton(tool, text='概率密度函数', variable=ss1, value='PDF',
command=selection)
        rr2.place(x=50, y=380)
        tool.mainloop()
    toolbox()
```

3. 运行结果

（1）运行上述程序后弹出主界面窗口，如图 13-10 所示。

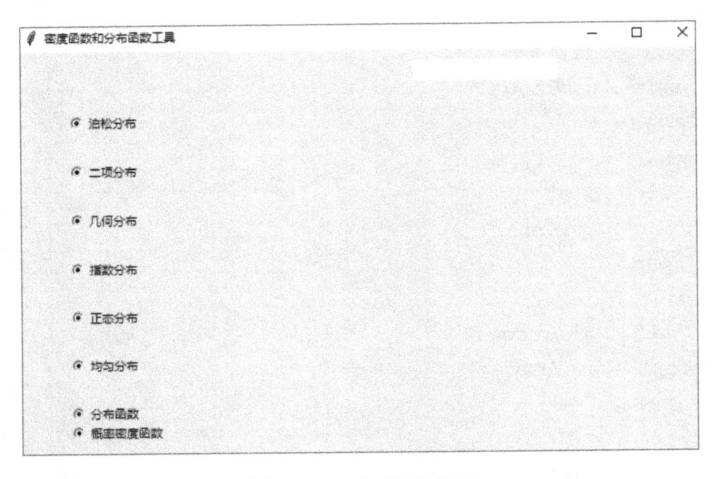

图 13-10　主界面窗口

（2）选择“泊松分布”单选按钮和“概率密度函数”单选按钮后，弹出泊松分布的分布律的图像，如图 13-11 所示。当拖动图 13-11 左图中的滑块时，图 13-11 右图中的图像随之发生变化，如图 13-12 所示。可以研究随着参数的变化，密度函数图像的变化情况。

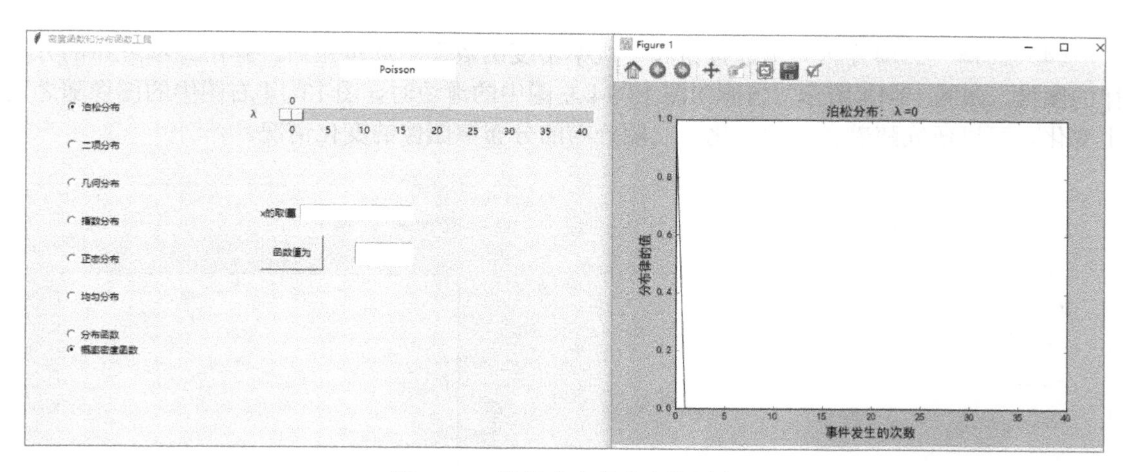

图 13-11　泊松分布的分布律图像

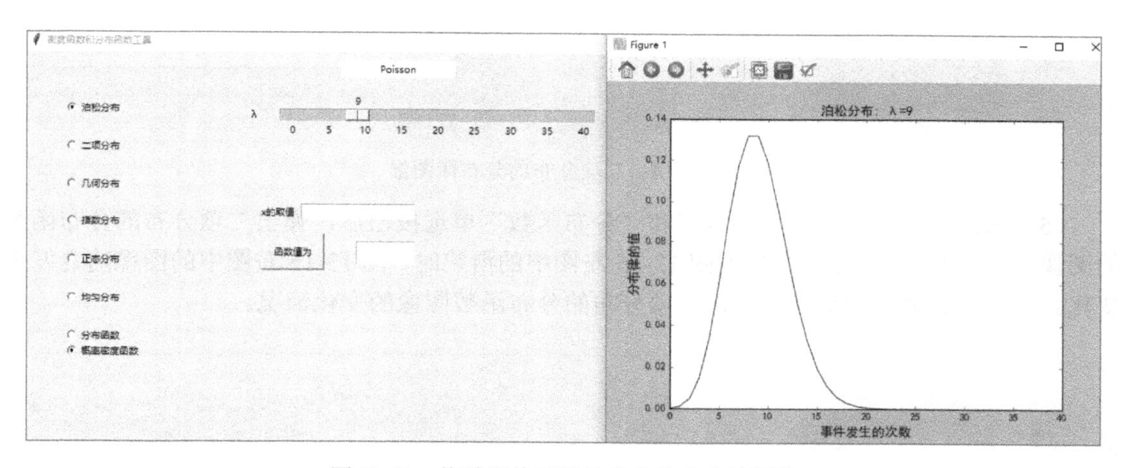

图 13-12　拖动滑块后泊松分布的分布律图像

（3）选择“泊松分布”单选按钮和“分布函数”单选按钮后，弹出泊松分布的分布函数的图像，如图 13-13 所示，当拖动图 13-13 左图中的滑块时，图 13-13 右图中的图像随之发生变化。可以研究随着参数的变化，泊松分布的分布函数图像的变化情况。

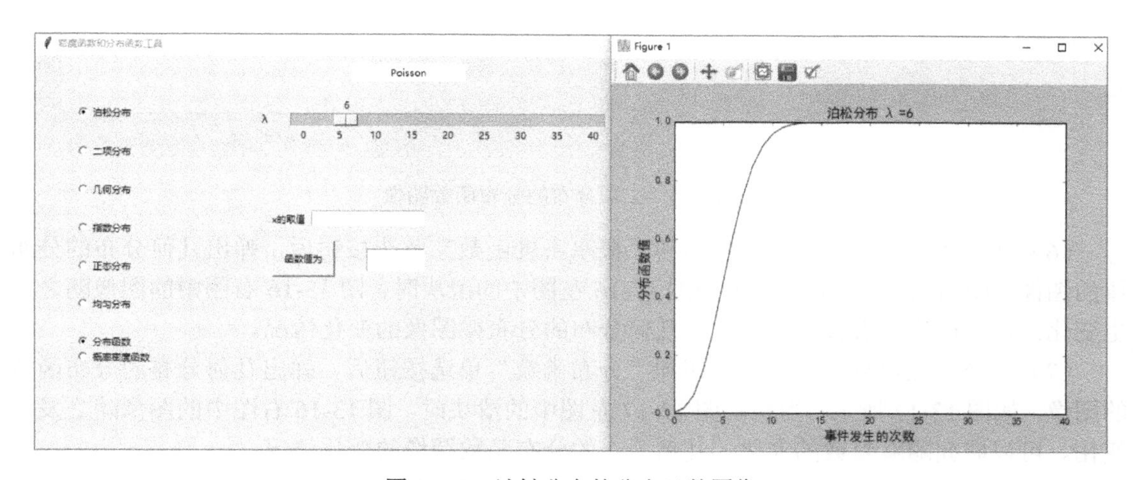

图 13-13　泊松分布的分布函数图像

（4）选择“二项分布”单选按钮和“概率密度函数”单选按钮后，弹出二项分布的分布律的图像，如图 13-14 所示，当拖动图 13-14 左图中的滑块时，图 13-14 右图中的图像随之发生变化。可以研究随着参数的变化，二项分布的分布律图像的变化情况。

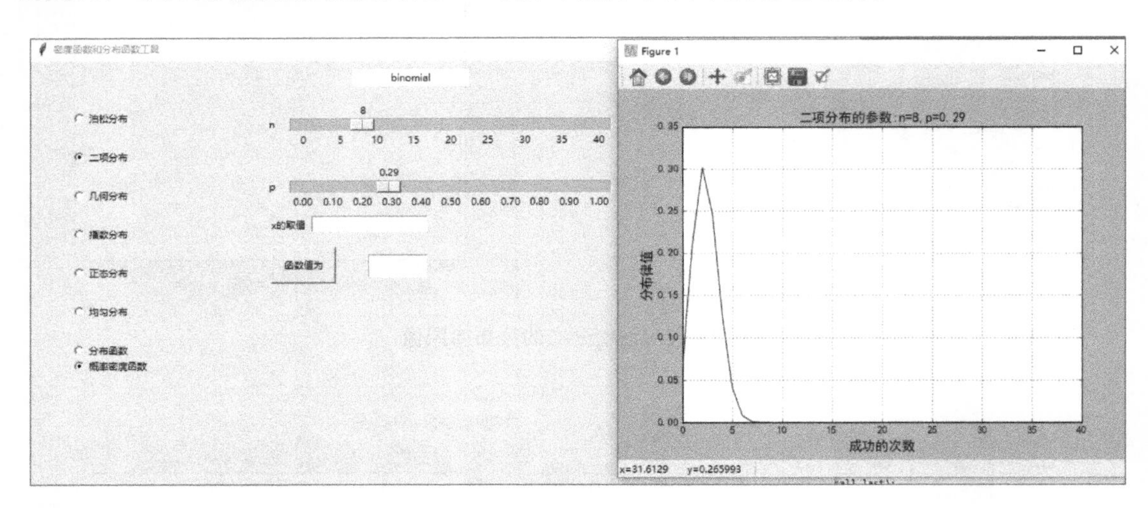

图 13-14　二项分布的分布律图像

（5）选择“二项分布”单选按钮和“分布函数”单选按钮后，弹出二项分布的分布函数的图像，如图 13-15 所示，当拖动图 13-15 左图中的滑块时，图 13-15 右图中的图像随之发生变化。可以研究随着参数的变化，二项分布的分布函数图像的变化情况。

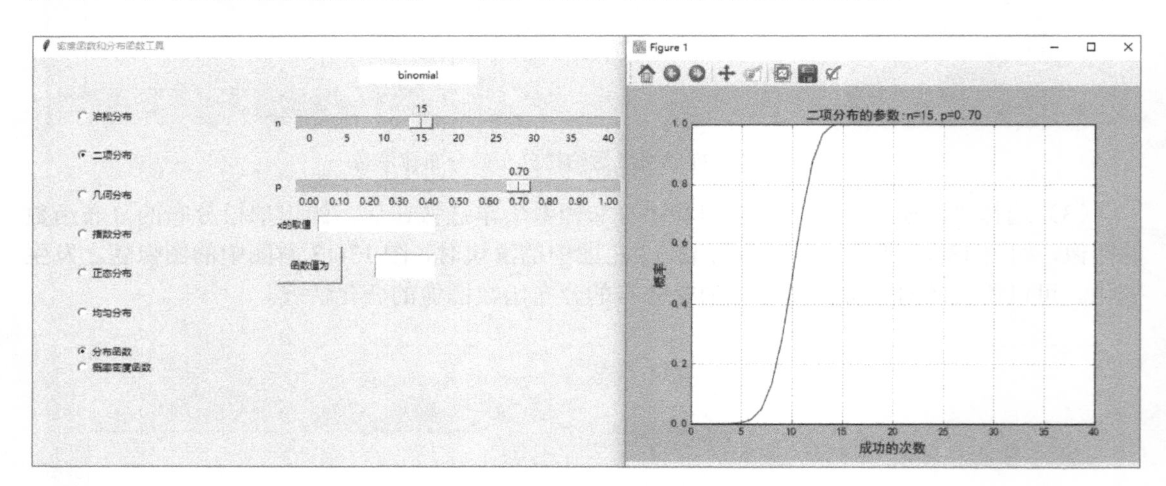

图 13-15　二项分布的分布函数图像

（6）选择“几何分布”单选按钮和“概率密度函数”单选按钮后，弹出几何分布的分布律的图像，如图 13-16 所示，当拖动图 13-16 左图中的滑块时，图 13-16 右图中的图像随之发生变化。可以研究随着参数的变化，几何分布的分布律图像的变化情况。

（7）选择“几何分布”单选按钮和“分布函数”单选按钮后，弹出几何分布的分布函数的图像，如图 13-17 所示，当拖动图 13-17 左图中的滑块时，图 13-16 右图中的图像随之发生变化。可以研究随着参数的变化，几何分布的分布函数图像的变化情况。

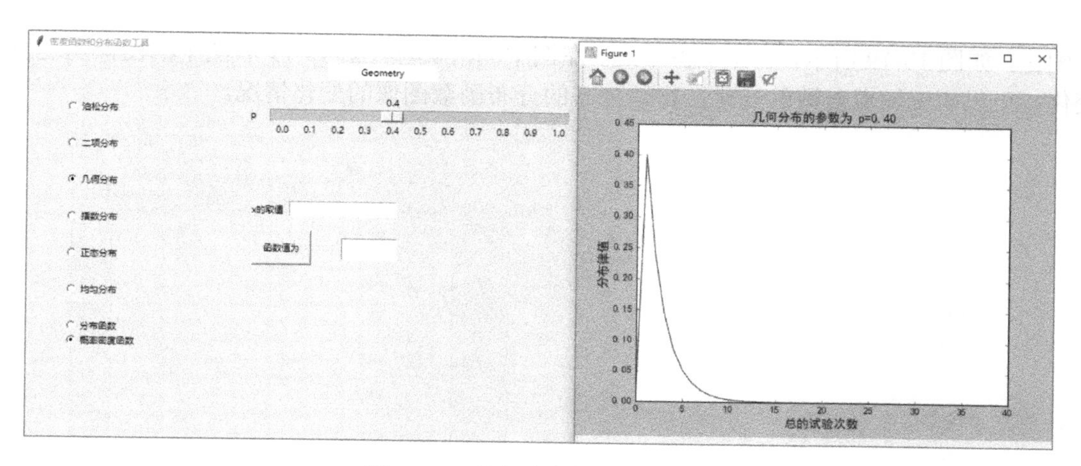

图 13-16　几何分布的分布律图像

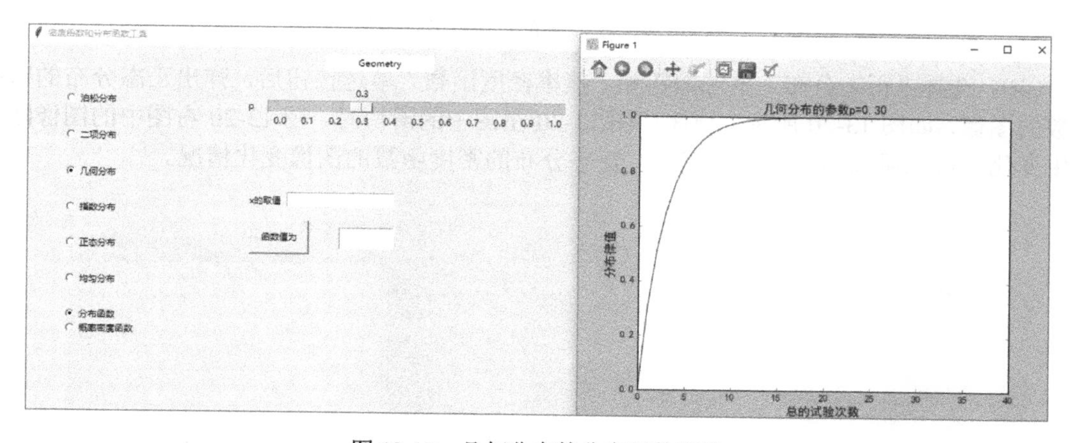

图 13-17　几何分布的分布函数图像

（8）选择“指数分布”单选按钮和“概率密度函数”单选按钮后，弹出指数分布的概率密度函数的图像，如图 13-18 所示，当拖动图 13-18 左图中的滑块时，图 13-18 右图中的图像随之发生变化。可以研究随着参数的变化，指数分布的密度函数图像的变化情况。

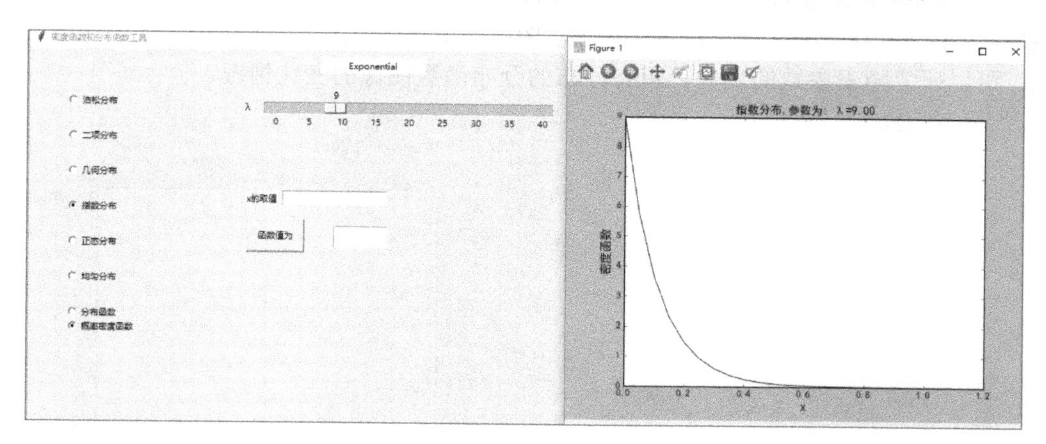

图 13-18　指数分布的密度函数图像

（9）选择“指数分布”单选按钮和“分布函数”单选按钮后，弹出指数分布的分布函数的图像，如图 13-19 所示，当拖动图 13-19 左图中的滑块时，图 13-19 右图中的图像随之发生变化。可以研究随着参数的变化，指数分布的分布函数图像的变化情况。

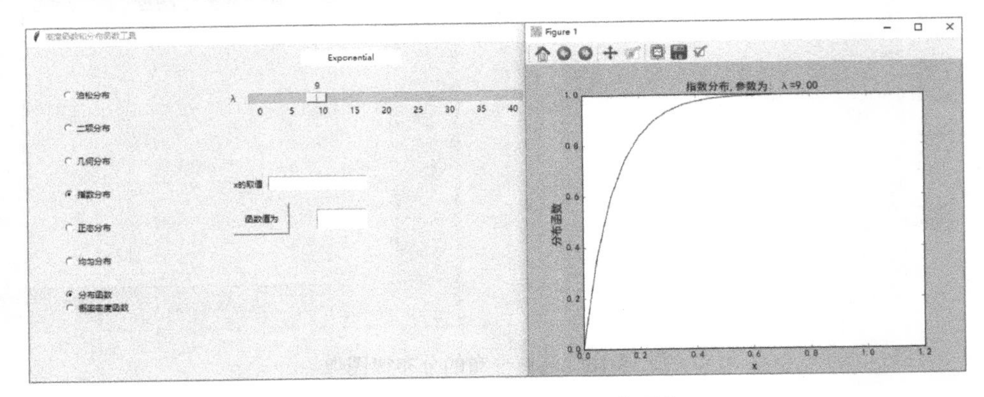

图 13-19　指数分布的分布函数图像

（10）选择“正态分布”单选按钮和“概率密度函数”单选按钮后，弹出正态分布的密度函数的图像，如图 13-20 所示，当拖动图 13-20 左图中的滑块时，图 13-20 右图中的图像随之发生变化。可以研究随着参数的变化，正态分布的密度函数的图像变化情况。

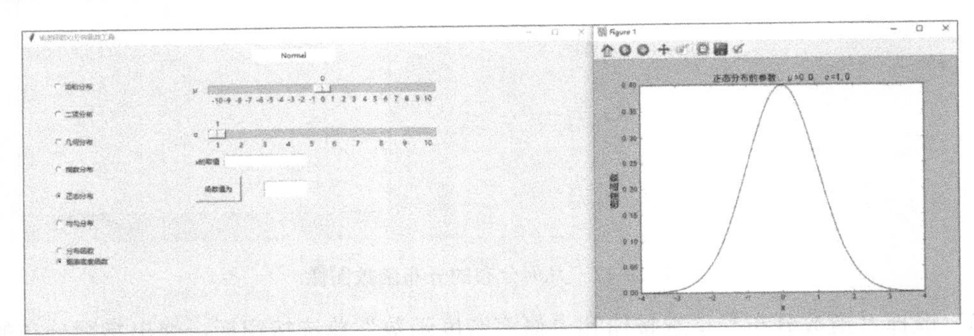

图 13-20　正态分布的密度函数图像

（11）选择“正态分布”单选按钮和“分布函数”单选按钮后，弹出正态分布的分布函数的图像，如图 13-21 所示，当拖动图 13-21 左图中的滑块时，图 13-21 右图中的图像随之发生变化。可以研究随着参数的变化，正态分布的分布函数图像的变化情况。

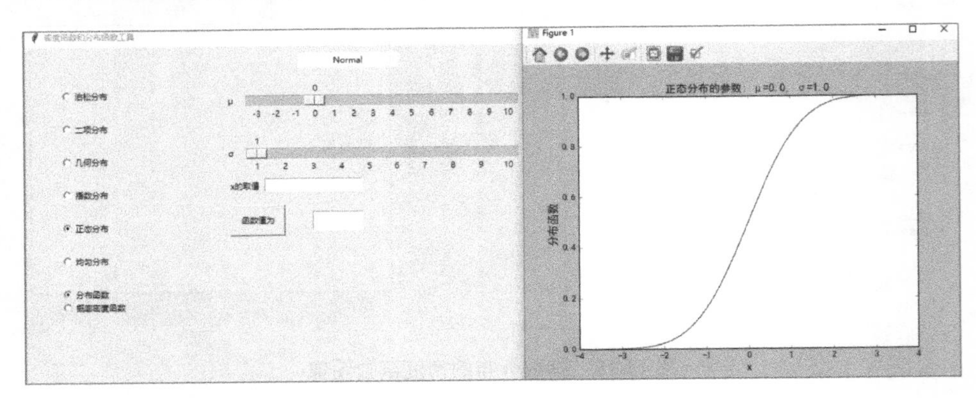

图 13-21　正态分布的分布函数图像

（12）选择“均匀分布”单选按钮和“概率密度函数”单选按钮后，弹出均匀分布的概率密度函数的图像，如图 13-22 所示，当拖动图 13-22 左图中的滑块时，图 13-22 右图中的图像随之发生变化。可以研究随着参数的变化，均匀分布的密度函数图像的变化情况。

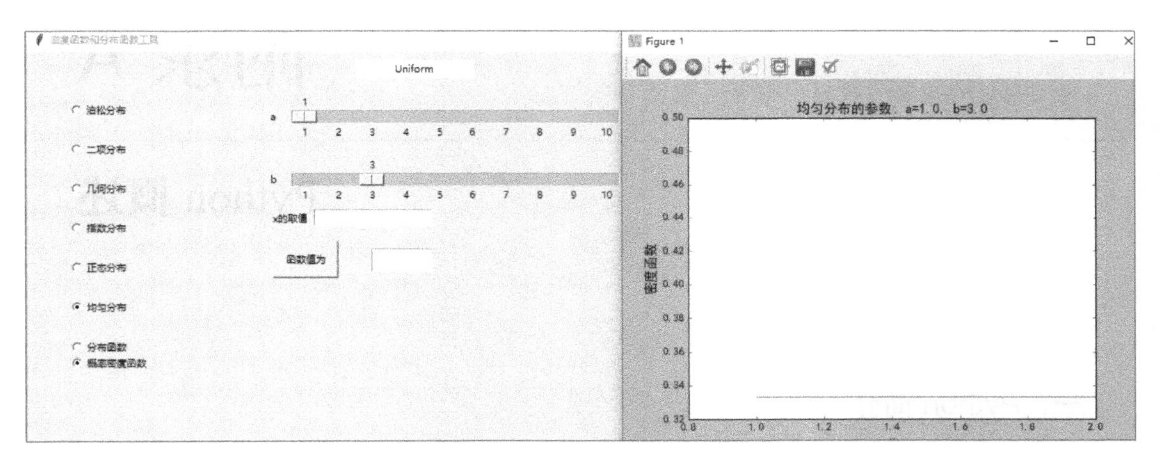

图 13-22　均匀分布的密度函数图像

（13）选择“均匀分布”单选按钮和“分布函数”单选按钮后，弹出均匀分布的分布函数的图像，如图 13-23 所示，当拖动图 13-23 左图中的滑块时，图 13-23 右图中的图像随之发生变化。可以研究随着参数的变化，均匀分布的分布函数图像的变化情况。

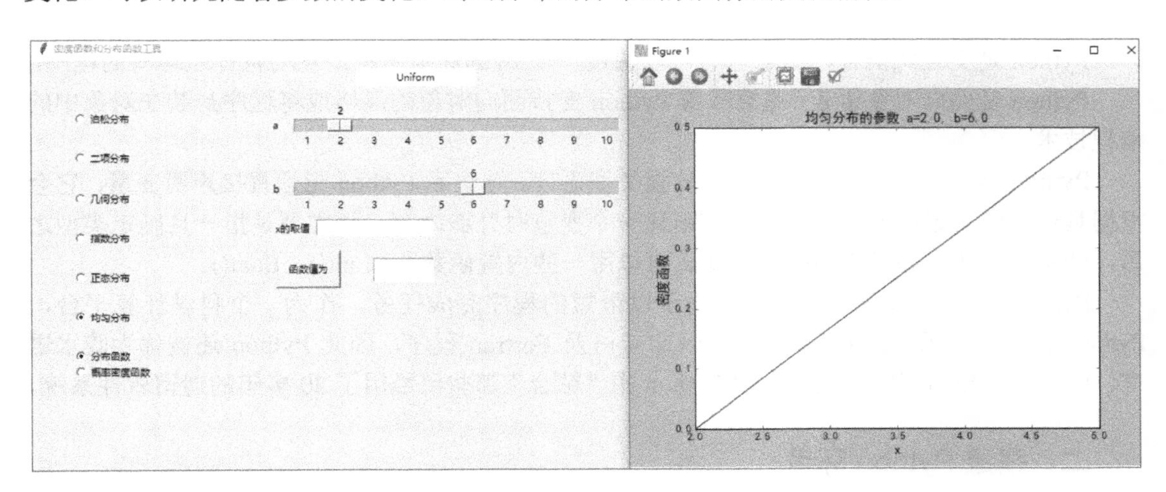

图 13-23　均匀分布的分布函数图像

附录 A

Python 概述

一、Python 简介

Python 是一门简单易学且功能强大的编程语言，它拥有高效的数据结构，能够用简单的方式进行面向对象编程。优雅的语法和动态类型及解释性使得 Python 成为许多领域编写脚本或开发应用程序的理想语言。

Python 是一种解释型语言，这意味着开发过程中没有了编译环节，类似于 PHP 和 Perl 语言。

Python 是交互式语言，这意味着可以通过一个 Python 提示符，互动执行所编写的程序。

Python 是面向对象语言，这意味着 Python 支持面向对象的风格或将程序封装在对象中的编程技术。

Python 是一门动态语言，也是一种强类型语言。这表示 Python 无须直接声明变量，它会根据具体赋值决定类型，因此它会在新建一个变量时开辟内存。强类型是指一旦确定类型之后，就不能改变。如果必须改变，那么可以用一些内置函数，如 int()、float()。

Python 以开发效率著称，它致力于以最短的程序完成任务。作为一个科学计算平台，Python 的成功还源于其能够轻松集成 C、C++及 Fortran 程序，因此 Python 还被称为胶水语言。许多企业和国家实验室会利用 Python 来“粘合”那些已经用了 30 多年的遗留软件系统。

二、搭建 Python 环境

Python 可应用于多种平台，包括 Linux、macOS、Windows。本部分先以 Windows 平台为例来阐述如何搭建 Python 环境，然后介绍 Python 的科学计算发行版本——Anaconda。

1. 在 Window 平台上安装 Python 的简单步骤

打开 Web 浏览器，登录 Python 官网。

可以通过下面三种途径下载 Python：

① web-based installer：需要通过联网完成安装。

② executable installer：可执行文件（*.exe）方式安装。

③ embeddable zip file：嵌入式版本，可以集成到其他应用中。

下载后，双击安装包，进入 Python 安装向导界面，只需要保持默认设置，一直点击“下一步”直到安装完成即可。

安装完成后，在 Windows 平台上设置环境变量。

右击“计算机”快捷图标，然后在弹出的快捷菜单中点击“属性”选项；在弹出的窗口中点击“高级系统设置”选项，弹出“系统属性”对话框；在“高级”选项卡下，点击“环境变量”按钮，弹出“环境变量”对话框；双击“系统变量”选区下的“Path”选项，弹出“编辑系统变量”对话框；在“变量值”文本框后添加 Python 安装路径即可（D:\Python32），如图 A-1 所示。

注意，路径之间用分号“;”隔开。

设置成功后，在 cmd 命令行输入命令 Python，就可以显示有关路径。

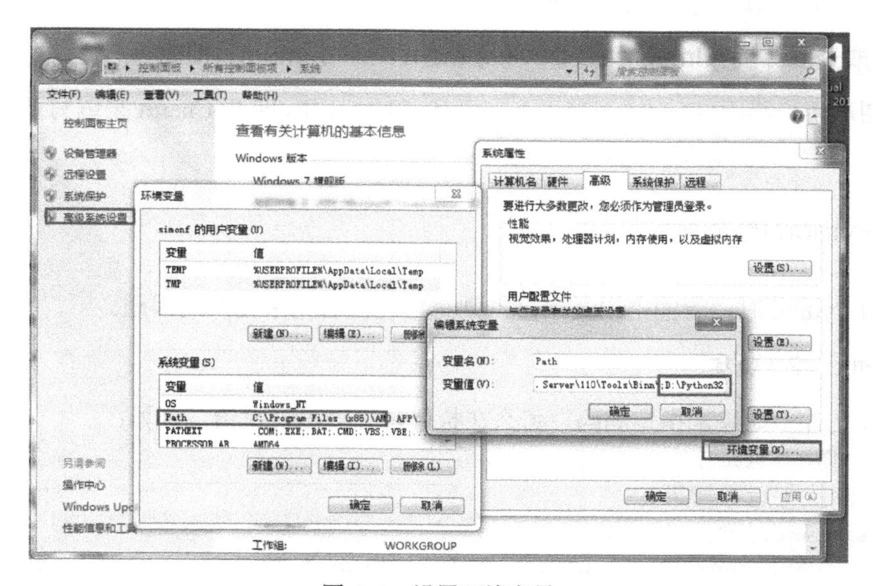

图 A-1　设置环境变量

2. Anaconda

Anaconda 是一个用于科学计算的 Python 发行版，支持 Linux、macOS、Windows 系统，提供了包管理与环境管理功能，可以很方便地解决多版本 Python 并存、切换及第三方包安装问题。Anaconda 利用工具/命令 conda 来进行包（Package）和环境（Environment）的管理，并且包含 Python 和相关的配套工具。

Anaconda 是一个打包的集合，里面预装了 conda、某个版本的 Python、众多包、科学计算工具等，所以也称为 Python 的一种发行版。

Miniconda 与 Anaconda 类似，但它只包含最基本的内容——Python 与 conda，以及相关的必须依赖项。在对空间要求严格的情况下，Miniconda 是一种选择。

鉴于 Anaconda 的诸多优点，推荐初级读者（尤其是使用 Windows 平台的读者）安装 Anaconda。

三、运行 Python

Python 有如下三种运行方式。

1. 交互式解释器

通过命令行窗口进入 Python，在交互式解释器中开始编写 Python 程序。

2. 命令行脚本

在应用程序中通过引入解释器在命令行中执行 Python 脚本，如：

```
$Python script.py #UNIX/Linux
```

或者

```
C:>Python script.py #Windows/DOS
```

3. 集成开发环境（Integrated Development Environment，IDE）

使用图形用户界面（Graphical User Interface，GUI）环境，即 PyCharm 来编写及运行 Python 程序。

四、Python 的中文问题

在使用 Python 时，若输出中文字符，则有可能会碰到中文编码问题。

1. Python 2.+版本

Python 文件中如果未指定编码，那么在执行过程会出现报错。例如：

```
print "你好，世界";
```

以上程序执行运行结果为：

```
  File "test.py", line 2
SyntaxError: Non-ASCII character '\xe4' in file test.py on line 2, but no encoding declared; see http://www.Python.org/peps/pep-0263.html for details
```

Python 2.+版本默认的编码格式是 ASCII，在未修改编码格式时无法正确打印汉字，所以在读取中文时会报错。

解决方法为在文件开头加入

```
#-*- coding: UTF-8 -*-
```

或者

```
#coding=utf-8
```

实例：

```
#!/usr/bin/Python
#-*- coding: UTF-8 -*-
print "你好，世界";
```

运行结果为：

```
你好，世界
```

2. Python 3.X 版本

源码文件默认使用 UTF-8 编码，因此可以正常解析中文，无须指定 UTF-8 编码。

注意：若使用编辑器，则需要设置好编辑器的编码。

PyCharm 设置步骤如下。

打开 PyCharm，依次点击“file”→“Settings”选项，在搜索框中搜索“encoding”。

依次点击“Editor”→“File encodings”选项，将“IDE Encoding”下拉列表和“Project Encoding”下拉列表设置为“UTF-8”，如图 A-2 所示。

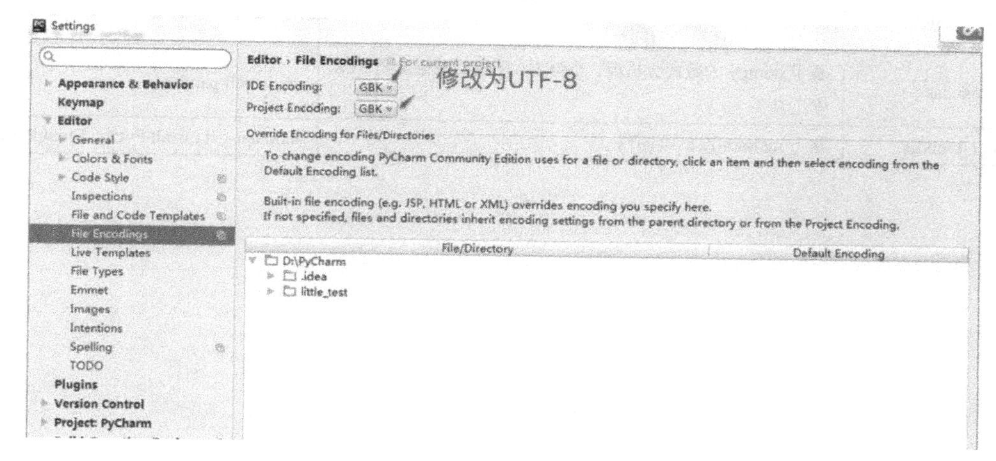

图 A-2 设置 UTF-8

五、Python 工具库的导入和安装

Python 有两个主要特征：一个特征是具有与其他语言相融合的能力，另一个特征是拥有成熟的软件库系统。为了丰富 Python 的功能，需要载入更多的库，甚至需要安装第三方的扩展库。

1．工具库的导入

Python 本身内置了很多库，导入库的方法为“import 库名”，如：

```
import math
math.exp(2)                    #计算指数
math.sin(0.5)                  #计算正弦
```

或者简写库名，如：

```
import math as m
m.exp(2)                       #计算指数
```

2．使用 pip 添加工具库

pip 已经成为管理 Python 扩展库的主流方式，大多数扩展库都支持通过 pip 方式实现安装、升级、卸载等。

本书常见库的 pip 安装方法如表 A-1 所示。

表 A-1 本书常见库的 pip 安装方法

扩展库	简介	安装方法
numpy	科学计算和数据分析的基础库	pip install numpy

续表

扩展库	简介	安装方法
scipy	基于 numpy 的科学计算库	pip install scipy
matplotlib	数据可视化库	pip install matplotlib
sympy	符号计算库	pip install sympy
statsmodels	提供了对许多不同统计模型估计的类和函数，可以进行统计测试和统计数据的探索	pip install statsmodels
pandas	基于 numpy 的数据分析库，是强大、高效的数据分析和探索工具	pip install pandas
mpl_toolkits	基于 matplotlib 的绘图包	sudo apt-get install Python3-matplotlib

参考文献

[1] 盛骤，谢式千，潘承毅．概率论与数理统计[M]．5 版．北京：高等教育出版社，2019.

[2] 茆诗松，程依明，濮晓龙．概率论与数理统计教程[M]．3 版．北京：高等教育出版社，2019．

[3] 肖华勇．统计计算与软件应用[M]．第二版．西北工业大学出版社，2018.

[4] 李娜，王丹龄，刘秀芹．数学实验——概率论与数理统计分册[M]．北京：机械工业出版社，2019.

[5] 易正俊．数理统计及其工程应用[M]．北京：清华大学出版社，2010.

[6] 田霞，徐瑞民．概率论与数理统计（人工智能专用）[M]．北京：中国纺织出版社，2021.